噪声控制原理与技术

（第二版）

主　编　苑春苗

副主编　李　畅　刘正东　赵浩然

侯筱辰　于立富

东北大学出版社

·沈　阳·

图书在版编目（CIP）数据

噪声控制原理与技术 / 苑春苗主编. —2 版. —沈阳：东北大学出版社，2024. 7
ISBN 978-7-5517-3465-3

Ⅰ. ①噪…　Ⅱ. ①苑…　Ⅲ. ①噪声控制　Ⅳ. ①TB535

中国国家版本馆 CIP 数据核字（2024）第 009413 号

出 版 者：东北大学出版社
地址：沈阳市和平区文化路三号巷 11 号
邮编：110819
电话：024－83680176（总编室）　83687331（营销部）
传真：024－83680176（总编室）　83680180（营销部）
网址：http://www.neupress.com
E-mail: neuph@neupress.com
印 刷 者：沈阳文彩印务有限公司
发 行 者：东北大学出版社
幅面尺寸：185 mm×260 mm
印　　张：15.5
字　　数：387 千字
出版时间：2024 年 7 月第 2 版
印刷时间：2024 年 7 月第 1 次印刷
策划编辑：牛连功
责任编辑：周　朦
责任校对：王　旭
封面设计：潘正一
责任出版：初　茗

ISBN 978-7-5517-3465-3　　定　价：36.00 元

前 言

本书是东北大学绿色、智能矿山系列教材之一，主要讲述工矿生产及社会生活过程中的噪声危害及其控制问题。随着近代工矿行业的快速发展，由噪声污染导致的职业危害也逐渐产生。噪声作为环境污染的典型类别，已经成为影响人类生命健康的一大危害，与水污染、大气污染一起被看成世界范围内三个主要环境问题。了解并掌握噪声控制的原理与技术，对于工矿行业噪声污染控制、噪声性耳聋职业病防治，以及实现绿色工矿生产具有重要意义。

本书是在《噪声控制原理与技术》（苑春苗、栾昌才、李畅主编，东北大学出版社，2014）一书的基础上，结合编者二十余年的授课经验，进一步修改完善编写而成的。其间，编者按照教育部高等学校安全科学与工程类教学指导委员会于2021年11月12日下发的《关于开展安全科学与工程类专业课程思政教学指南编制工作的通知》，并结合教育部印发的《高等学校课程思政建设指导纲要》，以立德树人为根本任务，深入挖掘专业课程思政元素，将课程思政内容有机融入了教材专业知识之中。

本书的适用对象是安全工程、环境工程专业的本科生、大专生，以及从事噪声控制的工程技术人员。每章后面的习题具有思考性和实用性，并考虑了思政元素，以便读者在更好掌握噪声控制技术相关知识的同时，成为面向国家人才培养需求的合格人才。本书是安全工程专业与环境工程专业的交叉课程用书，既可作为安全工程本科专业职业健康领域中噪声职业危害防护的教学用书，也可作为环境工程本科专业环境噪声污染防治的课程教材。

本书共由8章组成。第1，2章主要讲述了噪声的基础知识；第3章讲述噪声的量度、危害、标准及评价；第4，5章的主要内容为噪声在大气、管道及室内的传播；第6，7，8章为常用的噪声控制技术措施，如吸声、隔声、消声器等。其中，第1，3，6，7，8章主要由东北大学苑春苗、刘正东、赵浩然、侯筱辰共同编写；第2，4，5章主要由沈阳建筑大学李畅、沈阳化工大学于立富共同编写。研究生郭梁辉、孙凯文、张志烊等做了全书的思政元素收集、公式编辑、图表绘制等工作。在本书编写过程中，得到了东北大学栾昌才老师的大力支持，以及东北大学课程、教材等建设经费的资助，同时参阅了国内许多专家学者的著作和资料，借此一并表示衷心的感谢。

由于编者水平有限，书中难免存在疏漏，恳请读者批评指正。

编 者

2023年10月

目录

第1章 绪 论

人们的生活、工作都离不开声音，说明声音对于人类的社会实践是非常有用的。它可以向人们提供各种听觉信息，使之熟悉周围环境；它可以让人们相互交流思想；它可以为医生诊断一些病症提供帮助；它可以为操作工人提供机器运转是否正常的依据。但是，在生产生活中总有一些声音会使人感到烦躁不安，影响人们的正常工作和身体健康，这种声音就是噪声。

随着我国综合国力和人民生活水平的不断提高，人们对生产及居住环境中的声音质量水平有了更高的要求。坚持以人为本，控制生产与生活中的噪声污染已成为当前的重大课题。噪声污染控制日益成为改善生产生活环境质量的重要环节，成为一个健康安全的生产生活环境必不可少的条件。我国在中华民族伟大复兴的进程中，也非常重视人民生产生活环境健康条件的提升。早在中国共产党第十八次全国代表大会上就提出了“美丽中国”的概念，强调把生态文明建设放在突出地位，融入经济建设、政治建设、文化建设、社会建设各方面和全过程。中国共产党二十大报告中，习近平总书记进一步提出“我们要推进美丽中国建设，坚持山水林田湖草沙一体化保护和系统治理，统筹产业结构调整、污染治理、生态保护、应对气候变化，协同推进降碳、减污、扩绿、增长，推进生态优先、节约集约、绿色低碳发展”。

在人们的日常生活中，经常用到或听到“噪音”与“噪声”这两个词语。这两个词原本是全等同义词，但过去通用“噪音”而一般不用“噪声”，即使是现在，人们在日常生活用语中仍然习惯使用“噪音”而不使用“噪声”。但是，随着我国社会生活水平的飞速发展，人们对生产及生活环境越来越关注，对科技术语的规范愈加重视，使“噪音”与“噪声”分别承担不同的语义，二者有了明确的、严格的分工。对于这方面，中国古代物理学史中也有完备的认识，中国古人在声学的研究中有许多发现和发明。例如，对于“噪声”，古人也有定义。宋代《重修玉篇》中有“噪，群呼烦扰也”，即那种乱喊乱叫、刺耳、令人心烦的声音。此外，在殷商时期就产生了宫、商、角、徵、羽五声，西周编钟刻有十二律等发明。声学是中国古代物理学史中发展最完备的学科之一。

噪音，是物理学的声学术语，与“乐音”相对，是指由物体不规则的振动而产生的声音，即音高和音强变化混乱、听起来不和谐的声音，如碰门声、刮风声、划玻璃声等；语音中辅音的构成，以噪音成分为基础。《现代汉语词典》（第7版）中对“噪音”的定义为：“① 音高和音强变化混乱、听起来不和谐的声音。是由发音体不规则的振动而产生的（区别于‘乐音’）。② 噪声①的旧称。”乐音，是指由发音体有规律的振动而产生的声音，即有一定频率、听起来比较和谐悦耳的声音，这些频率都具有一定的周期性和节奏性，它的波形是有规律的周期性的曲线，如钢琴、胡琴、笛子等发出的声音与语音中的元音都是乐音。噪音与乐音如图 1.1 所示。

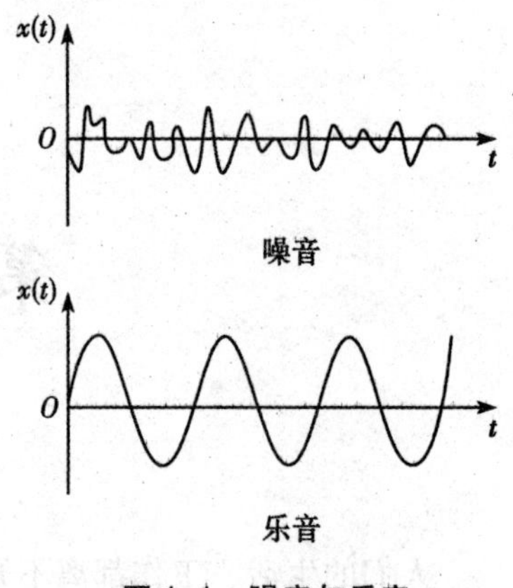

图 1.1 噪音与乐音

噪声包括两层含义。一是环境及职业卫生科学术语，是现在人们日常生活中高频度使用的普通名词，指使人厌烦的声音，即干扰人们学习、工作和休息的声音，如工业生产、交通、施工等产生的声音(乐音也可以成为噪声，如夜半的歌唱声、钢琴声等扰人不得入睡，这时歌唱声、钢琴声之类的乐音就成了噪声)。二是通信(旧称通讯)技术术语，指一切有干扰性的信号，如由于外部原因(如工业干扰等)或内部原因(如元件、器件内部的热骚动等)引起的妨碍电信接收的电干扰。《现代汉语词典》(第 7 版)中对“噪声”的定义为：“① 在一定环境中不应有而有的声音，泛指嘈杂、刺耳的声音。旧称噪音。② 电路或通信系统中除有用信号以外所有干扰的总称。”同时，《现代汉语词典》(第 7 版)增加了“噪声污染”的定义，即“干扰人们休息、学习和工作的声音所造成的污染，多由机械振动或流体运动引起。安静环境中，约 30 分贝的声音就是噪声，超过 50 分贝，会影响睡眠和休息，90 分贝以上，会损伤人的听觉，影响工作效率，严重的可致耳聋或诱发其他疾病”。

从上述关于噪音与噪声的描述中可以看出，两者的含义基本等同，略有侧重，噪音侧重于物理学角度，而噪声更侧重于生理与心理学角度。鉴于噪声更侧重于描述声音对人们工作、学习和休息的直接影响，以下本书统称噪声，并给出其以下两个角度的定义。

(1) 从生理与心理学角度：凡是不希望听到的声音。

由该定义可知，一切可听声都可能被判断为噪声，其中也包括干扰休息的音乐声。因此，心理学的观点认为噪声和乐音是很难区分的，它们会随着人们主观判别的差异而改变，噪声与好听的声音是没有绝对界限的。

(2) 从物理学角度：由不同声强与不同频率的声波无规则组成的声音，如汽车的轰隆声、工厂里机器的尖叫声，它们的波形图是无规律的非周期的曲线。

鉴于噪声对人们生产生活长期的普遍性的影响，一直以来，人们不断采用最新的技术手段和科学理念控制噪声所产生的负面影响。例如，英国索尔福德大学声学工程教授考克斯试图从本质安全的角度控制生产生活中的噪声。正如他所言：“我们实在不明白，为什么有些声音那么让人厌恶。但对这些声音的反应恰恰是我们人性的一部分。我们希望了解人们最讨厌什么声音，这样我们就可以在设计(产品等)时将这些声音消除，或者至少降低它们的影响。”由此可以看出，掌握噪声控制的基本原理，是实现良好噪声治理效果的重要前提。

上述噪声的主观、客观两个层面的定义是从哲学的角度看问题提出的，运用了矛盾分析法中关于对立统一规律的原理，即既要观察现象，也要透过现象认识本质。因此，本书首先阐述噪声产生及传播过程中的基本概念与原理，然后在此基础上介绍噪声的量度、危害与评价，最后提出噪声控制的主要技术手段。

习 题

一、判断题

1. 从生理与心理学角度，凡是不希望听到的声音，即噪声。 （　　）

2. 从物理学角度，噪声是由不同声强与不同频率的声波无规则组成的声音。（　　）

二、简答题

1. 简述噪声的两个方面的定义。

2. 噪声与乐声在物理本质上有何不同?

3. 噪声与噪音在声音描述角度上各有何侧重?

三、思考论述题

结合本章知识，阐述噪声控制与美丽中国的内在联系。

第2章 噪声控制的声学基础

2.1 声波的产生

如果仔细观察日常生活中所接触到的各种发声物体，就会发现声音来源于物体的振动。当用鼓槌去敲鼓，就会听到鼓声，这时用手去摸鼓面，就会感到鼓面迅速地振动着。如果用手掌压住鼓面使它停止振动，鼓声就会立即消失。这个现象告诉我们，声音来源于鼓面的振动。工厂中使用铁锤敲打钢板来引起钢板的振动发声，以及织布机飞梭不断撞击打板的振动发声等，都是由振动的物体发出来的。当然，在生产生活中能够振动的物体，不仅包括固体，也包括液体和气体，它们的振动同样会发声。例如，化工厂中输液管道阀门发出的噪声就是液体振动发声；高压容器排气放空时的排气声，就是高速气流与周围静止空气相互作用引起空气振动发声。我们通常将上述产生振动的物体称为声源。正是由于声源的振动，才产生了声音。

声源的振动必将引起周围介质的振动。人们日常听到的声音，多数是来自声源振动引起的空气振动。下面具体研究一下声音在介质中是如何振动并最终被人耳感觉到的。

从宏观上说，空气可以看作连续介质，因此，可将空气划分成相连的介质体积元 A，B，C，D，如图2.1所示。每一个小的体积元内都含有一定质量的空气，且相邻体积元之间都存在弹性作用。声源的振动将引起其邻近的体积元 A 离开平衡位置开始运动，质点 A 的运动推动质点 B 运动。由于介质的弹性，当质点 A 压缩质点 B 时，质点 B 所处介质会产生一个反抗压缩的力，从而推动质点 A 回到平衡位置。质点有质量，即有惯性，会冲过平衡位置压缩另一侧的介质，另一侧的介质也会产生一个反力，又把质点 A 推回来。可见，由于介质的弹性和惯性作用，最初得到扰动的质点 A 就在平衡位置附近振动起来。由于同样的原因，被质点 A 推动的质点 B 以至更远的质点 C，D 也都在其平衡位置附近振动起来，只是依次滞后一些时间。把这种机械振动在弹性介质中的传播过程称为声波。声波传到人耳，人们就感受到声音，如图2.2所示。

图2.1 连续的空气介质

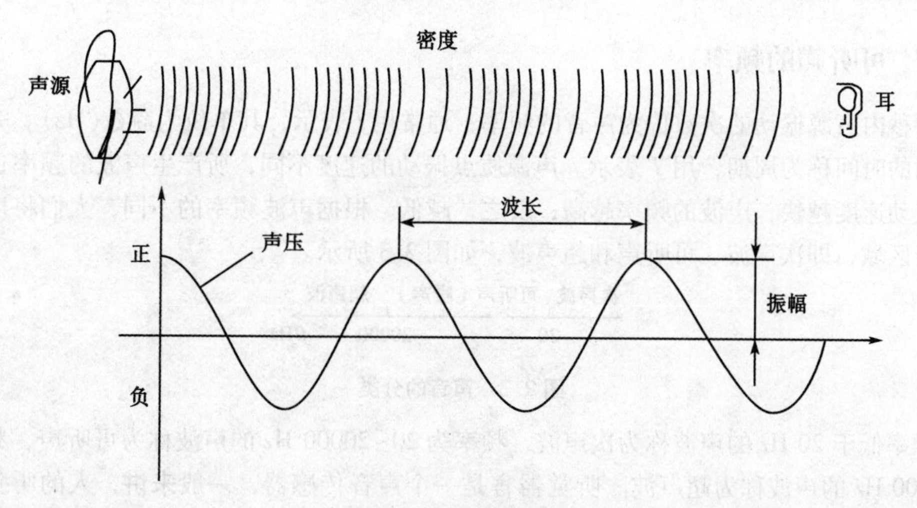

图 2.2　声波的传播

在声波的传播过程中，各质点仅在各自的平衡位置附近振动，并没有在传播方向上流动或继续前进。这就是说，一个振子在弹性介质中振动时，仅影响周围的介质，使它们陆续地产生振动。因此，声波的传播是指物体振动形式的传播，传播出去的是物体的运动形式而不是物质本身，这说明声波是物质的一种运动形式。振动是声波产生的根源，声波是振动的传播过程。

根据声波的传播过程，声波的传播离不开介质，更不可能在真空中传播。例如，把电铃放在玻璃罩中，抽去其中作为介质的空气，结果只能看到电铃中的小锤在振动，却听不到由它发出的电铃声。通常把声波存在的弹性介质空间称为声场。可见，声波的形成需要两个条件：声源和声场。

声波除尘器是利用声波除去气体中尘粒的装置。一定频率的声能使含尘气体在声波振动下引起尘粒共振，使尘粒之间相互碰撞，然后凝聚为较大颗粒而通过各种方式使其更加容易沉降，以达到除尘的目的。声波除尘器由声源、凝聚塔、集尘室等组成，又常与离心力除尘器串联使用。声源位于凝聚塔上部，在凝聚塔内产生强度约 150 dB 的声波，使尘粒相互碰撞而凝聚。尘粒在有效高度为 10～20 m 的塔内滞留几秒至几十秒后由集尘室捕集。声波频率对除尘效果影响很大，一般用于去除高浓度微细粉尘，也能在湿式状态下使用。

2.2　声音的形成

人们生活的空间中存在各种形式的声波，但由于人耳感知的局限性，并不是所有声波都能够被人感受到。通常把人耳能感受到的那部分声波称为声音。因此，声音是人的主观感受。结合声波产生的条件可知，声音（包括噪声）的形成必须具备三个要素：首先要有产生振动的物体，即声源；其次要有能够传播声波的介质；最后要有声波的接受器或感知器，如人的听觉器官、传声器等。

2.2.1 可听声的频率

每秒内声源振动的次数称为声音的频率，通常用f表示，其单位为赫兹(Hz)。完成一次振动的时间称为周期，用T表示。声源质点振动的速度不同，所产生声波的频率也不一样。振动速度越快，声波的频率越高；反之，越低。根据声波频率的不同，人们将声波分为三个区域，即次声波、可听声和超声波，如图2.3所示。

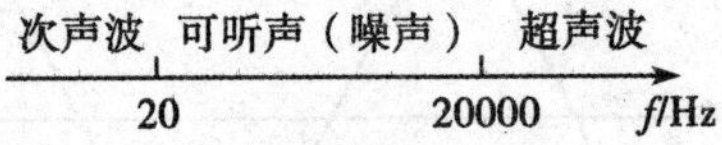

次声波 可听声（噪声） 超声波

20 20000 f/Hz

图2.3 声音的分类

频率低于20 Hz的声波称为次声波，频率为20~20000 Hz的声波称为可听声，频率高于20000 Hz的声波称为超声波。听觉器官是一个声音传感器，一般来讲，人的听觉器官只能感受到可听声，次声波和超声波人耳都听不见。上述听觉范围是根据一般人的情况而选定的。由于动物的听觉器官与人类不同，故具有不同于人类的听觉范围。根据生物学试验结果，不同动物的频率听觉范围如表2.1所列。

表2.1 不同动物的频率听觉范围

动物名称	频率听觉范围/Hz	动物名称	频率听觉范围/Hz
猫	45~64000	马	55~33500
狗	67~45000	羊	100~91000
蚂蚱	95~1100	田鼠	20~76000
苍蝇	20~55000	家鼠	100~91000
鱼	20~3000	牛蛙	100~3000

除可听声可以供人类传达信息外，超声波和次声波在生产生活中也都有所应用。例如，蝙蝠能够感受高达20000 Hz的超声波，利用超声波进行夜间飞行和捕捉食物，人类予以借鉴，将超声波利用在水中目标探测、医学影像、测速、超声清洗与焊接等方面。此外，人们利用次声波研究自然和气象现象，进行自然灾害的预测预报。

2.2.2 人耳能够接受的音量

人耳作为一个声音传感器，不仅能够感受的频率有限，而且能够感知和承受的音量也是有范围的。这里所谓音量，可以用声压来表示，下面对声压的定义进行解释。

传播声波的连续介质可看作由许多紧密相连的微小体积元dV组成的物质系统，而体积元内的介质可以认为集中在一点，用质量等于ρdV的质点作为代表进行研究。其中，ρ是介质的密度，随时间和空间位置的变化而变化。

当物质系统处于平衡状态时，这个系统的状态可以用体积V(或密度ρ)、压强P和温度T来描述。在这种平衡状态下，组成介质的分子虽然不断地运动着，但是对于任一空间体积元来说，在时间t内流出和流入的质量一定是相等的。当有声波作用，也就是向体积元附加了一个有规律的运动时，体积元内流入与流出的质量不相等，导致体积元内的介质一会儿稠密，一会儿稀疏。因此，声波的传播过程实际上就是体积元内介质稠密和稀疏交替变化的过程，并且这个变化过程可以用体积元内的压强、密度、温度及质点的振动速度等参数的变化来描述。

体积元未受到扰动前，其内的压强与大气压强相同，即 P_0。体积元受声波扰动后，压强由 P_0 变为 P，则由于声扰动引起的体积元内压强的变化量为

$$p=P-P_0 \tag{2.1}$$

式中，p——声压，即大气压力的变化量。

在声传播过程中，在同一时刻，不同位置处体积元内的压强是不同的；对于同一位置处的体积元，其压强 P 也随时间而变化。因此声压通常是空间和时间的函数，即 $p=p(x, y, z, t)$。与声压类似，其他变量（如密度）也会由于声扰动而引起变化，密度的变化量 ρ' 也是空间和时间的函数，即 $\rho'=\rho'(x, y, z, t)$。

另外，由于声波是介质质点振动形式的传播，因此质点的振动速度也是描述声波的物理量之一。鉴于声压比较容易测定，且通过测定的声压可间接地求出质点的振动速度及其他物理量，因此目前人们多用声压来描述声波的物理性质。

声波传播的空间，也就是声压存在的空间。声场中某一瞬间的声压值称为瞬时声压。声压随时间起伏变化，每秒内变化的次数很多，传入人耳时，由于耳膜的惯性作用，因此辨别不出声压的瞬时起伏。即人耳听声音时感受到的音量大小，并不是声压的最大值起作用，而是一个相对稳定的有效声压起作用。有效声压 p_e 是一段时间内瞬时声压的均方根值，这段时间为声波振动周期的整数倍。声学研究及实际应用中多用有效声压，因为其数值的大小与人耳的主观响应特性较为一致。有效声压可用数学式表示，即

$$p_e=\sqrt{\frac{1}{T}\int_0^T p^2(t)\,dt} \tag{2.2}$$

式中，T——周期；

$p(t)$——瞬时声压；

t——时间。

对于正余弦声波，有

$$p_e=\frac{p_A}{\sqrt{2}} \tag{2.3}$$

式中，p_A——声压幅值。

声压的单位与压强的单位相同，为帕斯卡（Pa）。在国际标准中，备用单位为巴（bar），为非法定计量单位，它们之间存在以下换算关系：

$$1\ \text{Pa}=1\ \text{N/m}^2=10^{-5}\ \text{bar} \tag{2.4}$$

声压越大，人耳听起来就越响，反之则越小，但人耳作为一个声波传感器，具有一定的量程。人们通常把能听到的声音的最低声压界限叫闻阈声压或听阈声压，正常人对 1000 Hz 声音的闻阈声压约为 2×10^{-5} Pa。能使人耳产生疼痛感觉的声压界限称为痛阈声压。正常人对 1000 Hz 声音的痛阈声压为 20 Pa。如果声压提高到 20 Pa 以上，人耳鼓膜就会破裂出血，造成耳聋。闻阈声压与痛阈声压的比值为 $20:(2\times10^{-5})=10^6:1$，这说明人耳的听觉范围是非常宽广的。

在日常生活中，人们周围声场的声压并不是很大，多数情况下很难感受到导致大气压力变化的空气振动。例如，织布机产生的声压为 2 Pa，普通谈话声的声压为 2×10^{-2} Pa，

轻轻吹动树叶产生声音的声压是2×10^{-4} Pa，这些数值的量级与一个大气压(10^5 Pa)相比非常小。因此，可听声的声波引起大气压力的变化量很小，很难由听觉器官以外的其他感觉器官感知到。同时，这表明人耳作为一个听觉传感器，其灵敏度是非常高的。

2.3 声波的传播方程

声波的传播过程就是介质疏密交替变化的过程。在这个过程中，介质体积元内的压强、速度、密度及温度等参数都会发生相应的变化。因此，声波的传播过程可用这些参数随着时间与空间的变化来描述。

当用这些参数描述声波的传播方程时，为了使问题简化，必须对介质及声波传播过程做出一些假定，这些假定如下。

① 介质为理想流体，即介质中不存在黏滞性，声波在这种理想介质中传播时没有能量的消耗。

② 没有声扰动时，介质在宏观上是静止的，同时介质是均匀的。

③ 声波传播时，介质中稠密和稀疏的交替过程是绝热的，即声波的传播过程是绝热过程。

④ 介质中传播的是小振幅声波，声压p远小于介质的静态压强P_0，即$p\ll P_0$；质点速度v远小于声速c_0，即$v\ll c_0$；质点的位移ξ远小于声波的波长λ，即$\xi\ll\lambda$；介质密度的增量ρ'远小于静态密度ρ_0，即$\rho'\ll\rho_0$，或密度的相对增量$s_\rho=\dfrac{\rho'}{\rho_0}$远小于1，即$s_\rho\ll1$。

为研究问题方便，首先以平面波为例，研究声波传播过程中质点偏离平衡位置的位移随时间和空间的变化规律。设有一刚性活塞声源，以圆频率ω在气缸内做简谐振动。假设流体介质与缸壁之间没有摩擦阻力，则在缸体的轴线方向上可产生平面波，如图2.4所示。

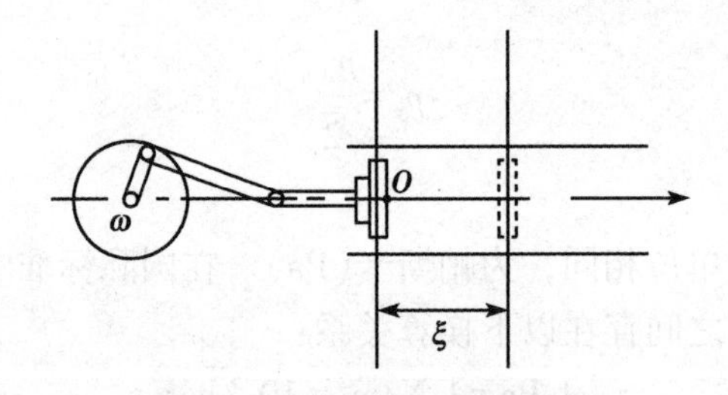

图2.4 活塞产生平面波

刚性活塞在气缸内振动时，首先引起气缸内临近活塞空气质点(设为O点)的振动，然后O点振动引起其他空气质点的振动，从而使气缸内介质交替产生疏密变化，实现声波的传播。在图2.4中，O点介质的轴向运动是与活塞的运动完全一致的，即在某时刻t，质点离开平衡位置的位移为

$$\xi_O=A\sin\omega t \tag{2.5}$$

式中，ω——活塞的圆频率；

A——活塞振动的幅值。

在距离活塞右侧面 x 处，声波传播到的时间比从 O 点传播到的时间滞后$\frac{x}{c_0}$，式(2.6)中 c_0 为平面声波的传播速度。由于声波仅为振动形式的传播，因此在 x 处的质点偏离平衡位置的位移表示形式与 O 点相同，即振幅为 A、服从正弦变化规律等，不同之处在于声波在 x 处振动的时间比 O 点滞后$\frac{x}{c_0}$。若在 O 点振动时间为 t，则在 x 处的振动时间为 $t-\frac{x}{c_0}$。因此，x 处的质点偏离平衡位置的位移表示形式为

$$\xi=A\sin\omega\left(t-\frac{x}{c_0}\right) \tag{2.6}$$

根据式(2.6)，x 处空气质点的振动速度与加速度分别为

$$v=\frac{\partial\xi}{\partial t}=A\omega\cos\omega\left(t-\frac{x}{c_0}\right)=A\omega\sin\omega\left(t-\frac{x}{c_0}+\frac{\pi}{2}\right) \tag{2.7}$$

$$a=\frac{\partial v}{\partial t}=-A\omega^2\sin\omega\left(t-\frac{x}{c_0}\right) \tag{2.8}$$

频率与振动周期的关系为

$$f=\frac{1}{T} \tag{2.9}$$

根据式(2.9)，声波的圆频率可表示为

$$\omega=2\pi f=\frac{2\pi}{T} \tag{2.10}$$

声波的传播速度 c_0 与波长 λ 的关系式为

$$c_0=\frac{\lambda}{T} \tag{2.11}$$

将式(2.10)、式(2.11)代入式(2.6)，得

$$\xi=A\sin 2\pi\left(ft-\frac{x}{\lambda}\right)=A\sin 2\pi\left(\frac{t}{T}-\frac{x}{\lambda}\right) \tag{2.12}$$

由式(2.12)可以看出，声波传播过程中，空间介质中参变量(如位移 ξ)确实为时间 t 和空间(如一维空间) x 的函数。根据推导过程，可知上面讨论的波动方程仅适用于波形在传播过程中不随距离和时间而变化(即等幅波)的情况。要实现等幅条件，声波必须以平面形式传播，并且在传播过程中介质不吸收声波的声能。

2.3.1 平面声波的波动方程

在推导式(2.6)或式(2.12)时，是以平面波为例，并且设刚性活塞在气缸内做简谐振动这一特定条件下进行讨论的。根据式(2.6)，可以分别获得位移 ξ 对时间 t 和空间 x 的二阶导数，即

$$\frac{\partial^2\xi}{\partial t^2}=-A\omega^2\sin\left(\omega\left(t-\frac{x}{c_0}\right)\right) \tag{2.13}$$

$$\frac{\partial^2\xi}{\partial x^2}=-A\frac{\omega^2}{c_0^2}\sin\left(\omega\left(t-\frac{x}{c_0}\right)\right) \tag{2.14}$$

比较式(2.13)和式(2.14)，可得

$$\frac{\partial^2\xi}{\partial x^2}=\frac{1}{c_0^2}\frac{\partial^2\xi}{\partial t^2} \tag{2.15}$$

对于一切在波速 c_0 相等的均匀介质中传播的无衰减正弦平面声波，式(2.15)所示的偏微分方程都适用。通常将该方程称为平面声波的波动方程。

在生产生活中存在的声波具有多样性，但是根据傅里叶级数表达式，实际中的任何非正弦平面声波都可以表示为许多平面正弦声波的叠加，只要各个不同频率的正弦波成分均以同一速度 c_0 传播。因此，任何非正弦平面声波的波动方程均可表示为

$$\xi=F\left(t-\frac{x}{c_0}\right)+E\left(t-\frac{x}{c_0}\right) \tag{2.16}$$

式中，F，E——任意两个函数，其形式取决于扰动源的性质；

x——波阵面离声源的距离。

式(2.16)等号右边两项分别代表沿 x 轴正向和沿 x 轴负向传播的平面声波。

2.3.2 空间声波的波动方程

如果介质是各向同性的，而且无衰减，那么各个不同频率的波成分无衰减，正弦声波在三维空间传播时的波动方程可表示为

$$\frac{\partial^2\xi}{\partial t^2}=c_0^2\left(\frac{\partial^2\xi}{\partial x^2}+\frac{\partial^2\xi}{\partial y^2}+\frac{\partial^2\xi}{\partial z^2}\right) \tag{2.17}$$

式(2.17)只有在各向同性介质中才能适用，平面声波方程却没有这个限制。原因是平面声波始终沿一个方向传播，空间声波却向各个方向传播，因此，若使用式(2.17)，则需要各个方向有相同的传播速度，也就是介质必须是各向同性的。

在球面声波情况下，式(2.17)可简写为球坐标形式下的微分方程，即

$$\frac{\partial^2(r\xi)}{\partial t^2}=c_0^2\frac{\partial^2(r\xi)}{\partial r^2} \tag{2.18}$$

式中，r——球的半径。

式(2.18)与平面声波的波动方程[式(2.15)]相比，可得到无衰减各向同性均匀介质中，沿半径方向传播的球面正弦波的波动方程为

$$\xi=\frac{A_0r_0}{r}\sin\omega\left(t-\frac{r}{c_0}\right) \tag{2.19}$$

式中，A_0——半径 r_0 处的球面声波的振幅。

2.4 理想流体介质的三个基本方程

正如2.3节所述，声波传播的过程中，空间介质的很多变量(如声压 p、质点振动速度 v 及密度增量 ρ'等)都在同时发生变化。此节的主要目的是弄清这些同时变化的量之间的相互关系，确定它们两两之间的关系表达式。如果得到了这些表达式，就可以根据已知的其中一个变量随时间、空间的变化规律，获得其他参数(如声压、密度或密度增量)随空间、时间的变化规律。

上述提到的三个变量之间的相互关系需要三个方程才能充分表示，它们分别是：

① 运动方程，p 与 v 之间的关系；

② 连续性方程，v 与 ρ'之间的关系；

③ 物态方程，p 与 ρ'之间的关系。

以下在 2.3 节描述的假设条件基础上，以平面波为例，研究上述的理想流体介质的三个基本方程。

2.4.1　运动方程

如图 2.5 所示，在声场中取一足够小的体积元 $S\Delta x$，此体积元的质量为

$$m=\rho_0 S\Delta x \tag{2.20}$$

式中，ρ_0——介质在平衡位置时的密度；

S——体积元垂直于 x 轴的侧面积；

Δx——体积元在 x 轴方向上的厚度。

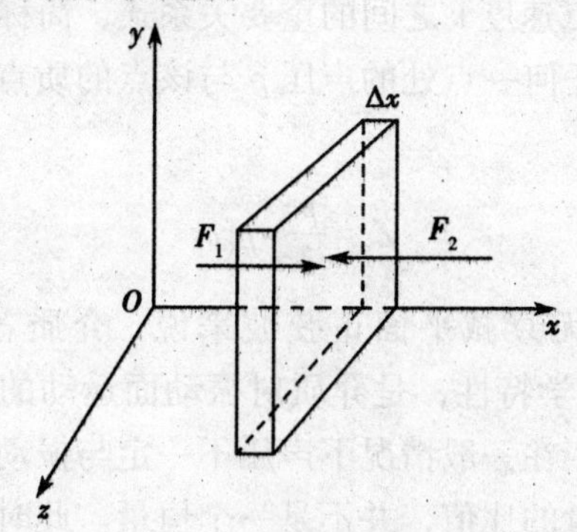

图 2.5　介质体积元受力图

当平面声波自左向右通过时，体积元在左侧的声压为 p，在右侧的声压为 $p+\Delta p$。Δp 为位置 $x=0$ 到 $x=\Delta x$ 之间的声压增量，于是在体积元左、右侧面上所受的力分别为

$$F_1=pS \tag{2.21}$$

$$F_2=(p+\Delta p)S \tag{2.22}$$

则体积元所受的合力为

$$F_1-F_2=-\Delta pS \tag{2.23}$$

式中，负号表示的是质量趋向恢复平衡位置。

根据牛顿第二定律，由式(2.20)和式(2.23)可得

$$\rho_0 S\Delta xa=-\Delta pS \tag{2.24}$$

则

$$\rho_0 a=-\frac{\Delta p}{\Delta x} \tag{2.25}$$

式(2.25)称为声压梯度，表明声压随空间的变化率。

当 $\Delta x\to 0$ 时，式(2.25)可写为

$$\rho_0\frac{\partial v}{\partial t}=-\frac{\partial p}{\partial x} \tag{2.26}$$

式(2.26)即微分形式表示的运动方程，它把声压和振动速度联系了起来。若把式(2.8)代入式(2.26)，则得

$$\frac{\partial p}{\partial x}=A\omega^2\rho_0\sin\omega\left(t-\frac{x}{c_0}\right) \tag{2.27}$$

当把 t 视为常数，对式(2.27)积分可得声压为

$$p=A\rho_0c_0\omega\cos\omega\left(t-\frac{x}{c_0}\right)+C \tag{2.28}$$

根据边界条件“$A=0$ 时，$p=0$”，即当声波不存在时，声压为零，因此积分常数 C 为零，则

$$p=A\rho_0c_0\omega\cos\omega\left(t-\frac{x}{c_0}\right) \tag{2.29}$$

由式(2.7)可知，式(2.29)右边项含有振动速度 v，因此式(2.29)可简写为

$$p=\rho_0c_0v \tag{2.30}$$

式(2.30)即声压 p 和质点速度 v 之间的重要关系式，简称无衰减平面正弦波的运动方程。在声学中，还把介质中任何一点处的声压 p 与该点的质点振动速度 v 之比称为声阻抗率。这时式(2.30)可写成

$$Z_s=\frac{p}{v}=\rho_0c_0 \tag{2.31}$$

由式(2.31)可见，对于无衰减平面正弦波来说，介质各点的声阻抗率是同一恒量 ρ_0c_0，它反映了介质的一种声学特性，是介质对振动面运动的反作用的定量描述，常称为介质的特性阻抗。一般来说，在一般情况下声压不一定与振动速度同相，因为声阻抗率是两个同频率但不同相的正弦量的比值，并不是一个恒量。此时声阻抗率将是声压和质点速度的复数比，即

$$Z_s=R_s+jx_s \tag{2.32}$$

式中，R_s——声阻抗率的实部，称为声阻率；

x_s——声阻抗率的虚部，称为声抗率。

介质特性阻抗的单位是 Pa · s/m。对于空气，在 100 kPa 和 20 ℃温度下，介质的特性阻抗 $Z_s=\rho_0c_0=408$ Pa · s/m，特性阻抗随大气压和温度而变化。

物体在弹性介质中振动产生声波，除了与振动大小有关，还取决于物体本身辐射声波的条件，如物体的尺寸、质量，材料的内阻尼，以及边界条件等；而且同辐射的空间条件有关，如空间或房间的吸声情况、体积、形状，以及测点位置等。因此，对于在实际中遇到的复杂振动，式(2.32)并不那么简单。

2.4.2 连续性方程

在声场中取一足够小的体积元 $S\Delta x$，如图 2.6 所示。设此体积元在空间固定不动，介质可以自由进出，介质流入或流出此体积元的速度分别为 v_1，v_2，密度为 ρ_1，ρ_2，则在 Δt 时间内体积元增加的质量为

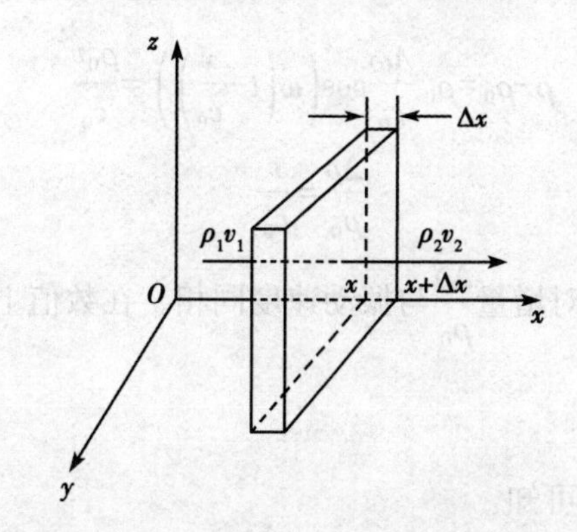

图 2.6　介质体积元的速度与密度变化图

$$m_1 - m_2 = (\rho_1 v_1 - \rho_2 v_2) S\Delta t \tag{2.33}$$

$$S\Delta\rho\Delta x = (\rho_1 v_1 - \rho_2 v_2) S\Delta t = -\Delta(\rho v) S\Delta t \tag{2.34}$$

式中，$\Delta\rho$ 表示体积元的密度增加量；式中负号表示流出。

由式(2.34)可得

$$\frac{\Delta\rho}{\Delta t} = -\frac{\Delta(\rho v)}{\Delta x} \tag{2.35}$$

当 $\Delta x \to 0$ 时，

$$\frac{\partial\rho}{\partial t} = -\frac{\partial(\rho v)}{\partial x} \tag{2.36}$$

式(2.36)等号左边是密度的增加量，等号右边是单位距离内空气质量流量的变化，它反映空气“聚集”或“疏散”的情况。因为密度 ρ 在平衡值 ρ_0 附近做微小变动，速度 v 也是一个微小变量，若略去高阶微量 $v\mathrm{d}\rho$ 后，则式(2.36)可简化为

$$\frac{\partial\rho}{\partial t} = -\rho_0 \frac{\partial v}{\partial x} \tag{2.37}$$

对沿 x 轴正向传播的正弦声波，振动速度为

$$v = A\omega\cos\left(\omega\left(t - \frac{x}{c_0}\right)\right)$$

把 t 视为常数，对 x 一次微分得

$$\frac{\partial v}{\partial x} = \frac{A\omega^2}{c_0}\sin\left(\omega\left(t - \frac{x}{c_0}\right)\right) \tag{2.38}$$

将式(2.38)代入式(2.37)，得

$$\frac{\partial\rho}{\partial t} = -\rho_0 \frac{A\omega^2}{c_0}\sin\left(\omega\left(t - \frac{x}{c_0}\right)\right) \tag{2.39}$$

把 x 视为常数，根据边界条件确定积分上下限和积分常数(即声波不存在时，$A=0$，空气密度为初始密度 ρ_0)，对式(2.39)积分后得

$$\rho = \rho_0 \frac{A\omega}{c_0}\cos\left(\omega\left(t - \frac{x}{c_0}\right)\right) + \text{积分常数} \tag{2.40}$$

式中，积分常数为 ρ_0。

对式(2.40)整理后得

$$\rho-\rho_0=\rho_0\frac{A\omega}{c_0}\cos\left(\omega\left(t-\frac{x}{c_0}\right)\right)=\frac{\rho_0 v}{c_0} \tag{2.41}$$

$$\frac{\Delta\rho}{\rho_0}=\frac{v}{c_0} \tag{2.42}$$

式(2.42)说明密度的相对增量$\frac{\Delta\rho}{\rho_0}$与振动速度同相，在数值上等于振速与声速比。

2.4.3 物态方程

由式(2.30)及式(2.42)可知

$$p=\rho_0 c_0^2\frac{\Delta\rho}{\rho_0} \tag{2.43}$$

式(2.43)中涉及的变量可整理为

$$k=\frac{p}{\frac{\Delta\rho}{\rho_0}} \tag{2.44}$$

式中，k 称为介质的体积弹性模量，从表达式中可以看出它的物理意义是，当介质受压变密而使压强增加时，压强的增量(即声压)与密度相对增量有一定的比例关系，它反映了介质体积变化时弹性应力的大小。

由式(2.43)可知，对于一个具体的介质，其弹性模量是恒定的，是介质的特有属性，其数值大小可表示为

$$k=\rho_0 c_0^2 \tag{2.45}$$

由式(2.45)可得声速的表示形式为

$$c_0=\sqrt{\frac{k}{\rho_0}} \tag{2.46}$$

式(2.46)是计算声速的重要公式。它虽然是从空气传播平面声波的特殊情况导出的，但对其他介质(液体和气体)或其他波形(如球面波、柱面波)也同样适用。从式(2.46)中可以看出，声速与介质密度的平方根成反比，与体积弹性模量的平方根成正比。换句话说，波动的传播由介质惯性和弹性两个因素控制。

声波在传播过程中，介质的压强和密度在迅速变化，来不及进行热交换，因此可把声波波动过程看作绝热过程。如果介质为气体，那么根据理想气体绝热压缩或膨胀的规律，气体压强与密度的关系可表示为

$$\frac{P_0+p}{P_0}=\left(\frac{\rho_0+\Delta\rho}{\rho_0}\right)^r \tag{2.47}$$

式中，P_0——大气压；

p——声压；

r——比定压热容与比定容热容的比值，对于空气，$r=1.4$。

由于声压 p(相对于 P_0)和密度变化 $\Delta\rho$(相对于 ρ_0)都很小，将式(2.47)展开成级数，略去其高次项，即得

$$1+\frac{p}{P_0}=1+r\frac{\Delta\rho}{\rho_0} \tag{2.48}$$

根据式(2.44)和式(2.45)，可得出以下等式关系：

$$\frac{p}{\frac{\Delta\rho}{\rho_0}}=rP_0=k=\rho_0c_0^2 \tag{2.49}$$

由式(2.49)可以得出计算声速的另一个公式：

$$c_0=\sqrt{\frac{rP_0}{\rho_0}} \tag{2.50}$$

对于小振幅振动，可认为

$$\rho_0+\Delta\rho\approx\rho \tag{2.51}$$

则式(2.47)可写成

$$\frac{P_0+p}{P_0}=1+\frac{p}{P_0}=\left(\frac{\rho}{\rho_0}\right)^r \tag{2.52}$$

式(2.52)对 t 求一阶导数，得

$$\frac{1}{P_0}\cdot\frac{\partial p}{\partial t}=\frac{r}{\rho_0}\cdot\frac{\partial\rho}{\partial t} \tag{2.53}$$

则

$$\frac{\partial p}{\partial t}=\frac{rP_0}{\rho_0}\cdot\frac{\partial\rho}{\partial t} \tag{2.54}$$

将式(2.50)代入式(2.54)，可得

$$\frac{\partial p}{\partial t}=c_0^2\frac{\partial\rho}{\partial t} \tag{2.55}$$

2.4.4　声波方程式

把连续方程$\frac{\partial\rho}{\partial t}=-\rho_0\frac{\partial v}{\partial x}$代入式(2.55)，可得

$$\frac{\partial p}{\partial t}=-c_0^2\rho_0\frac{\partial v}{\partial x} \tag{2.56}$$

再对 t 求导，得

$$\frac{\partial^2 p}{\partial t^2}=-c_0^2\rho_0\frac{\partial^2 v}{\partial x\partial t} \tag{2.57}$$

再将运动方程 $\rho_0\frac{\partial v}{\partial t}=-\frac{\partial p}{\partial x}$对 x 求一阶导数，得

$$\rho_0\frac{\partial^2 v}{\partial t\partial x}=-\frac{\partial^2 p}{\partial x^2} \tag{2.58}$$

由式(2.57)和式(2.58)，可得到三个基本方程合一的声波方程式：

$$\frac{\partial^2 p}{\partial t^2}=c_0^2\frac{\partial^2 p}{\partial x^2} \tag{2.59}$$

式(2.59)表明了平面声波中声压 p 与时间 t、空间位置 x 的关系。若推广到三维空间，则可写为

$$\frac{\partial^2 p}{\partial t^2}=c_0^2\left(\frac{\partial^2 p}{\partial x^2}+\frac{\partial^2 p}{\partial y^2}+\frac{\partial^2 p}{\partial z^2}\right)=c_0^2\nabla^2 p \tag{2.60}$$

式中，∇^2——拉普拉斯算子，$\nabla^2=\frac{\partial^2}{\partial x^2}+\frac{\partial^2}{\partial y^2}+\frac{\partial^2}{\partial z^2}$。

因此，式(2.60)也可以写为

$$\nabla^2 p=\frac{1}{c_0^2}\cdot\frac{\partial^2 p}{\partial t^2} \tag{2.61}$$

上述三维声波方程式表明，声波在 x，y，z 三个方向的实际声场都可以是不均匀的，即其波阵面的形状在传播过程中是可以变化的。

2.5 声波传播速度

2.4 节已经推导出计算声速的式(2.46)与式(2.50)。对于一般气体，密度 ρ_0 是压强 P_0 和温度 T 的函数。若将气体看成理想气体，将理想气体状态方程 $\rho_0=\frac{MP_0}{RT}$ 代入式(2.50)，则得

$$c_0=\sqrt{\frac{rRT}{M}} \tag{2.62}$$

式中，M——空气的摩尔质量，$M=28.8\times10^{-3}$ kg/mol；

R——摩尔气体常数，$R=8.31$ J/(mol · K)；

r——比定压热容与比定容热容的比值，对于空气，$r=1.4$。

将以上 M，R，r 的值代入式(2.62)，整理后可得空气的声速为

$$c_0=322\sqrt{1+\frac{t}{273}} \quad 或 \quad c_0=20.1\sqrt{T} \tag{2.63}$$

式中，t——摄氏温度,℃；

T——热力学温度，$T=273+t$。

声速与温度有关，与绝对温度的平方根成正比，温度越高，声速越大。同时，声速受空气中湿度的影响，如水蒸气气压上升 133 Pa 时，声速约增加 0.00021 m/s。另外，大气压增加，声速增加，大气压力为 2.5325×10^6 Pa 时的声速比大气压力为 1.013×10^5 Pa 时的声速增加 0.8%，5.065×10^6 Pa 时增加 2.2%，1.013×10^7 Pa 时增加 6.4%。

总之，声速是介质的一种特性，它和介质的种类有关。在不同的介质中，各介质中的声速不同；在不均匀介质中，各部分介质的声速也不同。但是，在一定的弹性介质中和一定温度压力条件下，声速为一常数。“大国重器”歼 20 采用了细长体构型，适合超音速飞行，最高速度可达 2.2 倍声速。它实现了在满足隐身的前提下，尽可能降低超音速阻力，改善最大升力特性和大迎角下的稳定性、控制性，兼顾跨声速升阻特性。配合高升力系数，使得歼 20 在相同状态下超音速性能几乎是无出其右。歼 20 这一“大国重器”的成功服役，使中国成为了继美国之后第二个自主研究出四代机的国家，中国空军进入“20 时代”，中国空军总体实力不断增强。

常温常压下，在不同弹性介质中的声速、密度和特性阻抗如表 2.2 所列。

表 2.2　不同弹性介质中的声速、密度和特性阻抗

参数	空气	氧气	钢	混凝土	砖	软木	软橡皮
声速(c_0)/($\mathrm{m\cdot s^{-1}}$)	344.8	317	5100	3.1×10^3	3.6×10^3	500	70
密度(ρ_0)/($\mathrm{kg\cdot m^{-3}}$)	1.18	1.43	7.8×10^3	2.6×10^3	1.8×10^3	250	950
特性阻抗(ρ_0c_0)/($\mathrm{Pa\cdot s\cdot m^{-1}}$)	407	453	39.8×10^6	8×10^6	0.65×10^6	0.13×10^6	6.65×10^4

2.6　声场中的能量关系

声波传到原先静止的介质中，一方面使介质质点在平衡位置附近振动，另一方面在介质中产生了压缩和膨胀。前者使介质具有了动能，后者使介质具有了形变的位能，两部分之和就是由于声扰动使介质得到的声能量。振动形式传走，声能量也跟着转移。因此可以说，声波的传递过程就是声振动能量的传播过程。

2.6.1　声能量与声能量密度

设想在声场中取一足够小的体积元，体积元里总的声能量 ΔE 为动能 ΔE_k 与位能 ΔE_p 之和。单位体积内的声能量即声能量密度。

2.6.1.1　声场中的动能密度

根据动能关系式，可得

$$\Delta E_\mathrm{k}=\frac{mv^2}{2}=\frac{\rho_0V_0v^2}{2} \tag{2.64}$$

式中，V_0，ρ_0——体积元初始时的体积和密度。

因此，动能密度为

$$E_\mathrm{k}=\frac{mv^2}{2V_0}=\frac{\rho_0v^2}{2} \tag{2.65}$$

将运动方程 $p=\rho_0c_0v$ 代入式(2.65)可得

$$E_\mathrm{k}=\frac{\rho_0v^2}{2}=\frac{p^2}{2\rho_0c_0^2} \tag{2.66}$$

2.6.1.2　声场中的势能密度

声压由 0 增至 p 时，体积 V 被压缩了一个 $\mathrm{d}V$，声压压缩体积所做的功与体积之比被定义为单位体积位能，即势能密度，可表示为

$$E_\mathrm{p}=\frac{\int_0^p p(-\mathrm{d}V)}{V} \tag{2.67}$$

为获得势能密度的计算表达式，需将式(2.67)中的积分项展开，具体计算过程如下。

设一质量微元的质量、密度、体积分别为 m，ρ，V，根据质量守恒定律，可得

$$m=\rho V=\rho_0V_0 \tag{2.68}$$

整理后，得

$$V=\frac{\rho_0}{\rho}V_0 \tag{2.69}$$

对式(2.68)微分，得

$$\mathrm{d}m=\mathrm{d}(\rho V)=\rho\mathrm{d}V+V\mathrm{d}\rho=0\Rightarrow\mathrm{d}V=-\frac{V}{\rho}\mathrm{d}\rho \tag{2.70}$$

将式(2.69)代入式(2.70)，可得

$$\mathrm{d}V=-\frac{V}{\rho}\mathrm{d}\rho=-\frac{\rho_0}{\rho^2}V_0\mathrm{d}\rho \tag{2.71}$$

对式(2.43)微分，可得

$$\mathrm{d}p=c_0^2\mathrm{d}\rho \tag{2.72}$$

将式(2.71)、式(2.72)代入式(2.67)，可得

$$E_\mathrm{p}=\frac{\int_0^p p\mathrm{d}V}{V}=\frac{\rho}{\rho_0V_0}\int_0^p\frac{p\rho_0V_0}{\rho^2}\mathrm{d}\rho=\frac{\rho}{c_0^2}\int_0^p\frac{p}{\rho^2}\mathrm{d}p \tag{2.73}$$

根据2.3节提到的假设条件$\rho\approx\rho_0$，式(2.73)可表示为

$$E_\mathrm{p}=\frac{\int_0^p p\mathrm{d}(-V)}{V}=\frac{\rho}{c_0^2}\int_0^p\frac{p}{\rho^2}\mathrm{d}p\approx\frac{1}{\rho_0c_0^2}\int_0^p p\mathrm{d}p=\frac{p^2}{2\rho_0c_0^2} \tag{2.74}$$

对比式(2.74)和式(2.66)可知，势能密度与动能密度的表达式是相同的。平面声场中任何位置上动能与位能的变化是同相位的，动能达到最大值时，位能也达到最大值。因而，总声能量随时间由零值变到最大值$V_0\dfrac{p_A^2}{\rho_0c_0^2}$，它是动能或位能最大值的两倍。故而单位体积里的声能量，即声能量密度ε，可表示为

$$\varepsilon=E_\mathrm{k}+E_\mathrm{p}=\frac{p^2}{\rho_0c_0^2} \tag{2.75}$$

整个体积元内的声能量为

$$\Delta E=\varepsilon V_0=\frac{p^2V_0}{\rho_0c_0^2} \tag{2.76}$$

式(2.76)是一个既适应于平面声波，也适应于球面波及其他类型波的通用表达式。式(2.76)代表体积元内声能量的瞬时值，如果将它对一周期取平均，那么得到声能量的时间平均值为

$$\overline{\Delta E}=\frac{1}{T}\int_0^T\Delta E\mathrm{d}t=\frac{1}{2}V_0\frac{p_A^2}{\rho_0c_0^2} \tag{2.77}$$

单位体积里的平均声能量密度为

$$\bar{\varepsilon}=\frac{\overline{\Delta E}}{V_0}=\frac{p_A^2}{2\rho_0c_0^2}=\frac{p_\mathrm{e}^2}{\rho_0c_0^2} \tag{2.78}$$

2.6.2　声功率与声强

单位时间内通过垂直于声传播方向上面积 S 的平均声能量称为平均声能量流或平均声功率。因为声能量是以声速 c_0 传播的，所以平均声能量流应等于声场中面积为 S、高度为 c_0 的柱体内所包括的平均声能量，即

$$\overline{W}=\overline{\varepsilon}c_0S \tag{2.79}$$

平均声能量流或平均声功率 $\overline{W}$ 的单位为瓦(W)，1 瓦=1 牛顿 · 米/秒(1 N · m/s)。

单位时间内通过垂直于声传播方向上单位面积的平均声能量流就称为平均声能量流密度或声强，即

$$I=\frac{\overline{W}}{S}=\overline{\varepsilon}c_0 \tag{2.80}$$

式中，S——波阵面的面积。

声强的单位为 W/m^2。对于沿正 x 方向传播的平面声波，将式(2.78)、运动方程等代入式(2.80)后，则

$$I=\frac{p_e^2}{\rho_0c_0^2}c_0=\frac{p_e^2}{\rho_0c_0}=\rho_0c_0v_e^2=\frac{1}{2}\rho_0c_0v_A^2=\frac{1}{2}p_Av_A=p_ev_e \tag{2.81}$$

式中，v_e——有效质点速度，$v_e=\frac{v_A}{\sqrt{2}}$。

对沿负 x 方向传播的反射波情形，可求得

$$I=-\overline{\varepsilon}c_0=-\frac{p_A^2}{2\rho_0c_0}=-\frac{1}{2}\rho_0c_0v_A^2 \tag{2.82}$$

这时声强是负值，表明声能量向负 x 方向传递。可见声强是有方向的量，它的指向就是声传播的方向。可以预料，当同时存在前进波与反射波时，总声强应为 $I=I_++I_-$；如果前进波与反射波相等，那么 $I=0$。因而在有反射波存在的声场中，声强往往不能反映其能量关系，这时必须用平均声能量密度 $\overline{\varepsilon}$ 来描述。

当声压以 Pa 为单位、声强以 W/m^2 为单位时，两者之间的关系式为

$$I=\frac{p_e^2}{\rho_0c_0} \tag{2.83}$$

例如，声压 $p_e=5$ Pa，则代入式(2.83)，得声强为 $I=\frac{5^2}{408}\approx 0.061\ W/m^2$。

由式(2.80)可得

$$W=IS \tag{2.84}$$

对于在自由声场中传播的球面波，当波阵面是围绕声源半径为 $\frac{A}{S_{墙}}<1$ 的假想球面时，距离声源 r 处的声强为

$$I=\frac{W}{4\pi r^2} \tag{2.85}$$

如果将声源放置在刚性地面上，声波只能向半球面空间辐射，此时距离声源 r 处的声

强为

$$I=\frac{W}{2\pi r} \tag{2.86}$$

由以上分析可知，球面声波辐射时，声强与r^2成反比，距离声源越远，声强衰减得越快。

由上述声功率及声强的定义可以看出：声强与位置有关，不同位置处声强的大小可能不同，用于描述声场中某点的声能量的大小；声功率与位置无关，对于给定的声源，其大小是恒定的，用于描述声源声能量的大小。

在实际情况中，有很多因素会影响声强。例如，声源辐射具有一定的指向性，声波在传播过程中会发生反射、折射、绕射、散射和吸收等现象。这说明噪声强度与环境条件有关，环境条件改变，声强分布就完全不同。因此，不能用声强表示机械产生噪声的特性，而用声功率表示机械噪声特性在任何条件下都是合适的。其原因是声功率表示的是机械特性的不变量，它反映了机械的特性和它向外影响的根源。另外，要注意声源的声功率与声源的总功率是完全不同的两个概念，声源的声功率仅是声源的总功率中以声波形式辐射出去的一小部分功率。常见声源的声功率如表 2. 3 所列。

表 2. 3　常见声源的声功率

声源	声功率/W
喷气式飞机	10^4
大型鼓风机	10^2
气锤	1
汽车(72 km/h)	0.1
小电钟	2×10^{-8}

2.7 声波的反射、折射及指向性

2.7.1 声波的反射和折射

当声波从一种介质传播到另一种介质时，在两种介质的分界面上，声波的传播方向要发生变化，将产生反射和折射现象。发生这种声学现象的原因是两种介质的声阻抗不同。

如图 2. 7 所示，当声波从介质 1(其特性阻抗为 $Z_1=\rho_1c_1$)传播到介质 2(其特性阻抗为 $Z_2=\rho_2c_2$)时，一部分声波能通过反射回到介质 1，其余部分穿过界面在介质 2 中继续传播，前者称反射现象，后者称折射现象。

声波的反射和折射符合下列定律：

$$\frac{\sin\theta}{c_1}=\frac{\sin\theta_1}{c_1}=\frac{\sin\theta_2}{c_2} \tag{2.87}$$

$$\frac{\sin\theta}{\sin\theta_2}=\frac{c_1}{c_2}=n_{21} \tag{2.88}$$

式中，θ，θ_1，θ_2——入射角、反射角、折射角；

c_1，c_2——介质 1、介质 2 中的声速。

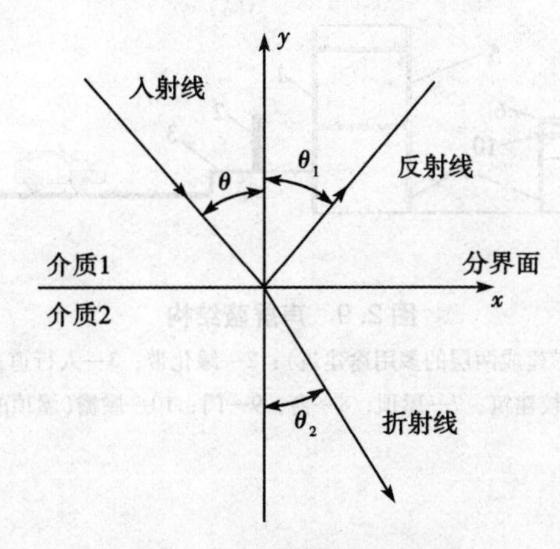

图 2.7　声波的折射与反射

反射线在入射面内，反射角 θ_1 与入射角 θ 大小相等，位于分界面法线的两侧，此称反射定律。不论入射角大小如何，入射角的正弦与折射角的正弦之比都等于波动在介质 1 中的波速与介质 2 中的波速之比，此称折射定律。声速的比值称为介质 2 对介质 1 的相对折射率。由式(2.88)可知，当 $c_1>c_2$ 时，则 $\theta>\theta_2$；当 $c_1<c_2$ 时，则 $\theta_2>\theta$。这说明，声波从声速大的介质折入声速小的介质中时，折射线折向法线；反之，声波从声速小的介质折入声速大的介质中时，折射线折离法线。这说明，声波从一种介质进入另一种介质时，声线发生折射是由在两种介质中的声速不同所决定的。显然，就是在同一种介质中，如果各处声速不同，也会存在折射现象。不论是折离法线还是折向法线，折射现象的存在都导致声线发生弯曲，不再像相同速度介质中那样始终以直线继续向前传播。

2.7.2　声波的衍射

如图 2.8 所示，当障碍物或小孔的尺寸小于声波的波长时，声波能够绕过障碍物的边缘继续前进，好像不存在障碍物一样，或者在小孔处以新的声源向前传播，这种现象称为声衍射或绕射。由于声波具有绕射的特性，因此室内开窗能听到室外来自各个方向的声音；而当墙壁存在缝隙和孔洞时，隔声能力就显著下降。但是，当障碍物或小孔的尺寸大于声波的波长时，将在障碍物的后方形成声影区。利用声波的声影区，可以设计声屏蔽，减弱噪声对生产生活的干扰。如图 2.9 所示，将住宅小区邻近繁华街道的建筑建成声屏蔽结构，使该建筑后方形成声影区，可以减弱交通噪声的影响。

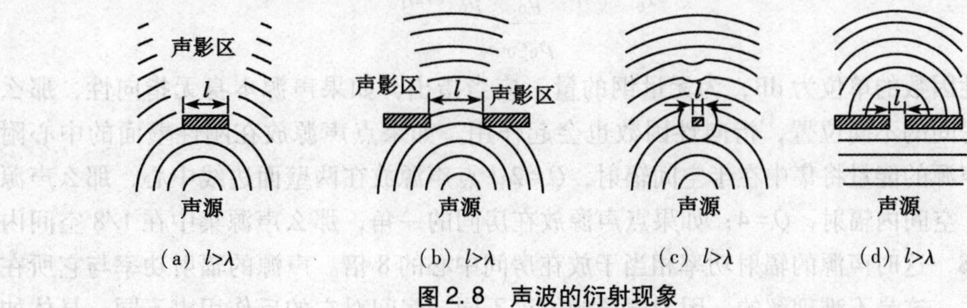

图 2.8　声波的衍射现象

λ—声波的波长；l—障碍物的线度尺寸

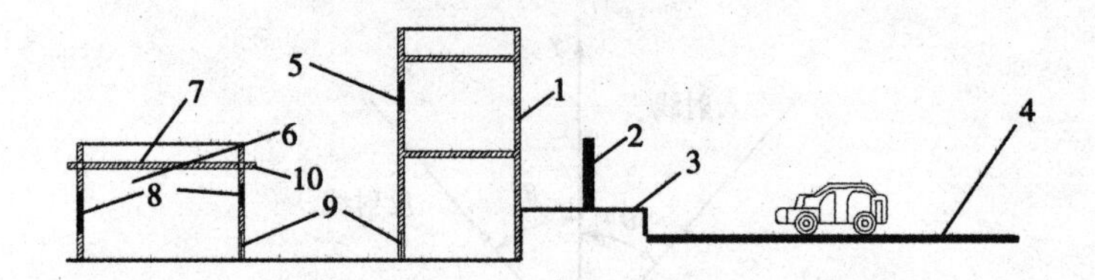

图 2.9　声屏蔽结构

1—声屏蔽墙(已扩建成两层的多用途建筑); 2—绿化带; 3—人行道; 4—一级公路; 5—窗; 6—学校建筑; 7—屋顶; 8—窗; 9—门; 10—屋檐(屋顶的伸出部分)

2.7.3　声波的指向性

一般地，噪声源都不是均匀地向各方向辐射的，而是像图 2.10 那样不均匀地、有方向地辐射，距声源距离相等但位置不同的地方，声波的辐射强度不同，甚至有的位置其声强等于零，这种现象称为声波的指向性。声波的指向性体现了声源在不同方向上辐射声能量的本领，一般用指向性因数和指向性指数进行描述。

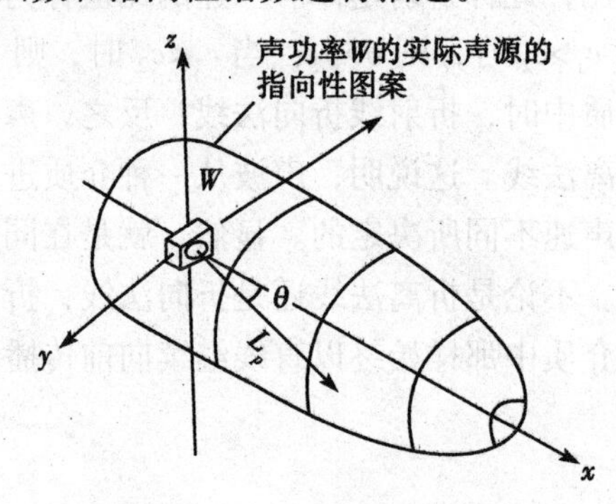

图 2.10　噪声源指向性图

2.7.3.1　指向性因数 Q

离声源某一距离和角度上的声强 I_Q，与在同一距离上假设声源发出的全部功率均匀地向各个方向传播的声强 I_0 之比，称为指向性因数 Q，为无量纲的量。

$$Q=\frac{I_Q}{I_0}\bigg|_{r=r_1}=\frac{\dfrac{p_Q^2}{\rho_0c_0}}{\dfrac{p_0^2}{\rho_0c_0}}=\frac{p_Q^2}{p_0^2}\bigg|_{r=r_1}\tag{2.89}$$

指向性因数的单位为 dB，为无量纲的量。应当指出，如果声源本身无指向性，那么把它放在房间的不同位置，指向性因数也会起作用。如果点声源放在刚性壁面的中心附近，那么声源的能量将集中在半空间辐射，$Q=2$；点声源放在两壁面边线中心，那么声源集中在 1/4 空间内辐射，$Q=4$；如果点声源放在房间的一角，那么声源集中在 1/8 空间内辐射，$Q=8$，这时声源的辐射功率相当于放在房间中心的 8 倍。声源的辐射功率与它所在的位置有关，这是不难理解的，因为声源的位置不同，房间对它的反作用也不同。具体如表 2.4 所列。

表 2.4　点声源的位置及指向性

声源的位置	指向性因数
整个自由空间	$Q=1$
1/2 个自由空间	$Q=2$
1/4 个自由空间	$Q=4$
1/8 个自由空间	$Q=8$

2.7.3.2　指向性指数 *G*

$$G=10\lg\left(\frac{p_\theta}{\bar{p}}\right)^2_{r=r_1} \tag{2.90}$$

式中，p_θ——在声源 θ 角方向上 r_1 处的均方根声压。

比较式(2.89)和式(2.90)，得出指向性因数 Q 与指向性指数 G 的关系为

$$G=10\lg Q \tag{2.91}$$

当声源无指向性时，$Q=1$，$G=0$。

2.7.3.3　声源的指向性图

指向性因数 Q 随角度 θ 而变化的图形称为指向性图，它可形象地表示出合成声压的指向特性。指向性图的画法是沿着与法线成 θ 角的各方向画出各个相应的 Q 值，然后连成平滑曲线。由图 2.11 就可看出不同方向声压的变化情况。

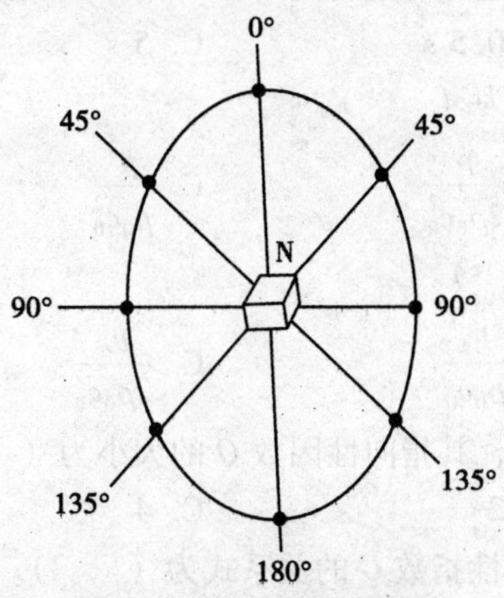

图 2.11　声源的指向性图

习　题

一、单选题

1. 人耳感知声音的频率范围是（　　）。

A. 20~20000 Hz　B. 20~55000 Hz　C. 100~3000 Hz　D. 67~45000 Hz

2. 下列不属于次声波产生源的是（　　）。

A. 地震　B. 极光　C. 台风　D. 蝙蝠发出的声波

3. 人耳的闻阈声压是（　　）N/m^2。

A. 2×10^{-5}　B. 2×10^{-4}　C. 2×10^{-6}　D. 2×10^{-3}

4. 人耳的痛阈声压是（　　）N/m^2。

A. 20　B. 30　C. 40　D. 10

5. 描述声压与振动速度关系的方程是（　　）。

A. 运动方程　B. 连续性方程　C. 物态方程

6. 描述振动速度与密度增量关系的方程是（　　）。

A. 运动方程　B. 连续性方程　C. 物态方程

7. 描述声压与密度增量关系的方程是（　　）。

A. 运动方程　B. 连续性方程　C. 物态方程

8. 运动方程的表达式为（　　）。

A. $p=c_0v$　B. $p=\rho_0v$　C. $p=\rho_0c_0$　D. $p=\rho_0c_0v$

9. 在常温（20 ℃）和标准大气压（101.325 kPa）下，声音在空气中的传播速度为（　　）m/s。

A. 344　B. 5100　C. 34　D. 44

10. 当两列同样的声波到达人耳的时间约在（　　）以上时，容易产生回声效应。

A. 0.05 s　B. 0.5 s　C. 5 s　D. 0.1 s

11. 声势能密度的表达式为（　　）。

A. $\dfrac{p^2}{2\rho_0c_0}$　B. $\dfrac{p}{2\rho_0c_0^2}$　C. $\dfrac{p^2}{\rho_0c_0^2}$　D. $\dfrac{p^2}{2\rho_0c_0^2}$

12. 声强的表达式为（　　）。

A. $\dfrac{p_e^2}{\rho_0c_0}$　B. $\dfrac{p_e}{\rho_0c_0}$　C. $\dfrac{p_e^2}{2\rho_0c_0}$　D. $\dfrac{p_e}{2\rho_0c_0^2}$

13. 对于各向同性的声源，其指向性因数 Q 的大小为（　　）。

A. 1　B. 2　C. 4　D. 8

14. 指向性因数 Q 与指向性指数 G 的关系式为（　　）。

A. $G=10\lg Q$　B. $G=10\lg\dfrac{1}{Q}$　C. $G=\dfrac{1}{Q}$　D. $G=20\lg Q$

15. 若指向性指数为 0，计算指向性因数为（　　）。

A. 0　B. 1　C. 2　D. 10

16. 在推导声波的波动方程时，没有用到的基本物理定律是（　　）。

A. 牛顿第二定律　B. 质量守恒定律

C. 绝热压缩定律　　D. 傅里叶扩散定律

17. 平均声能密度的表达式为（　　）。

A. $\frac{p^2}{2\rho_0 c_0}$　　B. $\frac{p}{2\rho_0 c_0^2}$　　C. $\frac{p^2}{\rho_0 c_0^2}$　　D. $\frac{p^2}{2\rho_0 c_0^2}$

18. 当有人大喊一声，距离他的嘴唇 30 cm 处，平均声压大约为 0.5 Pa，则他喊时的声功率大约为（　　）W。

A. 0.0004　　B. 0.0007　　C. 0.0009　　D. 0.001

二、判断题

1. 声音是由于振动产生的。（　　）

2. 人在真空中可以听到声音。（　　）

3. 声波产生需要两个条件：声源和声场。（　　）

4. 自由场是无边界的，内部介质是各向同性的。（　　）

5. 自由行波是在自由场中传播的声波。（　　）

6. 波阵面是声波在某一时刻传播到各点所连成的面。（　　）

7. 声线是声波的传播方向，在各向同性介质(均匀介质)中，波阵面与声线平行。（　　）

8. 纵波是波动方向与振动方向一致的声波，可在气、液、固体中传播。（　　）

9. 横波是波动方向与振动方向平行的声波。（　　）

10. 若按照振动时间，风机噪声是连续波。（　　）

11. 若按照振动时间，锤子敲打的声波属于脉冲波。（　　）

12. 在各向同性的介质中，点声源发出的声波属于球面波。（　　）

13. 在各向同性的介质中，线声源发出的声波属于柱面波。（　　）

14. 在各向同性的介质中，面声源发出的声波属于平面波。（　　）

15. 声压是大气压力的变化量，随时间、地点而变化。（　　）

16. 声的传播过程就是介质疏密交替变化过程，可引起压强、密度、温度等量的变化。（　　）

17. 任何一个非正弦声波都是许多平面正弦声波的叠加结果。（　　）

18. 介质的特性阻抗是介质对振动面运动的反作用的定量描述。（　　）

19. 介质的体积弹性模量的物理意义是：当介质受压变密而使压强增加时，压强的增量(声压)与密度增量的比例关系。（　　）

20. 声速的大小取决于介质的弹性和惯性。（　　）

21. 声波可在气、固和液相中传播，其传播速度受大气压力、温度和湿度的影响。（　　）

22. 声波在钢材、水、空气中的传播速度依次递增。（　　）

23. 工程上利用声波估算长管线的距离是利用声波在不同介质中的传播速度不同。（　　）

24. 声场中的能量密度包括动能密度和势能密度，二者表达式相同。（　　）

25. 声场中的能量密度是个瞬时量。（　　）

26. 声强是单位时间内通过垂直于声传播方向单位面积内的声能量流。（　　）

27. 声功率是单位时间内声源辐射出来的总能量，是衡量声源声能量大小的物理量，表示机械的声学特性。 ( )

28. 声源的指向性是声源在不同方向辐射声能量的本领，可用指向性因数和指向性指数表示。 ( )

29. 声波从声速大的介质中折入到声速小的介质中时，折射线折离法线；反之，折向法线。 ( )

30. 声波为横波。 ( )

31. 声功率与声源位置无关，对于给定的声源其大小是恒定的。 ( )

32. 声波传播时，介质质点仅在平衡位置附近振动，质点并没移动。 ( )

三、名词解释

1. 声压
2. 声强
3. 声功率

四、简答题

声强与声功率的区别是什么？

五、计算题

1. 如果两列声波到达人耳的时间约在 0.05 s 以上时，听觉上就可以区别出来。试问人离一堵墙至少要多远的距离才能听到自己讲话的回声？

2. 在某金属中声速为 v，用该金属做成一长为 l 的管子，把管子的一端打击一下，在管子的另一端听到两个声音，一个是来自管子传播的声波，另一个是来自空气传播的声波。试问：

（1）若 c 代表空气中的声速，则这两种介质的间隙时间 Δt 是多少？

（2）设时间 $\Delta t=1.0$ s，$v=6000$ m/s，求管长 l。

3. 一振源的声功率为 1 W，此振源在无吸收的各向同性介质中视作一点声源，试求距声源 1 m 处的声强。

4. 若均方根声压为 $p=0.1$ N/m^2，特性阻抗 $\rho_0 c_0=408$ Pa · s/m，$c_0=344$ m/s，试求声场中的平均声能密度。

5. 已知平面声波的声强为 10^{-12} W/cm^2，试求其声压。

6. 设在介质中有一无限大的平面做垂直于其法向的振动，振动速度为 $u=v_0\sin\omega t$，则它在介质中产生的声压应为多少？若设速度幅值为 $v_0=1.5\times10^{-4}$ m/s，该介质为空气，则其产生的声压幅值又为多少？（设 $\rho_{空气}=1.21$ kg/m^3，$c=344$ m/s）

7. 在室外大气中距机器 5 m 处测得声压为 $p_e=0.5$ Pa，则此处的声强、质点振动速度、声能密度各应为多少？

六、思考论述题

结合本章知识，谈谈基础科学、基础研究对国家发展的促进作用。

第3章 噪声的量度、危害及标准

声波的声强大小、频率高低和波形特点决定了声波的性质，故把这三个参数称为表征声音性质的三要素。在生活中，人们能够做到“闻其声，知其人”就是这三个要素起主要作用。这三个要素主要从物理的角度量度声音，涉及的物理量包括声压(声压级)、声强(声强级)、声功率(声功率级)及频谱等。根据噪声的定义，也可以从主观的角度来量度声音，即人的听觉，如响度、响度级、计权网络声级等。

3.1 级和分贝

为了更方便地量度声音，使人们在小数字范围内而不在大数字范围内进行量度计算，故使用级的概念，其单位为分贝(dB)。

分贝原是电气工程师在电讯领域开始应用的。在声学中，将所研究的一个物理量与该物理量选定的参考量的比值取以10为底的常用对数乘10，得到的量称为“级”。级是一个做相对比较的无量纲量，以分贝表示。根据前述定义，其数学表达式为

$$L = 10\lg \frac{W}{W_0} \tag{3.1}$$

式中，L——级，dB；

W——所研究的功率，W；

W_0——基准功率，W。

3.1.1 声压级

根据级的定义，声压级的数学表达式应为

$$L_p = 10\lg \frac{p^2}{p_0^2} = 20\lg \frac{p}{p_0} \tag{3.2}$$

式中，L_p——声压级，dB；

p——声压有效值，Pa；

p_0——基准声压，是频率在1000 Hz时的听阈声压，$p_0 = 2\times10^{-5}$ Pa。

由式(3.2)可求得听阈和痛阈声压级分别为

$$L_{p听} = 20\lg \frac{2\times10^{-5}}{2\times10^{-5}} = 0 \text{ dB}$$

$$L_{p痛}=20\lg\frac{20}{2\times10^{-5}}=20\lg10^{6}=120\ \text{dB}$$

这样就把由声压绝对值表示的百万倍数量级变为0~120的数量级范围，从而方便了声音的度量。

通过计算可知：声压值变化10倍，声压级变化20 dB；声压值变化100倍，声压级变化40 dB；声压值变化1000倍，声压级变化60 dB。可见，降低20 dB或40 dB对应的声压值的变化是很大的，在实际中也是相当困难的。

表3.1是人们周围熟悉的声音的声压及声压级。从声压级的数值中可以看出，其可以将生活中的声源划分为便于比较的层次，很容易进行声源的大小量度，而直接采用声压值比较时很难取得这种效果。表3.2为一些常见设备或环境的声压级。

表3.1 人们周围熟悉的声音的声压及声压级

噪声源或噪声环境	声压/Pa	声压级/dB
喷气式飞机喷口附近	630	150
喷气式飞机附近	200	140
铆钉机附近	63	130
大型球磨机附近	20	120
8-18鼓风机进口	6.3	110
织布车间	2	100
地铁	0.63	90
公共汽车内	0.2	80
繁华街道	0.063	70
普通谈话	0.02	60
微电机附近	0.0063	50
安静的房间	0.002	40
轻声耳语	0.00063	30
树叶的沙沙声	0.0002	20
农村静夜	0.000063	10
听阈	0.00002	0

表3.2 常见设备或环境的声压级

声源	声压级/dB	声源	声压级/dB
锅炉排气放空，离喷口1 m	140	冲床车间，离冲床1 m	100
高压吹洗柴油机油嘴，离喷口1 m	134	发电站电机间，离电机1 m	95
大型柴油机增压器，离进气口0.3 m	128	卡车，车厢内	90
汽车喇叭，距离1 m	120	大声讲话，距离0.3 m	85
内燃机车机房，走道中	114	城市噪声，街道上	75
大型风机房，离风机1 m	110	住宅内的厨房	60
织布机车间，走道中	104		

3.1.2　声强级和声功率级

与声压级的定义式类似，根据式(3.1)也可得到声强级和声功率级的数学表达式为

$$L_I = 10\lg \frac{I}{I_0} \tag{3.3}$$

$$L_W = 10\lg \frac{W}{W_0} \tag{3.4}$$

式中，I_0——基准声强，是频率在1000 Hz时的听阈声强，其值为10^{-12} W/m^2；

W_0——基准功率，其值为10^{-12} W。

根据式(3.4)可以很容易地通过声功率计算声功率级。例如，声功率为0.1 W的小汽笛的声功率级为110 dB。根据这一瞬时现象，应当注意到，一个非常小的0.1 W声功率的声源，对于人耳来说已是一个非常高的声源。一些典型声源的声功率和声功率级如表3.3所列。

表3.3　一些典型声源的声功率和声功率级

声源	声功率/W	声功率级/dB
轻声耳语	10^{-9}	30
台钟	3×10^{-8}	43
钢琴	2×10^{-2}	93
织布机	10^{-1}	110
气锤	1	120
鼓风机	10^{2}	140
喷气式飞机	10^{4}	160
火箭	4×10^{7}	196

3.1.3　声压级、声强级与声功率级的关系

第2章已经获得了声压、声强与声功率这三个物理量的表达式及相互关系，在此基础上，根据声压级、声强级与声功率级的定义，也能得出各个级之间的相互关系。

根据声强与声压的关系式，可以得到

$$\frac{I}{I_0} = \frac{p^2/(\rho c)}{p_0^2/(\rho c)} = \frac{p^2}{p_0^2} \tag{3.5}$$

由声压级、声强级的定义可知，

$$L_I = 10\lg \frac{I}{I_0} = 10\lg \frac{p^2}{p_0^2} = 20\lg \frac{p}{p_0} = L_p \tag{3.6}$$

由于式(3.6)在推导过程中不涉及具体的波阵面，因此对于任何形式的声场都是适用的，即声场中声压级与声强级处处相等。

下面推导声功率级与声强级的关系。设球面扩散声源的声功率级为L_W，声源声功率为W。距离该声源中心r m处的声强级为L_I，声压级为L_p。

根据声强与声功率的关系$W=IS$，以及声功率级与声强级的定义，可得

$$L_W=L_I+10\lg\frac{S}{10^{-12}} \tag{3.7}$$

当声源为点声源时，则距声源为 r m 处的声强为 $I_r=\frac{W}{4\pi r^2}$，同理可得

$$L_W=10\lg\frac{W}{W_0}=10\lg\frac{W}{10^{-12}}=10\lg\frac{I_r 4\pi r^2}{10^{-12}}=10\lg\frac{I_r}{10^{-12}}+10\lg 4\pi r^2=L_I+20\lg r+10.9$$

根据式(3.6)，可得声功率级与声压级的关系为

$$L_W=L_p+20\lg r+10.9$$

或

$$L_p=L_W-20\lg r-10.9 \tag{3.8}$$

当为半球面扩散声源时，声功率级与声压级的关系为

$$L_W=L_p+20\lg r+7.9$$

或

$$L_p=L_W-20\lg r-7.9 \tag{3.9}$$

3.2 分贝的计算

在实际生活和工作中，在同一地点同时作用的噪声源往往不止一个，因此在解决工业噪声时，常常需要通过进行分贝的加减运算来处理若干个声源的声功率及其同时在同一位置产生的声压。由于声压级没有量纲，因此直接相加是没有意义的，如两个声源在同一地点产生的声压级分别为 60 dB 和 70 dB，则该地点的总声压级不可能为两者之和 130 dB。但是，能量是可以直接相加的，如动能与势能可以相加，和为总能量。对于声波而言，直接表示能量的物理量主要为声强和声功率，即这两个量是可以直接相加的。

设 W_1，W_2，…，W_n 和 I_1，I_2，…，I_n 分别为声源 1，2，…，n 的声功率和声强，则总声功率 W 和总声强 I 为

$$W=W_1+W_2+\cdots+W_n \tag{3.10}$$

$$I=I_1+I_2+\cdots+I_n \tag{3.11}$$

分贝的加减运算就是基于式(3.10)和式(3.11)，在能量可以直接代数相加减的基础上进行的。

3.2.1 分贝的加法

仅由单个噪声源所影响的工作地点是稀少的，就是在极个别的情况下，背景噪声与外界噪声也会同时存在。由于同时在同一地点存在几个噪声源，因此涉及各个声源同时在同一地点产生的各个声压的叠加问题，即需要进行分贝的加法运算。

分贝的加法运算可以由某声源各频带下的声压级求得该噪声源在某一地点产生的全声压级。当多个声源同时作用时，使用分贝相加的方法也可求得多个声源在某一地点产生的总声压级。

根据式(3.10)和式(3.11)，可得总功率级与总声强级分别为

$$L_W=10\lg\frac{W}{W_0}=10\lg\left(\frac{W_1+W_2+\cdots+W_n}{W_0}\right) \tag{3.12}$$

$$L_I=10\lg\left(\frac{I_1+I_2+\cdots+I_n}{I_0}\right) \tag{3.13}$$

设 p_1，p_2，…，p_n 为声源 1，2，…，n 的声压，p 为 1，2，…，n 多个声源同时作用时的总声压，则

$$I_1=\frac{p_1^2}{\rho_0 c},\ I_2=\frac{p_2^2}{\rho_0 c},\ \cdots,\ I_n=\frac{p_n^2}{\rho_0 c} \tag{3.14}$$

根据式(3.11)得

$$\frac{p^2}{\rho_0 c}=\frac{p_1^2}{\rho_0 c}+\frac{p_2^2}{\rho_0 c}+\cdots+\frac{p_n^2}{\rho_0 c} \tag{3.15}$$

则有

$$p^2=p_1^2+p_2^2+\cdots+p_n^2 \tag{3.16}$$

由此得总声压级为

$$L_p=10\lg\frac{p^2}{p_0^2}=10\lg\left(\frac{p_1^2+p_2^2+\cdots+p_n^2}{p_0^2}\right)$$

或

$$L_p=10\lg\sum_{i=1}^{n}\left(\frac{p_i}{p_0}\right)^2 \tag{3.17}$$

由声压级的定义式，可得

$$\frac{p_i^2}{p_0^2}=10^{\frac{L_{p_i}}{10}} \tag{3.18}$$

$$\frac{p_1^2}{p_2^2}=10^{\frac{L_{p_1}-L_{p_2}}{10}} \tag{3.19}$$

式(3.18)为某一声压与其对应的声压级的关系；式(3.19)为任意两个声压的平方比与其对应的声压级的关系，与声压基准值无关。

将式(3.18)代入式(3.17)得

$$L_p=10\lg\left(\sum_{i=1}^{n}10^{\frac{L_{p_i}}{10}}\right) \tag{3.20}$$

用式(3.20)即可计算若干个声源的总声压级。若这些噪声源的声压级完全相同，则可得到这些相同的声源造成的总声压级公式：

$$L_p=L_{p_1}+10\lg n \tag{3.21}$$

式中，L_{p_1}——一个声源的声压级，dB；

n——声源的数目。

当 $n=2$ 时，式(3.21)变为

$$L_p=L_{p_1}+10\lg 2=L_{p_1}+3 \tag{3.22}$$

用类似的方法也可得到计算总功率级的公式。

例 3.1　某车间有三台车床，运转时各噪声级分别为 85，83，80 dB，求室内总噪声

级。

解 依式(3.20)得

$$L_p=10\lg\left(10^{\frac{L_{p_1}}{10}}+10^{\frac{L_{p_2}}{10}}+10^{\frac{L_{p_3}}{10}}\right)=10\lg(10^{8.5}+10^{8.3}+10^{8.0})=87.9\ \text{dB}$$

上述将各分声压级的值代入式(3.20)获得总声压级的方法称为代数法。为便于工程应用，下面介绍另一种求解总声压级的方法，即图表法。

$$L_I=10\lg\frac{I_1+I_2}{I_0}=10\lg\frac{I_1}{I_0}+10\lg\left(1+\frac{I_2}{I_1}\right) \tag{3.23}$$

由于 $L_I=L_p$，$L_{I_1}=L_{p_1}$，式(3.23)可写为

$$L_p=L_I=L_{p_1}+10\lg\left(1+\frac{I_2}{I_1}\right)=L_{p_1}+10\lg\left(1+\frac{p_2^2}{p_1^2}\right)=L_{p_1}+\Delta L_p \tag{3.24}$$

式(3.24)说明，欲求两个不同声压级的和，只要将较大的声压级 L_{p_1} 再加上一个附加值 ΔL_p 即可。式(3.24)中第二项为附加值 ΔL_p，它是两声压级差的函数，表示形式如下：

$$\Delta L_p=10\lg\left(1+\frac{p_2^2}{p_1^2}\right)=10\lg\left(1+10^{\frac{-(L_{p_1}-L_{p_2})}{10}}\right) \tag{3.25}$$

由式(3.25)可知，已知两个噪声级差，即可获得附加值的大小，具体如表3.4所列。

表3.4 分贝和的附加值

噪声级差 $(L_{p_1}-L_{p_2})$/dB	0	1	2	3	4	5	6	7	8	9	10	11	12	13	14	15
附加值(ΔL_p)/dB	3	2.5	2.1	1.8	1.5	1.2	1.0	0.8	0.6	0.5	0.4	0.3		0.2		

由表3.4可知，两个声源中一个噪声级超过另一个噪声级6~8 dB，总噪声级的附加值很小(即不到1 dB)。由此可知，为了减弱机组的总噪声，首先必须消除其中最强的噪声源，原因是较弱声源的噪声对总声源的声压级影响很小。

以分贝为单位的声功率级、声强级和声压级的合成法则如下：有 n 个不同的噪声级同时作用时，首先应找出其中两个最大声级的分贝差 $\Delta L_p=L_{p_1}-L_{p_2}$，再由表3.4查对应的附加值 ΔL_p，然后把它加在分贝数较高的级值 L_{p_1} 上，就得到合成后的级值 L_p。重复使用上述法则进行运算，就可求出两个以上的声级值合成后的总声压级，直到加至两个声压级相差10 dB以上时为止。

例3.2 某车间有三台车床，运转时各噪声级分别为85，83，80 dB，采用图表法求室内总噪声级。

解 先把噪声级由大到小按照顺序排列，即85，83，80 dB。求级差，把表3.4中的附加值加在声级数值大的上面，按照顺序进行。因为噪声级差为 $\Delta_1=L_{p_1}-L_{p_2}=85-83=2$ dB，由表3.4查得对应的附加值 $\Delta L_1=2.1$ dB，所以85 dB和83 dB合成后的声级为 $85+2.1=87.1$ dB。再将87.1和80合成，因为 $\Delta_2=87.1-80=7.1$ dB，由表3.4查得对应的附加值为 $\Delta L_2=0.8$ dB，则室内的总噪声级为

$$87.1+0.8=87.9\ \text{dB}$$

上述求解过程如图3.1所示。

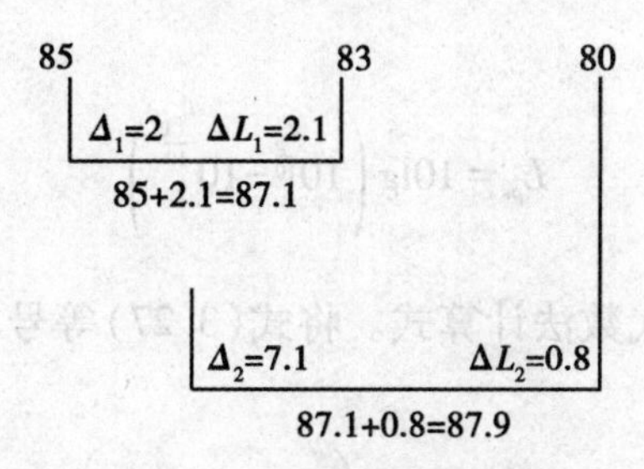

图 3.1 分贝和图表法

例 3.3 某车间噪声实测所得的倍频程声压级列于表 3.5 中，求总声压级。

表 3.5 某车间实测倍频程声压级

次序	1	2	3	4	5	6	7	8	9
中心频率/Hz	31.5	63	125	250	500	1000	2000	4000	8000
声压级/dB	80	90	98	100	95	90	82	75	60

解 为便于计算，采用图表法求解，具体过程如图 3.2 所示。

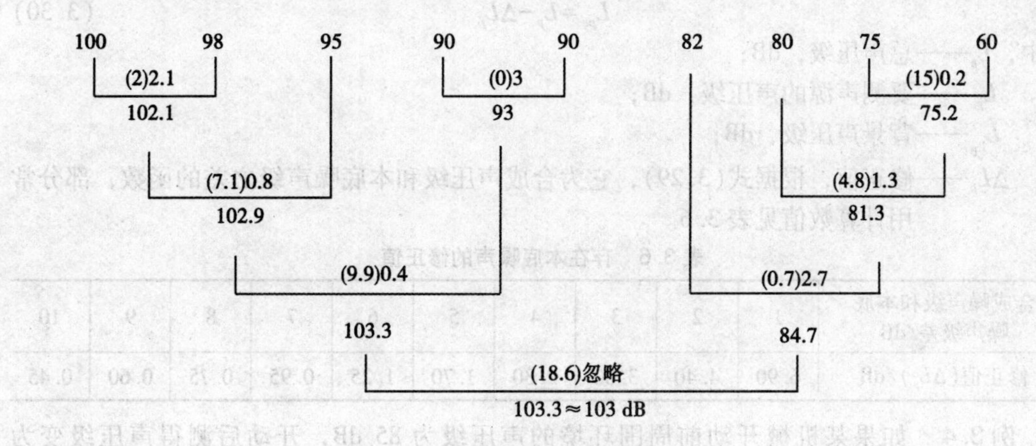

图 3.2 图表法求解过程

3.2.2 分贝的减法

把某一噪声作为被测对象，与该被测对象噪声存在与否无关的干扰噪声的总和，称为相对于被测对象的本底噪声，或称背景噪声，它由环境噪声和其他干扰噪声组成。本底噪声是可以测定的，本底噪声和被测对象噪声的总和也是可以测定的。由于背景噪声总是存在的，因此必须从测试的总噪声级中减去测量的本底噪声，才能得到被测对象的噪声。实现该过程，需要分贝的减法运算。

分贝相减的过程类似于分贝相加的过程。若已知总声压级和背景噪声声压级分别为

$$L_p = 10\lg\frac{p}{p_0},\ L_{p_B} = 10\lg\left(\frac{p_B}{p_0}\right)^2 \tag{3.26}$$

则被测噪声源的声压级为

$$L_{ps} = 10\lg\left[\left(\frac{p}{p_0}\right)^2 - \left(\frac{p_B}{p_0}\right)^2\right]$$

或

$$L_{ps}=10\lg\left(10^{\frac{L_p}{10}}-10^{\frac{L_{p_B}}{10}}\right) \tag{3.27}$$

式(3.27)为分贝减法的代数法计算式。将式(3.27)等号右边提取 $\lg10^{\frac{L_p}{10}}$，进一步整理后为

$$L_{ps}=L_p-10\lg\left(1+\frac{1}{10^{\frac{L_p-L_{p_B}}{10}}-1}\right) \tag{3.28}$$

令式(3.28)的最右边为 ΔL_p，则

$$\Delta L_p=10\lg\left(1+\frac{1}{10^{\frac{L_p-L_{p_B}}{10}}-1}\right) \tag{3.29}$$

此时，可推出求算 L_{ps} 的另一个公式：

$$L_{ps}=L_p-\Delta L_p \tag{3.30}$$

式中，L_p——总声压级，dB；

L_{ps}——要测声源的声压级，dB；

L_{p_B}——背景声压级，dB；

ΔL_p——修正值，根据式(3.29)，它为合成声压级和本底噪声级之差的函数，部分常用计算数值见表3.6。

表3.6 存在本底噪声的修正值

合成噪声级和本底噪声级差/dB	1	2	3	4	5	6	7	8	9	10
修正值(ΔL_p)/dB	6.90	4.40	3.00	2.30	1.70	1.25	0.95	0.75	0.60	0.45

例3.4 如果某机械开动前周围环境的声压级为85 dB，开动后测得声压级变为94 dB，试确定该机械自身所产生的声压级。

解 根据式(3.27)可得

$$L_{ps}=10\lg\left(10^{\frac{94}{10}}-10^{\frac{85}{10}}\right)\doteq 93.4$$

也可用图表法计算。$L_p-L_{p_B}=94-85=9$ dB，可由表3.6查得 $\Delta L_p=0.60$ dB，应用式(3.30)得

$$L_{ps}=94-0.6\doteq 93.4\ \text{dB}$$

3.2.3 分贝的平均值

在某一点多次测量声压级取其平均值时，都需要计算分贝平均值。求分贝平均值的方法是由分贝求和法而来的，分贝求和法的公式为

$$L_p=10\lg\left(\sum_{i=1}^{n}10^{\frac{L_{pi}}{10}}\right) \tag{3.31}$$

可将式(3.31)除以级的数目 n 得平均分贝级 $\overline{L_p}$，即

$$\overline{L_p} = 10\lg\left(\frac{1}{n}\sum_{i=1}^{n} 10^{\frac{L_{pi}}{10}}\right) \tag{3.32}$$

例 3.5　试求测量值 $L_{p_1}=96$ dB，$L_{p_2}=100$ dB，$L_{p_3}=90$ dB，$L_{p_4}=97$ dB 的平均声压级 $\overline{L_p}$。

解　将已知数据代入式(3.32)得

$$\overline{L_p} = 10\lg\left[\frac{1}{4}\times(10^{9.6}+10^{10}+10^{9}+10^{9.7})\right] = 97 \text{ dB}$$

3.3　噪声频谱

根据声音性质的三要素，3.1 节中声压级、声强级和声功率级都是从强度方面量度声音的。除此之外，频率也是量度声音的一个重要的物理量。当声音振动得慢、以低频声为主时，该声音给人的感觉是音调低，较为低沉；反之，当声音振动得快、以高频声为主时，人们常感觉该声音音调高，较为尖锐。古诗中就存在这样的描写，“大弦嘈嘈如急雨，小弦切切如私语。嘈嘈切切错杂弹，大珠小珠落玉盘”（出自白居易《琵琶行》），生动有趣地描写了音调的高低。

3.3.1　倍频程

可听声从低频率到高频率的变化范围高达 1000 倍，为了方便和实用上的需要，通常把宽广的声频变化范围划分为若干较小的段落，每个小的频率段落称为频程或频带。划分后的每个频程将有上限频率值和下限频率值。上、下限频率值之差即该频程的频带宽度，简称带宽。

在实践中发现，两个不同频率的声音做比较时，有决定意义的是两个频率的比值，而不是它们的差值。如 C 调的中音 6，基音频率是 440 Hz，低音 $\underset{\cdot}{6}$ 的频率是 220 Hz，高音 $\dot{6}$ 的频率是 880 Hz，从高音 $\dot{6}$ 到中音 6，从中音 6 到低音 $\underset{\cdot}{6}$，频率都正好相差 1 倍，因而人耳能正确地判别高音 $\dot{6}$、中间音 6 和低音 $\underset{\cdot}{6}$。因此，在对整个频率范围进行分段划分时，是根据频率的比值进行的，即等比而不是等差。

在噪声控制工程中，把每个频段上下限频率的比值称为频程。如某个频段频率的比值为 $880:440=2^1:1$，则称为 1 倍频程，也就是说频率段是以 1 倍频程进行划分的。由此推广便知，2 个频率相差 1 个倍频程时为 $2^1:1$，相差 2 个倍频程时为 $2^2:1$，相差 3 个倍频程时为 $2^3:1$，……，相差 n 个倍频程时为 $2^n:1$。一般情况下，n 不一定是整数，可以是任意正实数。2 个频率相距的倍频程数 n 由式（3.33）确定：

$$\frac{f_2}{f_1} = 2^n$$

或

$$n = \mathrm{lb}\,\frac{f_2}{f_1} \tag{3.33}$$

式中，f_1，f_2——分别为1个频段的下限频率和上限频率。

n 越小，该频率段越短，频率轴划分得越细。例如，在2个相距为1倍频程的频率之间插入2个频率，使4个频率之间依次相距1/3倍频程，则4个频程成如下比例：$1:2^{\frac{1}{3}}:2^{\frac{2}{3}}:2$。

在噪声测量中，通用的倍频程有 $n=1$ 时的1倍频程，简称倍频程；有 $n=1/3$ 时的1/3倍频程。将频率轴按照倍频程划分为若干段后，可以用中心频率代表各频率段，中心频率是频带上下限频率的几何平均值。定义如下：

$$f_{中}=\sqrt{f_{上}f_{下}} \tag{3.34}$$

式中，$f_{中}$，$f_{上}$，$f_{下}$——频程的中心、上限和下限频率。

由式(3.34)可得

$$f_{上}=2^{\frac{n}{2}}f_{中}，f_{下}=2^{\frac{-n}{2}}f_{中}，\Delta f=f_{上}-f_{下}=(2^{\frac{n}{2}}-2^{-\frac{n}{2}})f_{中} \tag{3.35}$$

对于1倍频程($n=1$)，代入式(3.35)得

$$\frac{\Delta f}{f_{中}}=0.707 \tag{3.36}$$

对于1/3倍频程($n=1/3$)，则有

$$\frac{\Delta f}{f_{中}}=0.231 \tag{3.37}$$

上述计算结果说明，这种倍频程频率的相对宽度都是常数，即随着中心频率的增加，其频程的绝对宽度按照一定比例增加，因此，可以用中心频率代表某一频带宽的频率范围。其上、下频率，带宽和中心频率见表3.7和表3.8。

表3.7 1倍频程的中心频率与频率范围

中心频率/Hz	31.5	63	125	250	500
频率范围/Hz	22~45	45~90	90~180	180~355	355~710

表3.8 1/3倍频程的中心频率与频率范围

中心频率	频率范围/Hz	中心频率	频率范围/Hz	中心频率	频率范围/Hz	中心频率	频率范围/Hz
50	45~56	250	224~280	1250	1120~1400	6300	5600~7100
63	56~71	310	280~355	1600	1400~1800	8000	7100~9000
80	71~90	400	355~450	2000	1800~2240	10000	9000~11200
100	90~112	500	450~560	2500	2240~2800	12500	11200~14000
125	112~140	630	560~710	3150	2800~3550		
160	140~180	800	710~900	4000	3550~4500		
200	180~224	1000	900~1120	5000	4500~5600		

根据中心频率的定义，当用中心频率代表各个频段绘制频谱图时，根据各中心频率的值计算频率轴是按照几倍的频程进行划分的，计算过程如图3.3所示。

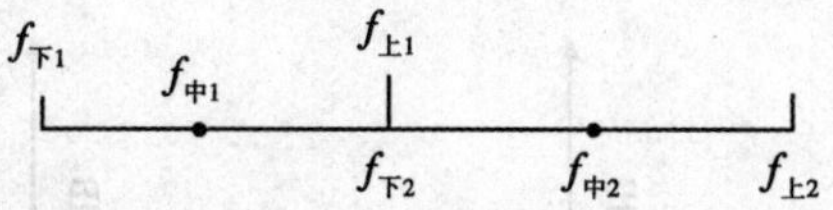

图 3.3　计算示意图

在频谱图中已知两相邻的中心频率$f_{中1}$，$f_{中2}$，那么从图 3.3 中可以得出如下关系式：

$$f_{上1} : f_{下1} = 2^n : 1，f_{上2} : f_{下2} = 2^n : 1，f_{下2} = f_{上1}，f_{中} = \sqrt{f_{上} f_{下}} \tag{3.38}$$

$$\frac{f_{中2}}{f_{中1}} = \frac{\sqrt{f_{上2} f_{下2}}}{\sqrt{f_{上1} f_{下1}}} = \frac{\sqrt{2^n f_{下2} f_{下2}}}{\sqrt{\frac{f_{上1} f_{上1}}{2^n}}} = \frac{\sqrt{2^{2n}}}{1} = 2^n : 1 \tag{3.39}$$

也就是说，两相邻中心频率的比值与某一频段的上、下限频率的比值相等。

3.3.2　频谱

根据 3.3.1 节，可以通过倍频程将频率轴划分为若干个频率段，并用中心频率代表各个段，这样就实现了频率轴的描述。在声学上通常需要知道频率域上声音的变化规律，将声音的强度和频率的关系通过图形表示出来，这样的关系图称为频谱图。该图以中心频率(或频带)为横坐标，以声压级(或声强级、声功率级)为纵坐标。按照国际规定，频率轴各频带的中心频率为 63，125，250，500，1000，2000，4000，8000 Hz。利用频谱图可以很方便地描述声音。

只有单个频率的声音称为纯音，除个别仪器和乐器可以发出这种声音，单一频率的纯音是很少听到的。一般生产生活中的声音都是由不同强度的许多频率的纯音组成的，这种声音称为复音。

由于可听声的频率很宽广和声波形的复杂性，声音频谱的形状大致可分为线谱、连续谱和混合谱，如图 3.4 所示。线谱所表示的是一列竖直线段，也称为离散谱，如图 3.4(a)所示。如果在频谱上对应各频率成分的竖直线排列得非常紧密，在这样的频谱中声能连续地分布在宽广的频率范围内，成为一条连续的曲线，则称为连续谱，如图 3.4(b)所示。连续频谱的频率成分相互间没有简单整数比的关系，听起来没有音乐的性质，其频率和强度都是随机变化的。有些声源(如敲锣、鼓风机等)发出的声音的频谱中，既有连续的噪声频谱，也有线谱，是两种频谱的混合谱，如图 3.4(c)所示，听起来具有明显的音调，但总体来说没有音乐的性质。例如，在机床变速箱的频谱中，常发现有若干个突出的峰值，它们大多是由于齿轮啮合等原因引起的。在分析噪声的产生原因时，对频谱图中较突出的成分应予以注意。

在图 3.4(a)中有一系列离散的频率成分，频率最低的成分叫作基音，其他成分称为泛音。泛音的频率为基音频率的整数倍，因此听起来比较和谐。不同乐器所发生的泛音数目和强度不同，因而造成不同的音频，该图被称为乐声频谱；而图 3.4(b)(c)的频谱就不具有这些性质，因此这些频谱被称为噪声频谱。

根据频谱图可以对噪声进行频谱分析，以判断噪声是以何种频率的声音为主的，为采取针对性的噪声治理方案提供依据。

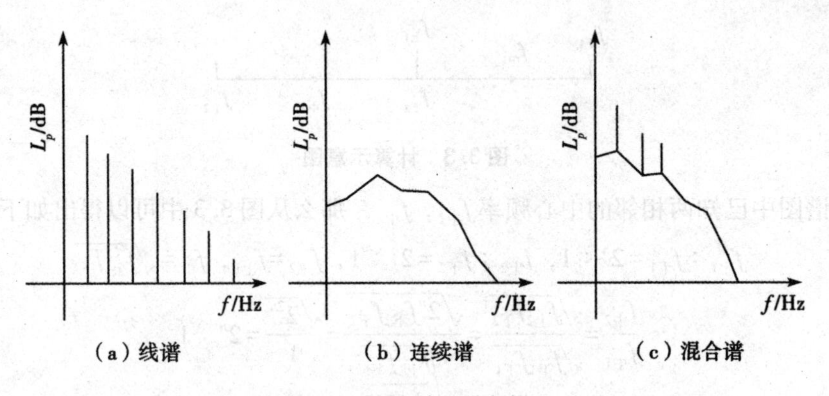

（a）线谱　（b）连续谱　（c）混合谱

图 3.4　声音的三种频谱

噪声按照频谱特性可分为三类：频谱中的最高声级分布在 350 Hz 以下，称为低频噪声；最高声级分布在 350~1000 Hz，称为中频噪声；最高声级分布在 1000 Hz 以上，称为高频噪声。如何根据峰值所对应的频率寻找噪声源，是噪声控制中的一个关键问题。

3.4 人耳对声音的主观响应

上面从物理的客观角度讨论了量度声音。除此之外，也可以从主观的角度量度声音，即人的听觉。表 3.9 为人耳对不同声音的主观感觉，人们可以根据听觉效果的不同来判定声音的强弱。

表 3.9　人耳对声音的主观感觉

声音	声音的强弱/dB	听觉效果
树叶微动	10	极静
轻声交谈	20~30	安静
正常说话	40~50	正常
大声呼喊	70~80	较吵
汽车喇叭	90	很响
载重汽车	100~110	震耳
飞机发动机	120~130	疼痛难忍

3.4.1 响度级

一个声音对人产生的影响与印象取决于它的频率和声压级。人耳对频率相同声压级变化的声音的主观反应存在差异。例如，变化 1 dB，感觉不明显；变化 3 dB，刚刚有变化；变化 5 dB，有明显变化；变化 10 dB，感觉响度提高了 1 倍或减少了 1/2；变化 20 dB，感觉很吵或很静。

声压级相同时，人耳对不同频率下的声音的主观反应也不一样：对高频敏感，刺耳难忍；而对低频不敏感，容易忍受。例如，有两个频率分别为 100 Hz 与 1000 Hz 的声音，声压级都是 60 dB，1000 Hz 的声音比 100 Hz 的声音响得多。如果要使 100 Hz 的声音听起来与1000 Hz的声音等响，那么必须将100 Hz的声压级提高到68 dB才行。因此，有必要将声压级与频率综合起来，作出不同响度等级的等响曲线，从而定性地判断声音的大小。

根据大量的调查与统计，人们得出了所谓“等响曲线图”（见图3.5），图中每条曲线上的点都是等响的。例如，声压级为95 dB、频率为45 Hz的纯音，声压级为75 dB、频率为400 Hz的纯音，声压级为70 dB、频率为3800 Hz的纯音，它们与声压级为80 dB、频率为1000 Hz的纯音听起来一样响，都在同一条等响曲线上。

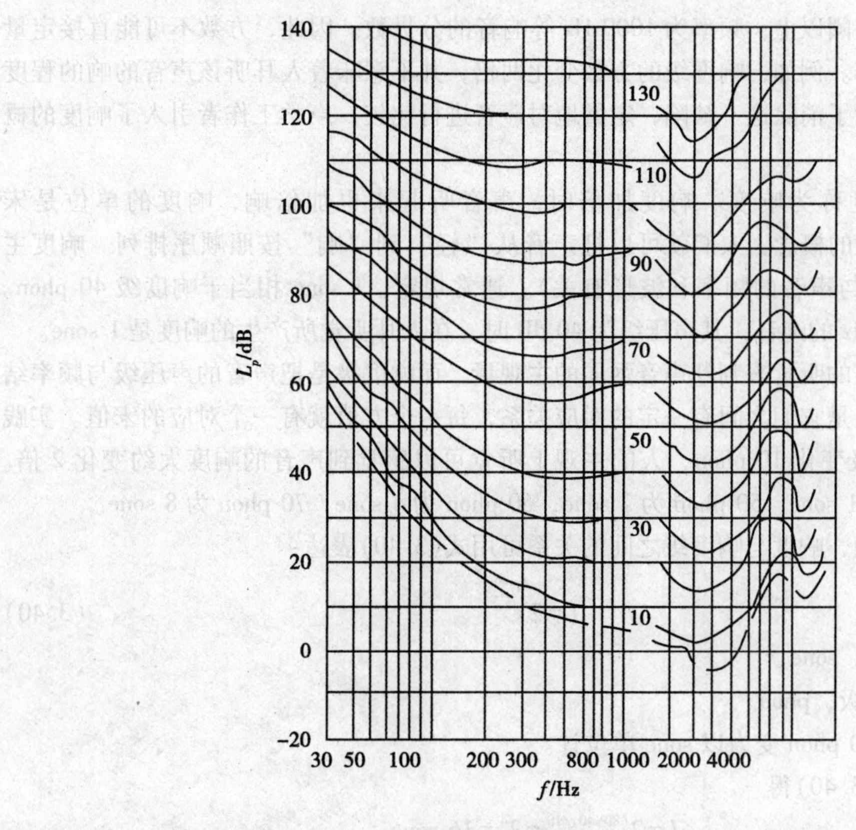

图3.5 等响曲线图

等响曲线的测量方法为：选定1000 Hz的纯音为基准音；调节基准音的声压级和所研究的声音(为1000 Hz以外的纯音、噪声等)使人耳听起来一样响，同时记录所研究声音的声压级。

为了更方便地定性比较声音并描述等响曲线，将基准音(1000 Hz的纯音)的声压级定义为所研究声音的响度级。响度级的单位是方(phon)。例如，1000 Hz基准音的声压级为90 dB，而另外一个声音被人耳听起来同前者一样响(不管这个实际声压和频率是多少)，则该声音的响度级被定义为90 phon。图3.5中标示的10，30，50，…，130均为各声音的响度级。

在图3.5中的每条等响曲线上，1000 Hz以外的纯音的响度级，与1000 Hz基准音的声压级相等。

从各条等响曲线的形状中可以看出：

① 在声压级较低时，低频率变化引起的响度变化比中、高频大，中、高频显得比低频更响些；

② 在声压级较高时，曲线较平缓，反映了声压级相同的各频率的声音差不多一样响，即与频率的关系不大；

③ 从图 3.5 中可以看出，人耳对 4000 Hz 的声音最敏感，人耳也最容易受损伤，因此在噪声治理中需要着重研究消除中、高频率的声音。

3.4.2 响度

方数只表明闻阈以上，频率为 1000 Hz 等响音的分贝数。因此，方数不可能直接定量地比较声音的大小。例如，响度级的方数变化两倍，并不意味着人耳听该声音的响的程度变化也为两倍。为了消除这一缺陷，定量地对声音进行比较，声学工作者引入了响度的概念。

声音响的程度称为响度。响度加倍时，声音听起来也加倍响，响度的单位是宋(sone)。根据响度的概念，人们就可以把声音从“轻”到“响”按照顺序排列。响度主要和声压有关(也与声音的频率和波形有关)。通常规定，1 sone 相当于响度级 40 phon。意思是说，1000 Hz 的纯音，其声压级为 40 dB 时，在人耳听觉所产生的响度是 1 sone。

响度是用人耳的听觉来判断声音强弱的主观量，而响度级是把声音的声压级与频率结合成单一的量。但是它们之间有一定的对应关系，每一个方值就有一个对应的宋值。实践经验证明，响度级变化 10 phon，人的主观上听觉可以感觉到声音的响度大约变化 2 倍。例如，40 phon 为 1 sone，50 phon 为 2 sone，60 phon 为 4 sone，70 phon 为 8 sone。

根据上述经验，响度与响度级之间的关系可用式(3.40)表达：

$$L=2^{\frac{L_l-40}{10}} \tag{3.40}$$

式中，L——响度，sone；

L_l——响度级，phon。

例 3.6 把 80 phon 变为以 sone 单位计。

解 根据式(3.40)得

$$L=2^{(80-40)/10}=2^4=16\text{ sone}$$

响度级不能直接加减，只能定性地比较两个声音的大小；而两个不同响度的声音可以叠加，可以定量地比较两个声音，这在声学计算上是很方便的。同时，用响度表示噪声的大小也比较直观，可直接算出声音增加或减少的百分比。例如，某车间噪声经消声处理后，响度级从 120 phon(响度为 256 sone)降低到 90 phon(响度为 32 sone)，则总响度降低 $\frac{256-32}{256}=87.5\%$。

3.5 噪声的测量

3.5.1 A 声级

为了更方便地量度声音，使人耳听声音的大小通过测量仪器简单便捷地显示出来，需要开发噪声测量的专用设备，即声级计。噪声测量中通常以一些与声音有关的物理信号作为输入，声压级越高，噪声强度越强，同时要考虑声音的频率。也就是说，需要将噪声测量仪器显示出来的数值与人耳对声音的主观响应相对应。在大多数情况下，噪声都需要采取一定的技术来控制或降低。例如，世界上的军事强国每年投入巨额资金打磨“安静”型潜艇，再加上日益提升的反潜手段，促使各国纷纷研制出噪声比较低的潜艇。而我国监测低噪声潜艇的矢量声呐技术已达国际先进水平，矢量声呐是探索低噪声的重要法宝。它不仅可以监测潜艇噪声的大小，还能探索潜艇的噪声方向，兼具设备简单、可靠性高、目标探测能力强等优点，更为重要的是其体格也比较小巧。我国实现矢量声呐技术的突破，极大提升了中国人民解放军的水下预警能力和监测能力。我国科学家始终坚持发扬团队精神，秉持协助互助、团结友爱、精诚合作的优秀品格，经过10多年的攻关，不畏险阻，勇攀科技高峰，终于解决了矢量声呐在舰艇上所产生的声障板现象的世界性难题。

人们对声音强弱的主观感受可以用等响曲线来描述，因为等响曲线上每个点对应了声压级与频率，可以作为测量仪器的输入信号，同时不同的等响曲线上的点反映了人耳听声音的强弱。

为使声级计的“输出”符合人耳的特性，应通过一套滤波器网络，按照等响曲线的形状造成对某些频率成分的衰减，使声压级的水平线修正为相对应的等响曲线。由于每条等响曲线的频率响应(修正量)各不相同，若想使它们完全符合，在声级计上至少需设13套听觉修正电路，这是很困难的。国际电工委员会标准规定，在一般情况下，声级计上只设3套修正电路，即A，B，C三种计权网络。参考等响曲线，设置计权网络，从而对人耳敏感的频域加以强调，对人耳不敏感的频域加以衰减，就可以直接输出反映人耳对噪声感觉的数值，使主客观量趋于统一。

声级计主要由传声器、衰减器、放大器、模拟人耳听觉特征的频率计权网络及有效的指示表头等部分组成。其结构原理如图3.6所示。

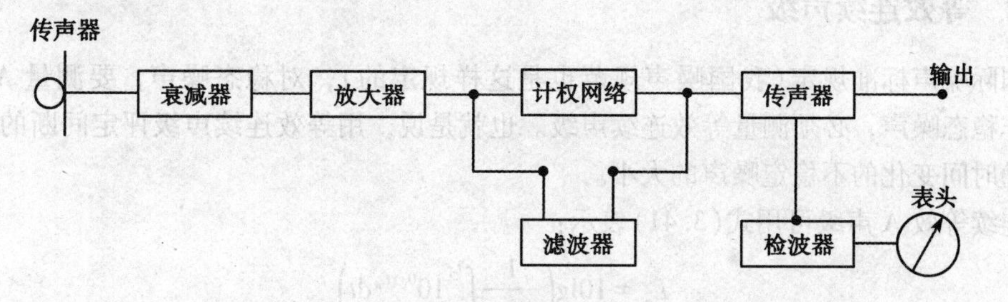

图3.6　声级计原理示意图

声级计的工作原理：声压信号首先通过传声器被转换成电信号，由衰减器控制输入信号的大小，经过放大器、计权网络或滤波器检波，再经放大器放大信号，从表头得到相应的声级读数(分贝值)。如果要记录噪声波形，那么可由输出端连接到记录仪器上。

声级计上常用的计权电路是A计权和C计权，B计权已逐渐被淘汰，D计权主要用于测量航空噪声，E计权是新近出现的，SL计权是用于衡量语言干扰的。

A，B，C计权网络是分别效仿倍频程等响曲线中的40，70，100 phon曲线而设计的。A计权网络较好地考虑了人耳对低频段(500 Hz以下)不敏感而对1000~5000 Hz频段敏感的特点。用A计权测量的声级来代表噪声的大小，叫作A声级，单位为dB(A)。由于A声级是单一的数值，容易直接测量，并且是噪声的所有频率成分的综合反映，与人耳的主观反应较为一致，故目前在噪声测量中得到最广泛的应用，并用来作为评价噪声的标准。但 A 声级代替不了用倍频程声压级表示的其他噪声标准，因为 A 声级不能全面反映噪声源的频谱特点，相同的 A 声级的频谱特性可能有很大差异。

利用 A，B，C 三档声级读数可约略了解声音的频谱特性。由图 3.7 中各种计权网络的衰减曲线可以看出：

① 当 $L_A=L_B=L_C$ 时，表明噪声的高频成分较突出；

② 当 $L_C=L_B>L_A$ 时，表明噪声的中频成分较多；

③ 当 $L_C>L_B>L_A$ 时，表明噪声是低频特性。

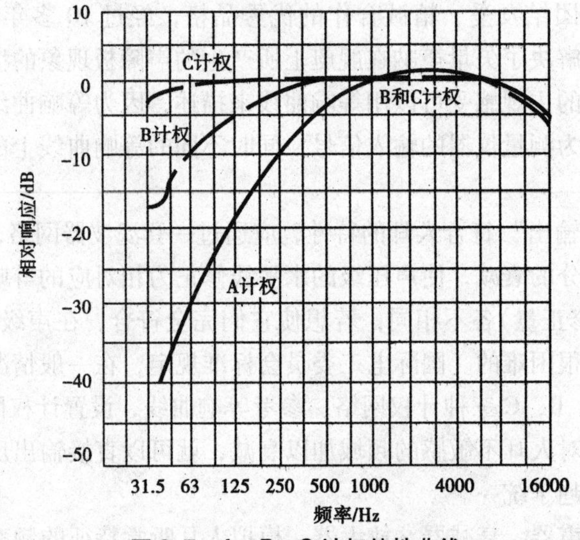

图 3.7 A，B，C 计权特性曲线

3.5.2 等效连续声级

国际噪声标准规定(我国噪声规范也是这样规定的)，对稳态噪声，要测量 A 声级；但对非稳态噪声，必须测量等效连续声级。也就是说，用等效连续声级评定间断的、脉冲的或随时间变化的不稳定噪声的大小。

连续等效 A 声级可用式(3.41)表示：

$$L_{eq}=10\lg\left(\frac{1}{t_2-t_1}\int_{t_1}^{t_2}10^{0.1L_p}\mathrm{d}t\right) \tag{3.41}$$

式中，L_{eq}——连续等效 A 声级，dB(A)；

t_2-t_1——总的测量时间；

L_p——t 时刻所测得的噪声级，dB(A)。

一般实际测量是连续的，通过记录测量的 A 声级和暴露时间来计算连续等效声级，其办法是将测量的 A 声级从小到大排列并分成 5 dB 一段，用中心声级表示。中心声级表示的各段为 80，85，90，95，100，105，110，115 dB。80 dB 表示 78～82 dB 的声级范围，以此类推。将各段声级的总暴露时间统计出来，如表 3.10 所列。

表3.10　各段声级及其总暴露时间

n(段)	1	2	3	4	5	6	7	8
中心声级 L_p/dB	80	85	90	95	100	105	110	115
总暴露时间 T_n/min	T_1	T_2	T_3	T_4	T_5	T_6	T_7	T_8

以每天工作 8 h 为基础，低于 78 dB 的不予考虑，则一天的等效 A 声级可按照式(3.42)进行计算：

$$L_{eq}=80+10\lg\frac{\sum_{n}10^{\frac{n-1}{2}}T_n}{480} \tag{3.42}$$

式中，T_n——第 n 段声级 L_{pn} 在一个工作日的总暴露时间，min。

例 3.7　测得某车间的噪声级在 8 h 内，有 4 h 为 110 dB(A)，有 2 h 为 100 dB(A)，有 2 h 为 90 dB(A)，那么该车间的等效连续 A 声级为多少分贝？

解　根据表 3.10 查得

$L_{pn}=110$ dB(A)　$n=7$　$T_7=240$ min

$L_{pn}=100$ dB(A)　$n=5$　$T_5=120$ min

$L_{pn}=90$ dB(A)　$n=3$　$T_3=120$ min

再按照式(3.42)计算：

$$L_{eq}=80+10\lg\frac{10^{\frac{7-1}{2}}\times240+10^{\frac{5-1}{2}}\times120+10^{\frac{3-1}{2}}\times120}{480}=107\text{ dB}$$

1971 年，国际标准化组织(ISO)提出的听力保护标准为等效连续 A 声级 85~90 dB。在这里，等效连续 A 声级是在每周 40 h 工作时间内，人耳所接收到的噪声按照 A 计权网络计数后的平均声级。在我国是按照 8 h 计算等效连续 A 声级 L_{eq} 的。

3.6　噪声评价曲线

图 3.8 是国际标准化组织推荐的噪声评价曲线，又称 NR 曲线。它是一组 N 值从 0~130 的噪声评价曲线，N 值是曲线的号数，这个号数就是中心频率等于 1000 Hz 时的倍频程声压级的分贝数。考虑到高频噪声比低频噪声对人们的影响严重，在同一噪声评价曲线上各倍频程噪声对人具有相同程度的影响。噪声评价曲线是从听力损害、会话妨碍和烦恼程度三个方面综合考虑制定的，而前述的等响曲线是根据人耳听声音的响亮程度制定的。由于制定标准不同，其曲线形状也不一样。

A 声级是单一的数值，是噪声所有频率成分的综合反映，用 NR 曲线可以确定各倍频的噪声标准。噪声评价曲线 NR 值与 A 声级的换算关系为

$$NR=A\text{ 声级}-5\text{ dB}$$

例如，NR=80 dB，A 声级为 85 dB(A)；NR=85 dB，A 声级为 90 dB(A)。

1971 年，国际标准化组织建议，每个工作日接触噪声 8 h 的工种，要采取 NR80 的噪声评价曲线[即 85 dB(A)]作为噪声允许标准。这就是听力保护标准。

表 3.11 给出了与噪声评价数对应的各倍频带声压级，对听力保护和语言可懂度，只

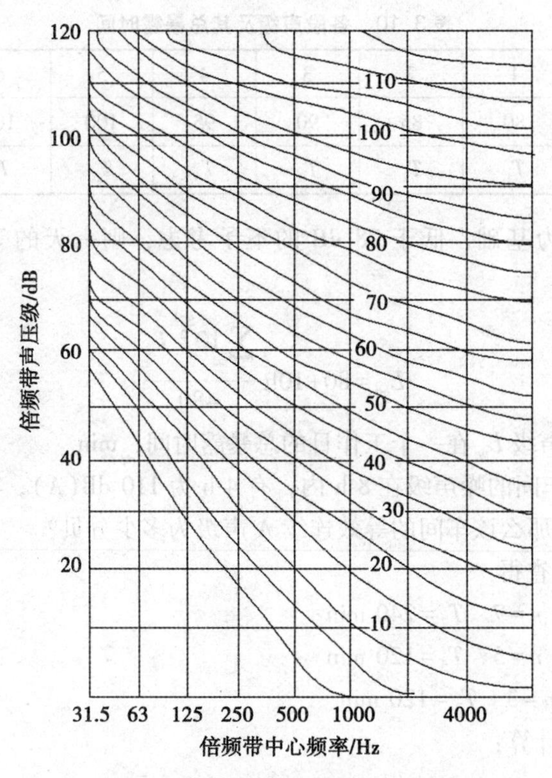

图 3.8　噪声评价曲线(NR)曲线

用 500，1000，2000 Hz 三个倍频带。使用此表可方便地求出所研究的噪声频谱与所允许的噪声标准(即 NR 曲线)在对应频率下的声压级差值，此差值即进行噪声控制应当降低的噪声级。

表 3.11　噪声评价数 NR 对应的各倍频带声压级　　单位：dB

NR	31.5	63	125	250	500	1000	2000	4000	8000
35	79.2	63.1	52.4	44.5	38.9	35	32	29.8	28.0
40	82.6	67.1	56.4	49.2	43.8	40	37.1	34.9	33.3
45	86	71.0	61.1	53.6	48.6	45	42.2	40.0	38.3
50	89.4	75	65.5	58.5	53.5	50	47.2	45.2	43.5
55	92.9	78.9	69.8	63.1	58.4	55	52.3	50.3	48.6
60	96.3	82.9	74.2	67.8	63.2	60	57.4	55.4	53.8
65	99.7	86.8	78.5	72.4	68.1	65	62.5	60.5	58.9
70	103.1	90.8	82.9	77.1	73.0	70	67.5	65.7	64.1
75	106.5	94.7	87.2	81.7	77.9	75	72.6	70.8	69.2
80	109.9	98.7	91.6	86.4	82.7	80	77.7	75.9	74.4
85	113.3	102.6	93.9	91	87.6	85	82.8	81	79.5
90	116.7	106.6	100.3	93.7	92.5	90	87.8	86.2	84.7

表3.11(续)

NR	31.5	63	125	250	500	1000	2000	4000	8000
95	120.1	110.5	104.6	100.3	97.3	95	92.9	91.3	89.8
100	123.5	114.5	109.0	105	102.2	100	98	96.4	95
105	126.9	118.4	113.3	109.6	107.1	105	103.0	105.7	100.1
110	130.3	122.4	117.7	114.3	111.9	110	108.1	105.7	105.3
115	133.7	126.3	122.0	118.9	116.8	115	113.2	111.8	110.4

3.7 噪声的危害

3.7.1 噪声的分布概况

噪声污染是一项重要的公害。在城市噪声污染中，高于 90 dB 的噪声是局部的，而对人们影响最广的是 60~85 dB 的中等噪声。社会生活噪声污染防治与人民群众生活密切相关，是最普惠的民生福祉的组成部分，是生态文明建设和生态环境保护的重要内容。

近十年来，我国城市噪声提高了 10 dB，平均每年提高 1 dB，造成城市环境噪声增长的主要原因是交通运输、工厂生产和建设施工，以及社会活动和日常生活所造成的噪声逐渐增大。一些国家的调查资料显示，在城市噪声中，交通运输占 75%，工厂生产和建设施工约占 10%，其余则为社会活动和日常生活的噪声。2021 年 12 月，第十三届全国人大常委会第三十二次会议审议通过了《中华人民共和国噪声污染防治法》（以下简称“新《噪声法》”），该法自 2022 年 6 月 5 日（世界环境日）起施行。相对于修改前的《中华人民共和国环境噪声污染防治法》仅强调达标管理和行为管控，在社会生活噪声污染防治方面，新《噪声法》增加了社会共治的原则，新增了关于公众参与和宣传教育、违法举报、信息公开、宁静区域创建、绿色护考、多元共治、社区自治、日常生活噪声防治、住房销售公告、社会调解等条款；在职责分工方面，新《噪声法》增加了基层群众性自治组织应当协助地方人民政府及其有关部门做好噪声污染防治工作的要求；在管理手段方面，新《噪声法》增加了公共场所管理者应当合理规定娱乐、健身等活动的区域、时段、音量，可以采取设置噪声自动监测和显示设施等措施加强管理等内容。新《噪声法》确立了新时期噪声污染防治工作的总体要求，在立法目的上体现了“维护社会和谐，推进生态文明建设，促进经济社会可持续发展”的理念，提出噪声污染防治应当坚持“统筹规划、源头防控、分类管理、社会共治、损害担责”的原则。

城市中，各种工厂的生产噪声和建设施工噪声对人的影响虽不及交通运输广，但局部地区的噪声污染相当严重。厂矿使用大量种类繁多的机械，这些机械在运转、加工中都会产生不同程度的噪声。我国有关劳动保护部门从 1975 年起对国内钢铁、石油化工、机械、建工建材、电子、纺织、铁路交通、印刷、食品、造纸等行业进行噪声级调查和测试。测试得出，工业企业车间噪声大多在 75~105 dB(A)，还有少量的车间或设备噪声高达 110~120 dB(A)，严重危害工人健康和污染环境。十类工业企业车间噪声声级范围见图 3.9。1986 年，鞍山钢铁公司环保处对大于 90 dB(A)的 1746 个主要噪声声源进行了普查，其中气动噪声786个(占45%)，机械噪声524个(占30%)，电磁噪声436个(占25%)；按照声级分，91~100 dB(A)者733个(占42%)，101~110 dB(A)者629个(占36%)，大于110 dB(A)者384个(占22%)。在矿山，统计资料说明，井上井下多是高噪声工作场所。各种矿山设备的噪声强度如下：

矿井轴流式主扇	110~125 dB(A)
井下局扇	105~120 dB(A)
凿岩机	110~115 dB(A)
装岩机	80~104 dB(A)
球磨机	91~100 dB(A)
破碎车间皮带机	86~93 dB(A)
绞车房、卷扬机房	90~100 dB(A)
水泵房、井底车房	95~100 dB(A)

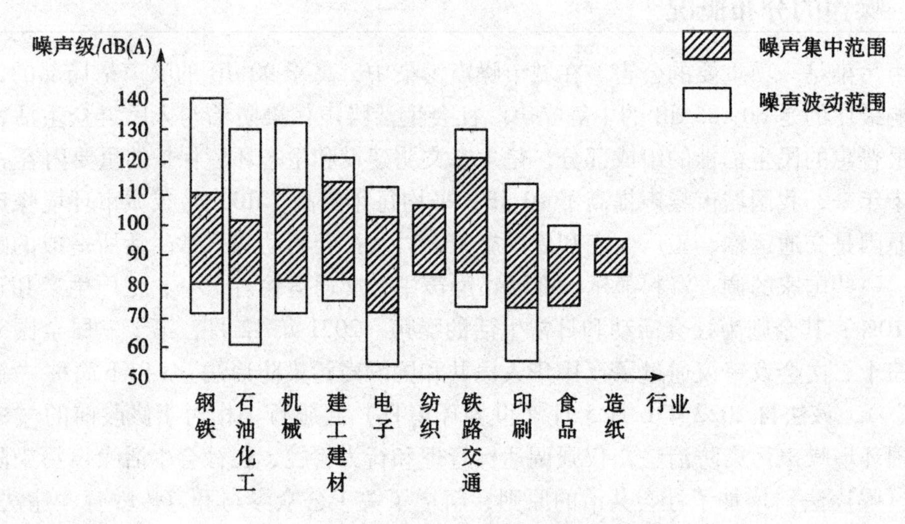

图3.9 十类工业企业噪声声级范围

3.7.2 噪声的危害

噪声的危害性是广泛的，既有生理的，也有心理的。当前，工业生产和城市的噪声已成为普遍的公害，并对人的身心健康造成不良的影响。为了治理噪声这个突出的环境问题，必须深刻把握“绿水青山就是金山银山”的发展理念，贯彻落实创新、协调、绿色、开放、共享的发展理念，加快形成节约资源和保护环境的空间格局、产业结构、生产方式、生活方式，把人的经济和社会活动限制在自然资源和生态环境能够承受的限度内，给自然生态留下休养生息的时间和空间，使人可以生活在更加舒适的环境中。

3.7.2.1 噪声对听力的损害

人耳习惯于70~80 dB(A)的声音(如语言)，也能短时间地忍受高强噪声。但持续的超过80 dB的噪声，就会影响健康。声压级达到120 dB，耳膜会感到压痛，即声音的痛阈。更高的声强会使耳膜有振动感。

人对不同声级的感受及声源举例见表3.12。

表3.12 人对不同声级的感受及声源举例

声压级/dB(A)	听觉主观感受	对人体的影响	声源
0	刚刚听到	安全	自身心跳声
10	十分安静		呼吸声
20	安静		手表指针摆动声
30			安静的郊外、耳语声
40	安静		轻声谈话
50	一般		办公室交谈声
60	不安静		公共场合语言噪声
70	吵闹感		大声说话
80			一般工厂车间、交通噪声
90	很吵闹	长期作用，听觉受阻	重型机械及车辆噪声
100	痛苦感		风机、电钻、球磨机、空气压缩机噪声
110		听觉较快受阻	
120			铆焊车间、大炮、喷气式飞机起飞噪声
130	很痛苦	心血管、听觉、其他器官受阻	
140			
150	听觉受阻	心血管、听觉、其他器官受阻	发射火箭噪声
160			

噪声对听力的影响表现为听阈位移，即听力范围的缩小，也称听力损失。语言频率(通常是250，500，1000 Hz)听阈位移值超过25 dB(A)的称为噪声性早期耳聋，41~70 dB(A)的叫中度耳聋，大于70 dB(A)的叫高度耳聋；高频段(3000~6000 Hz)的听力损伤在20~44 dB的为轻度，45~74 dB的为中度，大于75 dB的为重度，低频及高频听力损伤在90 dB以上的为全聋。职业性耳聋在高频段出现最早，工龄与耳聋出现率成指数关系。

南阳钢铁厂在研究中发现，暴露在85~91 dB(A)噪声中的工人，1~10年工龄者只有轻度耳聋；但暴露在92~96 dB(A)环境中，则出现中度耳聋；暴露于97~109 dB(A)噪声中，则有重度耳聋出现。由此可见，职业性耳聋与噪声强度级及暴露时间密切相关。统计结果见表3.13。

表 3.13 噪声强度级、暴露时间与职业性耳聋的关系

			工龄/年					
			<5	6~10	11~15	16~20	>20	总计
85~91 dB(A)	受检人数		14	18	14	6	6	58
	耳聋出现率/%		57.14 (8)	77.77 (14)	85.71 (12)	66.66 (4)	100 (6)	75.86 (44)
	各种耳聋程度比例/%	轻度	100 (8)	100 (14)	83.33 (10)	50 (2)		77.27 (34)
		中度			16.66 (2)	50 (2)	66.66 (4)	18.18 (8)
		重度					33.33 (2)	4.54 (2)
		全聋						
92~96 dB(A)	受检人数		56	22	32	16	12	138
	耳聋出现率/%		71.42 (40)	81.81 (18)	93.75 (30)	100 (16)	100 (12)	84.05 (116)
	各种耳聋程度比例/%	轻度	75 (30)	72.22 (13)	60 (18)	25 (4)	16.66 (2)	57.75 (67)
		中度	25 (10)	27.77 (5)	26.67 (8)	25 (4)	33.33 (4)	26.72 (31)
		重度			13.33 (4)	50 (8)	50 (6)	15.51 (18)
		全聋						
97~109 dB(A)	受检人数		24	26	52	8	18	128
	耳聋出现率/%		66.66 (16)	100 (26)	93.30 (48)	100 (8)	100 (18)	90.62 (116)
	各种耳聋程度比例/%	轻度	87.50 (14)	69.23 (18)	37.50 (18)	25 (2)	44.44 (8)	51.72 (60)
		中度		23.07 (6)	25 (12)	12.50 (1)	16.66 (3)	18.96 (22)
		重度	12.50 (2)	7.69 (2)	29.16 (14)	12.50 (1)	16.66 (3)	18.96 (22)
		全聋			8.33 (4)	50 (4)	22.22 (4)	10.34 (12)

噪声最初作用于听觉器官，主观感觉为双耳发胀、耳鸣、耳闷。噪声级在 100 dB(A)以下，下班后症状消失。但暴露在 100 dB(A)以上的噪声环境中(如凿岩工作面)，下班后仍可能有暂时性耳聋、耳鸣、听不清说话声音。多次重复则上述症状消失，且习惯于高声谈话。半年以后，耳鸣、耳聋逐渐加重，有时头晕、头疼、恶心、视物模糊。病理检查，永久性耳聋患者双耳膜混浊、内陷、无运动，半规管呈无效腔，无淋巴液流动。毛细血管和小静脉扩张，组织水肿，缺氧，代谢不良，最后发生末梢感受器损伤，严重者可导致全聋。在新冠病毒感染疫情期间，上海劳模维修工人组建了“消杀志愿者服务队”，为老旧小区消杀竭尽全力。沪东街道许多老旧小区道路狭窄，为了尽快完成对各小区的消杀任

务，他们将消杀设备捆绑在电动三轮车和电动自行车上，在轰鸣声中竭尽所能地完成任务。由于消杀设备的噪声特别大，一整天又沉浸在机器运转的环境中，"晚上睡觉的时候那个声音好像还在耳朵边，"徐元平说道。他们的奋斗精神令人敬仰，但他们对噪声危害的认识不够完整，没有及时保护好耳朵。因此关注生活中的噪声问题，提高自身的声学素养十分重要，而且随着噪声污染越来越严重，我们应该更加关心并重视自身和他人的听力健康，保持自身听力正常，减少损伤。

内耳病理学研究表明，耳蜗接受高频声(3～6 Hz)的纤维细胞较少且集中在耳蜗基底部，接受低频的纤维细胞较多且分布广泛。因为耳蜗基底部最早受损，所以表现出明显的高频听力下降。听力曲线呈 V 形或 U 形下陷。这可作为职业性耳聋特征而用于诊断。

高频听损与语言听损线性相关，且有下列关系：

$$Y=25.73+0.98X \tag{3.43}$$

式中，X——语言听损，dB；

Y——高频听损，dB。

语言听损达到 25 dB 时，高频听损可达 50 dB 左右。

在钢铁厂接触稳态噪声 95～105 dB(A)的工人，语言听损的发展速度是每年 1.6 dB，高频听损平均进展是每年 3.6 dB。高频听损发展到 25 dB 需 7 年，发展到 50 dB 需 13～14 年，而语言听损发展到 25 dB 需 15～16 年。我国有听力语言障碍的残疾人最多的时候有 2057 万，听力障碍严重影响着这一人群的生活、学习和社会交往。针对我国耳聋发生率高、数量多、危害大、预防工作薄弱的状况，1998 年，中国残联、卫生部等十部门共同确定每年的 3 月 3 日为"全国爱耳日"，旨在加强耳聋预防的公众宣传，增强全民的爱耳意识，降低耳聋的发生率，控制新生聋儿数量的增长，加大对耳毒性药物临床使用中的规范化管理力度。

3.7.2.2　噪声对神经系统及心脏的影响

噪声作用于中枢神经系统，能使大脑皮质的兴奋度和抑制失调，导致条件反射异常。久而久之，就会形成牢固的兴奋灶，从而引起头痛、头晕、晕眩、耳鸣、多梦、失眠、心悸、乏力、记忆力减退等神经衰弱症候群。例如，南阳钢铁厂的职业危害研究资料表明，暴露于噪声环境中的工人，各个工龄组都不同程度地存在上述症状。当噪声强度超过 90 dB 时，神经症状的出现率和次数均有剧烈上升的趋势。

我国越来越重视噪声职业病，为职业听力障碍制定了相应的评估制度，以更好地评估保护措施，并进一步改进噪声预防措施。在企业生产中，务必保证职业危害控制技术措施的效果与管理，避免职业病危害的发生。企业在生产中要加强对个人防护设备采购的管理与规范，保证个人防护设备的质量，明确个人防护设备人验证、分配与使用规范，确保每个工人都拥有完备、高效的个人防护设备。另外，还要加强对个人防护用品使用的监督，帮助工人养成规范使用个人防护用品的习惯，最大限度地降低职业病损伤；定期更换已安装但老化的设施；定期对职业危害防护设施的保护效果进行评估。企业要关注相关生产工艺的最新进展，对于更为先进、噪声更小的工艺或设备要及时引进，通过控制职业危害的根源，最大限度地减少职业危害对员工健康的影响，始终做到以人民为中心，关心职工的身体健康。

不同声强级噪声职业性暴露与神经衰弱症候群阳性率的关系见图 3.10。图 3.10 中对照组 R 对应的点为非噪声危害岗位的声强级所导致的阳性率。

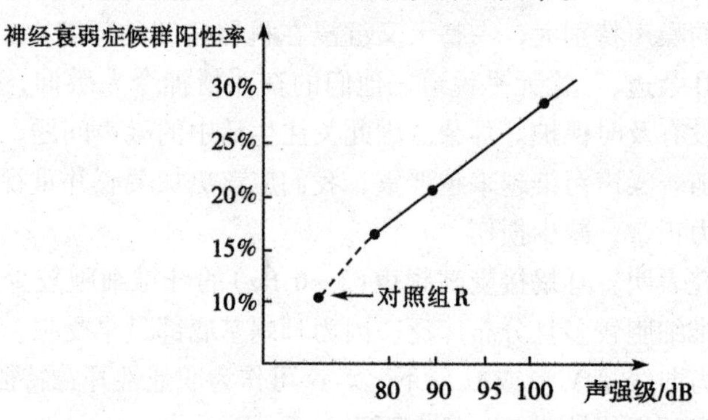

图 3.10 神经衰弱症候群阳性率与声强级的关系

长期暴露于噪声环境中，有可能对心功能及神经体液系统产生影响。已有报告表明，长期暴露者血压上升，心搏加快，但统计上无显著意义，心电图检查也无明显异常，这可能与目前的诊断水平有关。

3.7.2.3 噪声对工作的影响

正常情况下，噪声给人的一般感觉是单调、烦恼和易于疲劳。例如，搭乘火车、飞机时，旅途单调感一方面来自单调的环境，另一方面主要来自交通工具的噪声和振动。因此，旅途看书时很容易疲劳，只能阅读调节情绪的小说和新闻报刊，无法完成精细缜密的思维活动。在铁路出行噪声防治方面，我国有很大的进步。2017 年 6 月 26 日，“复兴号”率先在京沪两地的北京南站和上海虹桥站双向首发。具有完全自主知识产权、达到世界先进水平的中国标准动车组“复兴号”，在京沪两地的运行速度可达 400 km/h。该列车研制过程中的 254 项标准，中国标准占 84%。在断面增加、空间增大的情况下，按照 350 km/h 试验运行，车内噪声有明显下降；并且“复兴号”的空调系统充分考虑了减小车外压力波的影响，通过隧道或交会时能够减小耳部不适感，为旅客营造更加舒适的环境。拥有自主知识产权的“复兴号”标准动车组的投入运营，加快了“中国制造”向“中国创造”转变的步伐，树立了“中国制造”和“中国创造”的质量声誉及品牌形象。

100 dB(A)以下的噪声对非听觉性工作的影响不大，但对需要记忆、分辨的精细操作及智力活动就会有明显影响。表 3.14 列出了不同工作中噪声的影响调查。

表 3.14 噪声对工作的影响调查表

工作性质	工作条件	噪声强度/dB	对工作的影响
仪表监视	表盘监视(一指针)	80~100 白噪声	无明显影响
	表盘监视(三指针)	112~114	信号脱漏较多
	监视 20 个信号灯	100	无明显影响
	监视 20 个仪表盘	100	效率明显下降
	连续显示的图形中找标准信号	白噪声	效率下降
仪表读数	每 2 h 交替工作和休息	100 白噪声	无明显影响
书写	42 min 快速书写成对字母	100 白噪声	明显下降

噪声在对听觉造成影响的同时，也可对视觉产生影响，即产生视觉模糊、视力下降等症状。因此，它直接影响工作的效率及安全。在 85 dB，800 Hz 噪声作用下，绿色闪光融合频率降低，红色闪光融合频率增大。112~120 dB(A)的稳态噪声能影响睫状肌而降低视物速度，130 dB(A)以上的噪声可引起眼球震颤及眩晕。长期连续暴露于强噪声环境中，可引起永久性视野变宽。上述结果都会在一定条件下影响安全生产。另外，由于噪声的掩蔽效应，往往使人不易察觉一些危险信号，从而容易造成工伤事故。美国根据不同工种工人医疗和事故报告的研究发现，比较吵闹的工厂区域易发生事故，如美全总铁路局对 22 个月里发生的、引起 25 名铁路职工死亡的 19 起事故进行分析，认为主要原因是高噪声。在矿业生产中更是如此，如凿岩工在工作时发生顶板岩石冒落而造成的伤害，主要原因就是由于凿岩机开动后，噪声超过 100 dB(A)，不能察觉预兆，以致酿成人身事故。噪声作为工作环境中最常见的危险因素，是造成伤亡事故的重要原因。长期工作在高噪声环境下，不仅会使人出现听力损伤、疲乏、抑郁、烦躁情绪等生理和心理上不适，还会使人的记忆力、思考等行为能力降低。工作环境噪声可引发工人生理、心理不良反应，从而导致行为失误发生概率大大增加，进而为企业埋下事故隐患，可能导致企业发生安全生产事故。矿山工人尤其是从事风钻等接触强噪声的工人，中老年期均有不同程度的耳聋病。因此，必须采取技术措施降低噪声及震动。

噪声也容易使人疲劳，往往影响人的精力集中度和工作效率，尤其是对一些做非重复性动作的劳动者，影响更为明显。心理学理论认为，人类的感觉系统接收的信息比高级神经中枢能分析的信息更多。为了筛除无用的信息(如噪声)，存在一种所谓精神“滤器”来对信息加以识别和筛选。但这种“滤器”有其局限性，当个体处于警觉、紧张或疲劳时，就可能妨碍该“滤器”的辨别能力；如果警戒信号的强度始终持续不变，即成为单调刺激，就会产生抑制或忽视的倾向；该“滤器”还能被无关的刺激削弱。而一种新的事件，如当一个不熟悉的噪声突然发生或熟悉的声音突然停止时，就会导致注意力分散，从而使作业能力下降。

3.7.2.4 对心理的影响

噪声引起的心理影响主要是使人激动、易怒，甚至失去理智。因住宿噪声干扰发生民间纠纷的事件时常发生。如 1961 年 7 月，一名日本青年从新潟来到东京找工作，由于住在铁路附近，日夜被频繁过往的客货车的噪声折磨，患了失眠症，不堪忍受痛苦，最后自杀身亡。

相关研究证实，强烈的噪声对工人的生理和心理均有影响，可引起神经衰弱症，表现为情绪和意志的改变。可见，高强度噪声能使工人产生躯体不适、焦虑、敌对、忧郁等不良心理反应。因此，应加强对工业企业的卫生监督和管理，防止工人接触过强的噪声。另外，应注意对接触噪声的工人尤其是青年人的关心和引导，加强健康教育，增强该人群的卫生保健意识，做好该人群的心理卫生工作，减少其各种心理疾病的产生。

3.7.2.5 噪声对睡眠的干扰

睡眠对人是极其重要的，它能够使人的新陈代谢得到调节，使人的大脑得到休息，从而消除体力和脑力疲劳。因此，保证睡眠质量是关系到人体健康的重要因素。噪声会影响人的睡眠质量，当睡眠受到噪声干扰后，工作效率和健康都会受到影响，老年人和病人对噪声干扰尤其敏感。研究结果表明，人的睡眠周期分为蒙眬(半睡 25 min)、入睡(25 min)、浅睡(20 min)和熟睡(20 min)四个阶段，循环往复。连续的噪声可以加快熟睡到蒙眬的回转，使人多梦，熟睡的时间缩短；突然的噪声可使人惊醒。一般来说，40 dB 的连续噪声可使 10%的人睡眠受到影响；噪声达到 60 dB 时，可使 70%的人惊醒。

《中华人民共和国噪声污染防治法》第五章建筑施工噪声污染防治中，要求施工单位应当按照规定制定噪声污染防治实施方案，采取有效措施，减少振动、降低噪声。建设单位应当监督施工单位落实噪声污染防治实施方案。在噪声敏感建筑物集中区域施工作业，应当优先使用低噪声施工工艺和设备。在噪声敏感建筑物集中区域施工作业，建设单位应当按照国家规定，设置噪声自动监测系统，与监督管理部门联网，保存原始监测记录，对监测数据的真实性和准确性负责。在噪声敏感建筑物集中区域，禁止夜间进行产生噪声的建筑施工作业，但抢修、抢险施工作业，因生产工艺要求或者其他特殊需要必须连续施工作业的除外。因特殊需要必须连续施工作业的，应当取得地方人民政府住房和城乡建设、生态环境主管部门或者地方人民政府指定的部门的证明，并在施工现场显著位置公示或者以其他方式公告附近居民。在法律中对建筑施工作业进行明确规定，体现出国家为了防治噪声污染、保障公众健康、保护和改善生活环境、维护社会和谐的决心。

3.7.2.6 噪声对儿童和胎儿的影响

噪声会影响少年儿童的智力发展，在强噪声环境下，儿童听不清老师讲课，会造成他们对讲授的内容不理解，长期下去，会影响其知识增长，显得智力发展慢。有人做过调查，吵闹环境下的儿童智力发育比安静环境中的智力发育低 20%。

此外，噪声对胎儿也会造成有害影响。研究结果表明，噪声会使母体产生紧张反应，引起子宫血管收缩，以致影响供给胎儿发育所必需的养料和氧气。此外，噪声还影响胎儿的体重，日本曾对 1000 多个出生婴儿进行研究，发现吵闹区域的婴儿体重轻的比例要高，这些婴儿的体重在 2.5 kg 以下，相当于世界卫生组织早产儿定义的体重。这很可能是由于噪声的影响，使某些影响胎儿发育的激素偏低。

3.7.2.7 噪声对动物的影响

噪声对自然界的生物也有影响。强噪声会使鸟类羽毛脱落，不产卵，甚至会使其内出血和死亡。20 世纪 60 年代初期，美国空军的 F-104 喷气飞机在俄克拉荷马城上空做超音速飞行实验，每天飞越 8 次，高度为 10000 m，为期 6 个月。结果，在飞机高强度噪声的作用下，一个农场 1 万只鸡只剩下 4000 只。化验结果发现，暴露于噪声下的鸡脑神经细胞与未暴露的有本质的差别，暴露的鸡脑细胞中的尼塞尔物质大大减少。高强噪声实验结果证明，170 dB 的噪声持续 5 min 可使老鼠死亡。

噪声污染所产生的危害不仅局限于人类，还严重影响动物的生长繁殖，长此以往，不仅会影响人类畜牧业的发展，还会影响野生动物的正常生活。首先，噪声对动物最直接的影响就是听觉，严重的噪声会直接使动物丧失听力；其次，噪声会影响动物体内的激素水平，严重影响动物的生长发育；最后，噪声影响动物种群繁衍，噪声过大会使种群的出生率大大降低。因此，我国已经开始加大对噪声污染的监管、治理力度，加强生态文明建设，保护野生动物和自然环境。在源头、传播途径上降低噪声对动物产生的不利影响，对受到噪声严重影响的动物采取积极的管理措施，避免野生动物面临灭绝的危险。

3.7.2.8 噪声对物质结构的影响

飞机以超音速飞行时产生的冲击波，一般称为轰声，因为人们会听到“砰”的响声，有如爆炸声。轰声虽然是一种脉冲声，但由于它的能量较强，故其具有一定的破坏力。英法合作研制的协和式飞机在试飞过程中，航道下面的一些古老建筑(如教堂等)，由于轰声的影响受到了破坏，出现了裂缝。

150 dB 以上的强噪声，由于声波振动会使金属结构疲劳，从而遭到破坏。由于声疲劳造成飞机或导弹失事的严重事故也时有发生。实验结果表明，一块 0.6 mm 的铝板，在 168 dB 的无规噪声作用下，只要 15 min 就会断裂。

噪声还会引起社会矛盾，造成经济上的损失。世界卫生组织估计，仅工业噪声的影响，美国每年由于低效率、不上工、工伤事故和听力损失赔偿等损失就近 40 亿美元。

安静的城市空间是人民群众对美好生活追求必不可少的内容。由于具有不可见、传播即时且易逝、实质损害难以度量等特征，噪声问题常容易被忽视，因而引起的相关投诉较多。噪声纠纷中，按照频次从高到低涉及的领域依次为社会生活、建筑施工、交通、工业和其他，除了少部分违法事件，大部分纠纷都为正当权利冲突。在增量建设主导时期，空间规划没有充分重视噪声问题；进入高质量发展新时代，有必要运用精细化设计与治理工具，发挥防治噪声的应有作用。

3.8　噪声危害评价量

噪声对人的危害不仅与噪声的强度、频率和接受时间长短等有关，还与人们的心理状态和身体健康等因素有关。因此，在研究噪声的标准时，应首先研究如何对噪声进行评价。

多年来，各国学者对噪声的危害及影响程度进行了研究，其目的是想得出与噪声对人的危害和影响主观响应相对应的评价量、计算方法和所允许的数值范围。在这方面，噪声评价方法的研究大致经历了总声压级(1931—1950 年)、倍频声压级(1950—1966 年)、A 声级(1967 年至今)三个阶段，提出的评价量已达几十种。除上述提到的 A 声级、等效连续声级、响度、响度级、噪声评价曲线外，交通噪声指数、语言干扰级等均可用于对不同的场合进行噪声评价。

3.8.1　噪声污染级 L_{NP}

噪声污染级 L_{NP} 的定义式为

$$L_{NP}=L_{eq}+k\sigma \tag{3.44}$$

式中，L_{eq}——等效连续 A 声级；

k——常数，取 2.56 时被认为最适合反映人们对噪声的主观评价；

σ——总共 n 次测量所得 A_i 声级 L_{pA_i} 的平均值 $\overline{L_{pA}}$ 的标准偏差(单位为 dB)，即

$$\sigma=\left[\frac{1}{n+1}\sum_{i=1}^{n}(L_{pA_i}-\overline{L_{pA}})^2\right]^{\frac{1}{2}} \tag{3.45}$$

L_{NP} 一般用来评价航空或交通噪声，单位为 dB。

3.8.2　交通噪声指数 *TNI*

$$TNI=4(L_{10}-L_{90})+L_{90}-30 \tag{3.46}$$

式中，L_{10}，L_{90}——在 24 h A 计权声级测量的基础上，统计得到的累积百分数。

L_{10}，L_{90}测量统计方法为：在规定的时间内(如 24 h)测定 100 个瞬时 A 声级数据，然后将测得的 100 个瞬时 A 声级数据，按照声级的大小顺序(由大到小)排列，则总数的第 10%个(即 100 个中的第 10 个)值为 L_{10}，它表示在规定时间内有 10%的时间的 A 声级超过此声级，它相当于规定时间内噪声的平均值；总数的第 90%个(即 100 个中的第 90 个)值为 L_{90}，它表示在规定时间内有 90%的时间的 A 声级超过此声级，它相当于规定时间内噪声的背景值。

为持续推进声环境质量改善，各地采取各种举措不断加大噪声污染防治工作力度。2022 年度，甘肃省生态环境厅大力提升噪声监测自动化水平，投入 1800 余万元在全省 14 个地级市建成区及玉门市、华亭市建设了 121 个功能区声环境自动监测站和 14 个交通运输噪声自动监测站，并对已有的 8 个噪声自动监测站进行升级改造。甘肃省功能区声环境监测全部实现自动化，为声环境质量管理提供更加真实、精准、全面的监测数据，以提高噪声污染精准治理能力。

3.8.3 语言干扰级 *SIL*

语言干扰级 *SIL* 是衡量噪声对语言通话的干扰程度的参数。由于语言的频率范围处于噪声的中频区，因此语言干扰级是指噪声在中心频率为 500，1000，2000 Hz 三个频率声压级的算术平均值，即

$$SIL=\frac{1}{3}(L_{p500}+L_{p1000}+L_{p2000}) \tag{3.47}$$

式中，L_{p500}，L_{p1000}，L_{p2000}——500，1000，2000 Hz 三个频带的声压级。

3.8.4 日夜等效声级 L_{dn}

$$L_{dn}=10\lg\left(\frac{15}{24}\times10^{\frac{L_d}{10}}+\frac{9}{24}\times10^{\frac{L_n+10}{10}}\right) \tag{3.48}$$

式中，L_d——白天，即 7:00—22:00 共 15 h 的连续等效 A 声级；

L_n——夜间，即 22:00—7:00 共 9 h 的连续等效 A 声级。

为了表征夜间噪声更易使人烦恼，把夜间噪声的影响增加 10 dB 计算。

3.8.5 日晚夜等效声级 L_{den}

美国提出了日夜等效声级 L_{dn}，还提出用日晚夜等效声级 L_{den} 来替代 L_{dn}，区别在于增加一段晚间(19:00—22:00)，把晚间的 4 h 的等效连续 A 声级 L_e 加 5 dB 计算，即

$$L_{den}=10\lg\left(\frac{11}{24}\times10^{\frac{L_d}{10}}+\frac{4}{24}\times10^{\frac{L_e+5}{10}}+\frac{9}{24}\times10^{\frac{L_n+10}{10}}\right) \tag{3.49}$$

3.8.6 感觉噪声级

飞机噪声的高频成分更加突出，它与人们感觉到的“吵闹”更为相关，用响度评价航空噪声不妥，克鲁特(Kryter)提出用感觉噪声级来评价航空噪声。采用类似于研究等响曲线的方法，可得出一组等感觉“吵闹”程度的曲线，这组曲线称为等噪声曲线，如图

3.11 所示。感觉噪度的单位是呐(noy)，感觉噪声级的单位是 dB(PN)，前者与响度对应，后者与响度级对应。该曲线比等响曲线在 2000~5000 Hz 范围更低陷，说明它更容易使人产生吵闹的感觉。

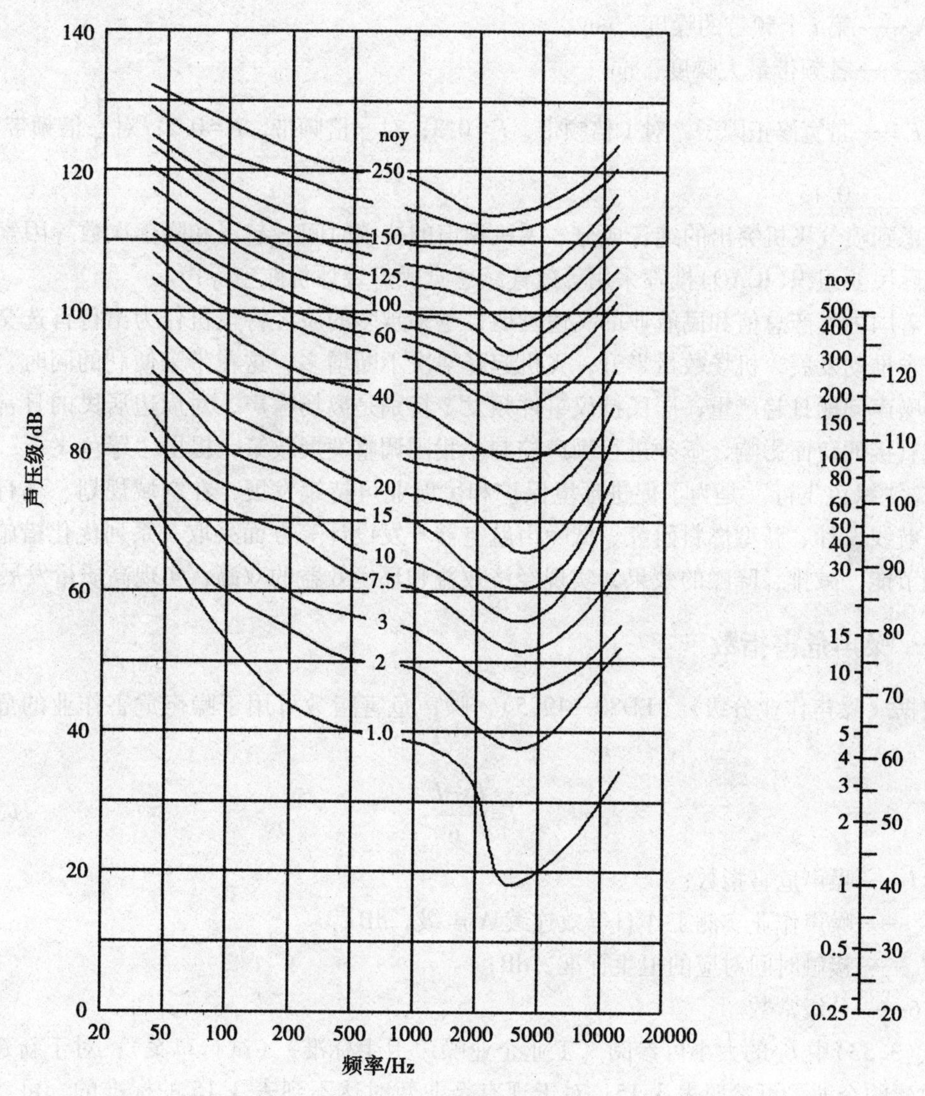

图 3.11　等噪声曲线

已知噪度，可按照式(3.50)求出感觉噪声级 L_{pN}：

$$L_{pN}=40+33.22\lg N \tag{3.50}$$

式中，N——噪声的噪度，noy。

由于声级计中的 D 计权网络是根据 40 noy 等噪声曲线设计的，因此可由测量结果 dB(D)来近似估算感觉噪声级，二者的近似关系为

$$L_{pN}\approx \mathrm{dB(D)}+7 \tag{3.51}$$

和计算总响度的方法一样，根据噪声各频带的声压级，在图 3.11 中查出相应频带的噪度，则噪声的总噪度为

$$N=N_{m}+F(\sum_{i=1}^{n}N_{i}-N_{m}) \tag{3.52}$$

式中：N——总噪度，noy；

N_i——第 i 个频带的噪度，noy；

N_m——各频带最大噪度，noy；

F——带宽修正因子，对 1 倍频带，$F=0.3$；对$\frac{1}{2}$倍频带，$F=0.2$；对$\frac{1}{3}$倍频带，$F=0.15$。

考虑到喷气飞机突出的纯音成分、飞机噪声的持续时间、起飞和降落次数等因素的影响，国际民航组织(ICAO)推荐采用等效连续感觉噪声级评价航空噪声。

随着国内生产总值和民航业的飞速发展，越来越多的旅客将飞机作为出行首选交通工具。需求推动发展，机场数量攀升，飞机起降架次不断增多，这在带来便利的同时，也导致机场噪声问题日趋严重，居民抗议事件频发。特别是离场噪声，对周边居民的日常生活会造成直接的负面影响，亟须进行噪声控制。我国调整发展政策，提出“绿色飞行”的基本要求。“绿色飞行”是为了促进环境保护和民航业可持续发展，在空域规划、飞行程序设计、航线设计、新型燃料研究、低噪声航空器开发设计等方面采取一系列优化措施，以便达到节能、减排、降噪的效果，实现经济效益和环境效益的双赢，实现高质量发展。

3.8.7 噪声危害指数

根据《噪声作业分级》（LD80—1995），噪声危害指数可用于噪声危害作业的危险性评价。

$$I=\frac{L_{w}-L_{s}}{6} \tag{3.53}$$

式中，I——噪声危害指数；

L_w——噪声作业实测工作日等效连续 A 声级，dB；

L_s——接触时间对应的卫生标准，dB；

6——分级常数。

式(3.53)中 L_s 的大小可参阅《工业企业噪声卫生标准》（试行草案）；对于新建、扩建或改建的企业，可参照表 3.15；对于现有企业暂时达不到表 3.15 的标准的，可参照表 3.16。

表 3.15　新建、扩建或改建的企业的噪声标准

每个工作日接触噪声的时间/h	允许噪声/dB(A)
8	85
4	88
2	91
1	94
最高不得超过 115 dB(A)	

表 3.16 现有企业的噪声标准

每个工作日接触噪声的时间/h	允许噪声/dB(A)
8	90
4	93
2	96
1	99
最高不得超过 115 dB(A)	

根据式(3.53)计算出的噪声危害指数，查表 3.17，即可得到噪声危害程度。

表 3.17 噪声作业分级级别指数表

指数范围	级别	噪声危害程度
$I\leqslant 0$	0 级	安全作业
$0<I\leqslant 1$	Ⅰ级	轻度危害
$1<I\leqslant 2$	Ⅱ级	中度危害
$2<I\leqslant 3$	Ⅲ级	高度危害
$I>3$	Ⅳ级	极度危害

为便于实际操作，简化噪声危害指数的计算过程，特制定了噪声作业分级简表，如表 3.18 所列。

表 3.18 噪声作业分级简表

每日接触噪声的时间/h	接触噪声声级范围/dB(A)										
	≤85	~88	~91	~94	~97	~100	~103	~106	~109	~112	≥115
1											
2		0 级		Ⅰ级		Ⅱ级		Ⅲ级		Ⅳ级	
4											
8											

注：接触噪声超过 115 dB(A)时，无论时间长短作业分级均为Ⅳ级。

3.8.8 允许暴露时间与噪声剂量

从表 3.15、表 3.16 中的噪声限值要求中可以看出，工作环境允许噪声每增加 3 dB，允许接触噪声的时间就减少一半。按照允许噪声与暴露时间的关系，对于新建、改建或扩建企业，可根据式(3.54)计算允许暴露时间；对于现有企业，可根据式(3.55)计算允许暴露时间。

$$T=\frac{8}{2^{\frac{L_{\mathrm{w}}-85}{3}}} \tag{3.54}$$

$$T=\frac{8}{2^{\frac{L_{\mathrm{w}}-90}{3}}} \tag{3.55}$$

式中，L_w——实测车间噪声级，dB；

T——运行暴露时间，h。

例 3.8 现有企业某车间有一台机床，运转时 A 声级为 111 dB，试问工人在该噪声环境下，每日累积最长工作时间为多少？

解 由于为现有企业，故根据式(3.55)计算，允许暴露时间：

$$T=\frac{8}{2^{\frac{111-90}{3}}}=\frac{1}{16}\ \text{h}\approx 4\ \text{min}$$

除噪声允许暴露时间，噪声剂量 D 也可以对噪声的危害情况进行评价，其定义为实际暴露的小时数 C_i 除以允许暴露的小时数 T_i，即 $D=\frac{C_i}{T_i}$。如果接受的噪声不是固定噪声级，则

$$D=\frac{C_1}{T_1}+\frac{C_2}{T_2}+\frac{C_3}{T_3}+\cdots \tag{3.56}$$

由计算出的噪声允许暴露时间和工人实际的暴露时间，可以计算噪声剂量值。若噪声剂量值大于 1，则不符合标准要求。

例 3.9 某现有企业的工人在车床上工作，8 h 定额生产 140 个零件，每个零件加工 2 min，车床工作时声级为 93 dB(A)。试计算噪声剂量(D)，并以现有企业噪声允许标准评价工人的工作噪声环境是否超过安全标准。

解 完成定额工作量所需时间

$$T=140\times 2=280\ \text{min}$$

由表 3.16 查得 93 dB(A)允许暴露时间为 4 h，则噪声剂量

$$D=\frac{280}{4\times 60}\approx 1.17>1$$

结论：该企业工人的工作噪声环境已超过噪声安全标准。

例 3.10 现有企业某车间中工作人员在一个工作日内噪声暴露的累计时间为：90 dB(A)计 4 h，75 dB(A)计 2 h，99 dB(A)计 2 h。计算噪声剂量 D 是否超过安全标准。

解 由表 3.16 查得，90 dB(A)允许暴露时间为 8 h，99 dB(A)允许暴露时间为 1 h，75 dB(A)允许暴露时间为无穷大，故噪声剂量仅包含两项，即

$$D=\frac{C_1}{T_1}+\frac{C_2}{T_2}=\frac{4}{8}+\frac{2}{1}=2.5>1$$

结论：车间工作人员的工作噪声环境已超过噪声安全标准。

3.9 噪声标准

为了保护人们的听力和身体健康，保护人们的休息、学习和工作，应当对噪声进行控制。控制就需要有个标准，究竟把噪声治理到什么程度，达到什么要求，这是值得研究的问题。把噪声彻底根除是最理想的方法，但实际上做不到，也没有必要。把噪声控制到允许程度，不危害人们的休息和健康就达到了目的。到底应把噪声治理到什么水平，这就需

要根据不同的目的提出不同的标准。例如，对于工厂车间噪声比较强烈的地方，为了保护人们的身心健康，就应制定一个保护听力和健康的噪声标准；再如，为了保护人们的睡眠和休息，就应制定一个保护人们睡眠和休息、工作的环境标准。

为了治理噪声，《中华人民共和国噪声污染防治法》不断修订完善、与时俱进，这是我国在防治环境噪声污染，保护和改善生活环境，保障身体健康，促进经济和社会发展及生态文明建设所做出的努力，是我国在全面依法治国上取得的新成就。2021年新修订的《中华人民共和国噪声污染防治法》要求构建创新型社会生活噪声污染防治体系。该体系要求在政府主导的环境治理领域充分发挥社会各界的力量，强化社会共治，新增公众自治，将环境治理同社会治理有机结合，既强调公众参与到政府主导的环境治理工作中，又强调社会各主体多元共治和自我管理，是社会生活噪声领域公众参与的升级版。

噪声标准的制定不是在最佳而是在“可以容忍”的条件下制定的，它根据不同的情况提出所允许的最高噪声级。噪声标准是对噪声进行行政管理和控制的依据。制定噪声标准的意义在于增强行业的素质，提高行业的竞争力，保护大家的身体健康、人身安全和财产安全。制定相关的行业标准，有利于企业规范运营，从国家层面来说，增强了技术标准，也代表着技术力量在不断改变加强。我国和其他各国都相继制定了一系列的有关标准，这些标准概括起来有三大类：一是声环境质量标准；二是噪声排放标准；三是噪声辐射标准。表3.19列出了上述分类中的代表性标准。

表3.19　各类别标准举例

类别	标准编号	标准名称	说明
声环境质量标准	GB 3096—2008	声环境质量标准	针对敏感目标保护
	GB 9660—1988	机场周围飞机噪声环境标准	
噪声排放标准	GB 12348—2008	工业企业厂界环境噪声排放标准	针对高噪声活动或场所
	GB 12523—2011	建筑施工场界环境噪声排放标准	
	GB 12525—1990	铁路边界噪声限值及其测量方法	
	GB 22337—2008	社会生活环境噪声排放标准	
噪声辐射标准	GB 1495—2002	汽车加速行驶车外噪声限值及测量方法	针对高噪声产品
	GB 16170—1996	汽车定置噪声限值	
	GB 16169—2005	摩托车和轻便摩托车加速行驶噪声限值及测量方法	
	GB 4569—2005	摩托车和轻便摩托车定置噪声限值及测量方法	
	GB 19757—2005	三轮汽车和低速货车加速行驶车外噪声限值及测量方法（中国Ⅰ、Ⅱ阶段）	

3.9.1　噪声排放标准

3.9.1.1　职业性噪声暴露和听力保护标准

1971年，国际标准化组织公布了《职业性噪声暴露和听力保护标准》（ISO R1999）。该标准规定：每天工作8 h容许连续噪声的噪声级为85~90 dB(A)；工作时间减半，容许噪声级允许提高3 dB(A)。为保护听力，并规定在任何情况下均不应超过115 dB(A)，见表3.20。

表 3.20 职业性噪声暴露和听力保护标准

连续噪声暴露时间/h	8	4	2	1	$\frac{1}{2}$	$\frac{1}{4}$	$\frac{1}{8}$	最高限
允许 A 声级/dB(A)	85~90	88~93	91~96	94~99	97~102	100~105	103~108	115

3.9.1.2 工业企业噪声卫生标准

《工业企业噪声卫生标准》(试行草案)中规定:“工业企业的生产车间和作业场所的工作地点的噪声标准为 85 dB(A)。现有工业企业经过努力暂时达不到标准时,可适当放宽,但不得超过 90 dB(A)。”目前,大多数国家的听力保护标准都定为 90 dB(A),也有一些国家定为 85 dB(A)。

3.9.1.3 工业企业设计卫生标准

我国 2010 年颁布的《工业企业设计卫生标准》(GBZ 1—2010)中,对生产性噪声进行了明确分类:声级波动小于 3 dB(A)的噪声为稳态噪声,声级波动大于或等于 3 dB(A)的噪声为非稳态噪声;持续时间小于或等于 0.5 s,间隔时间大于 1 s,声压有效值变化大于或等于 40 dB(A)的噪声为脉冲噪声。该标准中对非噪声工作地点的噪声声级提出了要求,如表 3.21 所列。

表 3.21 非噪声工作地点噪声声级设计要求

地点名称	噪声声级/dB(A)	功效限值/dB(A)
噪声车间观察(值班)室	≤75	55
非噪声车间办公室、会议室	≤60	
主控室、精密加工室	≤70	

3.9.1.4 工作场所有害因素职业接触限值

在《工作场所有害因素职业接触限值》(GBZ 2.2—2007)中,对工作场所操作人员接触生产性噪声的卫生限值进行了明确规定,具体如下:

每周工作 5 d,每天工作 8 h,稳态噪声限值为 85 dB(A),非稳态噪声等效声级的限值为 85 dB(A)。若每周工作 5 d,每天工作不是 8 h,将一天实际工作时间内接触的噪声强度等效为工作 8 h 的等效声级;每周工作日不是 5 d,等效为每周工作 40 h 的等效声级,限值为 85 dB(A)。见表 3.22。对于脉冲噪声的工作场所,噪声声压级峰值和脉冲次数不应超过表 3.23 中的规定。

表 3.22 工作场所噪声职业接触限值

接触时间	接触限值/dB(A)	备注
5 d/w, =8 h/d	85	非稳态噪声计算 8 h 等效声级
5 d/w, ≠8 h/d	85	计算 8 h 等效声级
≠5 d/w	85	计算 40 h 等效声级

表 3.23　工作场所脉冲噪声职业接触限值

工作日接触脉冲次数(n 次)	声压级峰值/dB(A)
$n \leqslant 100$	140
$100 < n \leqslant 1000$	130
$1000 < n \leqslant 10000$	120

3.9.1.5　工业企业噪声控制设计规范

《工业企业噪声控制设计规范》(GB/T 50087—2013)规定，工业企业厂区内各类地点的噪声 A 声级，按照地点类别的不同，不得超过表 3.24 中所列的噪声限值。工业企业由厂区内声源辐射至厂界的噪声 A 声级，按照毗邻区域类别的不同及昼夜时间的不同，不得超过表 3.25 所列的噪声限制值。

表 3.24　工业企业厂区内各类地点噪声标准

序号	地点类别		噪声限值/dB
1	生产车间及作业场所(每天连续噪声 8 h)		90
2	高噪声车间设置的值班室、观察室、休息室(室内背景噪声级)	无电话通信要求时	75
		有电话通信要求时	70
3	精密装配线、精密加工车间的工作地点、计算机房(正常工作状态)		70
4	车间所属办公室、实验室、设计室(室内背景噪声级)		70
5	主控制、集中控制、通信、电话总机、消防值班室(室内背景噪声级)		60
6	厂部所属办公、会议、设计、中心实验室(包括实验、化验、计量室)		60
7	医务室、教室、哺乳室、托儿所、工人值班宿舍(室内背景噪声级)		55

注：① 本表所列的噪声级，均应按照现行的国家标准测量确定。② 对于工人每天接触噪声不足 8 h 的场合，可根据实际接触噪声，按照接触时间减半噪声限值增加 3 dB 的原则，确定其噪声限值。③ 本表所列的室内背景噪声级，系在室内无声源发声的条件下，从室外经由墙、门、窗(门窗启闭状况为常规状况)传入室内的平均噪声级。

表 3.25　厂界噪声限值　单位：dB

厂界毗邻区域的环境类别	昼间	夜间
特殊住宅区	45	35
居民、文教区	50	40
一类混合区	55	45
商业中心区、二类混合区	60	50

表3.25(续)

厂界毗邻区域的环境类别	昼间	夜间
工业集中区	65	55
交通干线道路两侧	70	55

注：① 本表所列的厂界噪声级，均应按照现行的国家标准测量确定。② 当工业企业厂外受该厂辐射噪声危害的区域同厂界间存在缓冲地域时(如街道、农田、水面、林带等)，本表所列厂界噪声限值可作为缓冲地域外缘的噪声限值处理。凡拟作缓冲地域处理时，应充分考虑该地域未来的变化。

3.9.1.6 工业企业厂界环境噪声排放标准

《工业企业厂界环境噪声排放标准》(GB 12348—2008)对工业企业和固定设备对噪声敏感区域的噪声排放进行了限制，如表3.26所列。对于夜间偶发和频发噪声也进行了明确规定。夜间频发噪声的最大声级超过表3.26中限值的幅度不得高于10 dB(A)，夜间偶发噪声的最大声级超过限值的幅度不得高于15 dB(A)。当固定设备排放的噪声通过建筑物结构传播至噪声敏感建筑物室内时，噪声敏感建筑物室内等效声级不得超过表3.27和表3.28规定的限值。

表3.26 工业企业厂界环境噪声排放限值 单位：dB(A)

厂界外声环境功能区类别	时段	
	昼间	夜间
0	50	40
1	55	45
2	60	50
3	65	55
4	70	55

表3.27 结构传播固定设备室内噪声排放限值(等效声级) 单位：dB(A)

噪声敏感建筑物所处声环境功能区类别	A类房间		B类房间	
	昼间	夜间	昼间	夜间
0	40	30	40	30
1	40	30	45	35
2，3，4	45	35	50	40

说明：A类房间是指以睡眠为主要目的，需要保证夜间安静的房间，包括住宅卧室、医院病房、宾馆客房等；B类房间是指主要在昼间使用，需要保证思考与精神集中、正常讲话不被干扰的房间，包括学校教室、会议室、办公室、住宅中卧室以外的其他房间等。

表 3.28　结构传播固定设备室内噪声排放限值(倍频带声压级)　单位：dB(A)

噪声敏感建筑所处声环境功能区类别	时段	房间类型	室内噪声倍频带声压级限值				
			31.5	63	125	250	500
0	昼间	A，B 类房间	76	59	48	39	34
	夜间	A，B 类房间	69	51	39	30	24
1	昼间	A 类房间	76	59	48	39	34
		B 类房间	79	63	52	44	38
	夜间	A 类房间	69	51	39	30	24
		B 类房间	72	55	43	35	29
2，3，4	昼间	A 类房间	79	63	52	44	38
		B 类房间	82	67	56	49	43
	夜间	A 类房间	72	55	43	35	29
		B 类房间	76	59	48	39	34

3.9.2　声环境质量标准

3.9.2.1　ISO 环境标准

环境噪声影响人们的工作和休息。为了给人们提供一个满意的声学生活环境，世界各国颁发了一系列的环境噪声标准。对环境噪声标准，大多数国家是考虑居民对噪声的烦恼程度而制定的。1971 年，国际标准化组织(ISO)提出的环境标准见表 3.29。为了保证工作和环境安静，ISO 规定住宅区室外噪声标准为 35~45 dB(A)。

表 3.29　非住宅区室内噪声标准

房间类型	噪声标准/dB(A)
办公室、商店、会议室	35
大饭馆、有打字机的办公室	45
大的打字机室	55
车间(根据不同用途)	45~75

ISO 推荐采用评价噪声级作为评价量。所谓评价噪声级，就是用声级计 A 计权网络“快”档测得的 A 声级，再附加上各种因素的修正值。不同时间、不同地区的修正值分别见表 3.30 和表 3.31。

表 3.30　对不同时间的噪声标准修正值

时间	对噪声标准的修正值/dB(A)
白天	0

表3.30(续)

时间	对噪声标准的修正值/dB(A)
清晨、晚上	-5
深夜	-15~-10

注：表中关于时间的划分，白天指上午7或8时至下午6，7时或8时；晚上指下午6，7时或8时至下午9，10时或11时；深夜指下午9，10时至次日上午5或6时；清晨指上午5或6时至7或8时。

表3.31 对不同地区的噪声标准修正值

地区类别	对噪声标准的修正值/dB(A)
乡村住宅、医院、休养区	0
郊区住宅、僻静的马路	+5
市区住宅	+10
工厂或主要街道附近的市区住宅	+15
城市中心	+20
主要工业区	+25

3.9.2.2 日本环境保护标准

1971年，日本颁布的环境保护标准见表3.32。

表3.32 日本1971年颁布的环境噪声标准

地点			允许噪声级/dB(A)		
			白天	早晚	夜间
一般地区	疗养等特别安静区		45	40	35
	一般住宅区		50	45	40
	有住宅的工商业区		60	55	50
道路旁	住宅	二车道	55	50	45
		三车道以上	60	55	50
	有住宅的工商业区	二车道	65	60	55
		三车道以上	65	65	60

3.9.2.3 声环境质量标准

我国在2008年颁布了《声环境质量标准》(GB 3096—2008)。该标准规定了城市5类区域的环境噪声最高限值(乡村生活区可参照这一标准)，如表3.33所列。各类声环境功能区夜间突发噪声，其最大声级超过环境噪声限值的幅度不得高于15 dB(A)。

表 3.33　环境噪声限值　　单位：dB(A)

<table>
<tr><th colspan="2" rowspan="2">声环境功能区类别</th><th colspan="2">时段</th></tr>
<tr><th>昼间</th><th>夜间</th></tr>
<tr><td colspan="2">0</td><td>50</td><td>40</td></tr>
<tr><td colspan="2">1</td><td>55</td><td>45</td></tr>
<tr><td colspan="2">2</td><td>60</td><td>50</td></tr>
<tr><td colspan="2">3</td><td>65</td><td>55</td></tr>
<tr><td rowspan="2">4</td><td>4a</td><td>70</td><td>55</td></tr>
<tr><td>4b</td><td>70</td><td>60</td></tr>
</table>

注：表中 4b 类声环境功能区环境噪声限值，适用于 2011 年 1 月 1 日起环境影响评价文件通过审批的新建铁路(含新开廊道的增建铁路)干线建设项目两侧区域；在下列情况下，铁路干线两侧区域不通过列车时的环境背景噪声限值，按照昼间 70 dB(A)、夜间 55 dB(A)执行：① 穿越城区的既有铁路干线；② 对穿越城区的既有铁路干线进行改建、扩建的铁路建设项目。

按照区域的使用功能特点和环境质量要求，声环境功能区分为以下五种类型。

0 类声环境功能区：康复疗养区等特别需要安静的区域。

1 类声环境功能区：以居民住宅、医疗卫生、文化教育、科研设计、行政办公为主要功能，需要保持安静的区域。

2 类声环境功能区：以商业金融、集市贸易为主要功能，或者居住、商业、工业混杂，需要维护住宅安静的区域。

3 类声环境功能区：以工业生产、仓储物流为主要功能，需要防止工业噪声对周围环境产生严重影响的区域。

4 类声环境功能区：交通干线两侧一定距离之内，需要防止交通噪声对周围环境产生严重影响的区域，包括 4a 类和 4b 类两种类型。4a 类为高速公路、一级公路、二级公路、城市快速路、城市主干路、城市次干路、城市轨道交通(地面段)、内河航道两侧区域；4b 类为铁路干线两侧区域。

声环境功能区是噪声管理工作的基础，是我国加强噪声污染防治、强化噪声监督管理和环境执法、改善声环境质量的重要依据。2021 年，为推进全国声环境功能区划分与调整(以下简称“区划”)工作，夯实声环境质量管理的基础，北京市、广东省、四川省开展了区划评估试点。2021 年，全国有 41 个地级及以上城市、243 个县级城市完成了区划工作。截至 2021 年底，全国 338 个地级及以上城市全部划分了声环境功能区；1822 个县级城市中，有 1461 个划分了声环境功能区。

3.9.2.4　其他环境噪声标准

1977 年，我国有关单位提出一个噪声建议标准，根据这一基本标准可以制定一系列具体的环境噪声标准。例如，工厂区边界处噪声应为 50 dB(A)，以保证附近居民的休息和睡眠；户外噪声，根据一般门窗的隔声效果，可以高出 10~15 dB(A)。表 3.34 列出了该噪声建议标准。

表 3. 34 我国的噪声建议标准 单位：dB(A)

适用情况	理想值(L_{eq})/dB(A)	最大值(L_{eq})/dB(A)	位置
睡眠	35	50	寝室
交谈、思考	45	60	办公室
听力保护	75	90	工作操作点

《建筑施工场界环境噪声排放标准》(GB 12523—2011)规定了建筑施工过程中场界环境噪声排放限值，如表 3. 35 所列。其适用范围为：城市建筑施工期间施工场地产生的噪声。表 3. 35 中所列噪声值是指与敏感区域相邻的建筑施工场地边界线处的限值，如有几个施工阶段同时进行，以高噪声阶段的限值为准。《铁路边界噪声限值及其测量方法》(GB 12525—1990)规定铁路边界噪声限值昼夜均为 70 dB。

表 3. 35 建筑施工过程中场界环境噪声排放限值

昼间	夜间
70 dB(A)	55 dB(A)

建筑施工过程中往往会产生不同程度的噪声污染问题，随着城市建设的加快，建筑施工过程中所产生的噪声污染也会逐渐增多，对周围居民的生活工作产生一定的危害。为了推动建筑施工朝着绿色环保方向持续稳定地进步，就要加强噪声污染的预防和控制，从规章制度、硬件设备设施、工作人员环保意识等多方面入手，切实提高噪声污染控制水平，避免危害居民的身心健康，有效防治建筑施工过程中的噪声污染，构建建筑施工噪声污染防治制度，并完善建筑施工噪声污染防治法规。

3. 9. 3 噪声辐射标准

噪声排放标准以保护人体健康和保障人们有比较安宁的生活环境为目的。从本质安全的角度考虑，控制噪声声源是解决噪声污染的根本方法。控制机械产品的噪声水平，使其辐射噪声不超过引起烦恼或引起听觉损失的噪声水平。不少国家制定了某些机械产品的噪声标准，也有一些国家（如美国、英国等）一般不制定统一的机床噪声标准，而由制造厂家与用户协商确定。我国除少数产品，大多数的标准正在制定中。目前，噪声声源控制的标准主要有机动车辆噪声标准、工程机械噪声标准等。

3. 9. 3. 1 机动车辆噪声标准

机动车辆噪声标准是控制城市交通噪声的重要基础依据。它不仅为各种车辆的研究、设计和制造提供了噪声控制的指标，也是城市车辆噪声管理监测的依据。我国在 1997 年 1 月 1 日实施《汽车定置噪声限值》(GB 16170—1996)，其主要内容如表 3. 36 所列。此标准适用于城市道路允许行驶的在用汽车。

根据《中国噪声污染防治报告 2022》可知，国家推进新生产机动车开展噪声型式检验工作。2021 年，全国共有 33653 个机动车型通过噪声型式检验，达到国家机动车噪声标

表 3.36　我国汽车定置噪声限值　单位：dB(A)

车辆类型	燃料类型	车辆出厂日期	
		1988 年 1 月 1 日前	1988 年 1 月 1 日后
轿车	汽油	87	85
微型客车、货车	汽油	90	88
轻型货车、货车、越野车	汽油（$n_r<4300$ r/min）	94	92
	汽油（$n_r>4300$ r/min）	97	95
	柴油	100	98
中型客车、货车、大型客车	汽油	97	95
	柴油	103	101
重型货车	$N\leq 147$ kW	101	99
	$N>147$ kW	105	103

注：N——厂家规定的额定功率。

准要求。采取货运车辆限行管理、淘汰不合格和过期报废车辆、严查“炸街车”、设立禁鸣区和限速区，以及合理分配各交通干道的车流量等源头预防措施、声屏障及生态隔离带等传播途径防护措施、隔声窗等建筑防护措施，以减轻公路和城市道路交通噪声污染。据不完全统计，2021 年，全国县级及以上城市设置公路和城市道路声屏障投入约 23.0 亿元。

3.9.3.2　工程机械噪声标准

随着城市建筑施工机械化的发展，工程机械的功率越来越大，工程机械所产生的噪声已成为城市中不可忽视的污染源之一。工程机械主要包括推土机、挖掘机、装载机等设备。我国根据实际情况，已颁布了《土方机械　噪声限值》（GB 16710—2010）。该标准规定了土方机械发射声功率级限值和土方机械同机位置噪声限值，具体如表 3.37、表 3.38 所列。

表 3.37　土方机械机外发射噪声限值及实施阶段

机器类型	发动机净功率（P^{ab}）/kW	发射声功率级限值/dB(A)	
		Ⅰ阶段（2012-01-01 起实施）	Ⅱ阶段（2015-01-01 起实施）
压路机（振动、振荡）	$P\leq 8$	110	107
	$8<P\leq 70$	111	108
	$70<P\leq 500$	$91+11\lg P$	$88+11\lg P$
履带式推土机、履带式装载机、履带式挖掘装载机、履带式吊管机、挖沟机	$P\leq 40$	108	106
	$40<P\leq 500$	$87+13\lg P$	$87+11.8\lg P$
轮胎式装载机、轮胎式推土机、轮胎式挖掘装载机、自卸车、平地机、轮式回填压实机、压路机（非振动、非振荡）、轮胎式吊管机、铲运机	$P\leq 40$	107	104
	$40<P\leq 500$	$88+12.5\lg P$	$86+12\lg P$

表3.37(续)

机器类型	发动机净功率(P^{ab})/kW	发射声功率级限值/dB(A)	
		Ⅰ阶段(2012-01-01起实施)	Ⅱ阶段(2015-01-01起实施)
挖掘机	$P \leqslant 15$	96	93
	$15<P \leqslant 500$	$84.5+11\lg P$	$81.5+11\lg P$

注：公式计算的噪声限值圆整至最接近的整数（尾数小于0.5时，圆整到较小的整数；尾数大于或等于0.5时，圆整到较大的整数）。

a 发动机净功率 P 按 GB/T 16936 确定。

b 发动机净功率是机器安装发动机净功率的总和。

表3.38 土方机械司机位置处噪声限值及实施阶段

机器类型	司机位置发射声压级限值/dB(A)	
	Ⅰ阶段(2012-01-01起实施)	Ⅱ阶段(2015-01-01起实施)
履带式挖掘机	83	80
轮胎式装载机、轮胎式推土机、铲运机、轮胎式吊管机、轮胎式挖掘机、压路机（非振动、非振荡）、轮胎式挖掘装载机	89	86
平地机	88	85
轮式回填压实机	91	88
履带式推土机、履带式装载机、履带式挖掘装载机、挖沟机、履带式吊管机	95	92
压路机（振动、振荡）	90	87
自卸车	85	82

在使用范围广泛的工程机械领域，如今，环保要求和信息技术使工程机械进入了一个新的发展阶段，减振降噪将成为今后国际工程机械的主要发展方向之一。我国作为世界工程机械制造和使用大国，逐步减小工程机械噪声限值，不仅是为达到国家环保法规的各项规定，也是提升产品国际竞争力的有效手段。我国已成为140多个国家和地区的主要贸易伙伴，货物贸易总额居世界第一，吸引外资和对外投资居世界前列，形成更大范围、更宽领域、更深层次对外开放格局。如今，中国企业不断打磨生产技术，提升自主创新能力，与国际接轨。当代大学生要注重培养创新能力、刻苦钻研，为中华民族伟大复兴贡献自己的力量。

3.9.3.3 其他机械噪声标准

表3.39为我国常见机械产品及家用电器的噪声标准。值得一提的是，世界各国几乎对所有的机械产品都制定了噪声允许标准，凡超过标准的产品一律不准出售。我国已加入世界贸易组织(WTO)，为与国际接轨，规定所有的机械产品出厂前应有明显的噪声值标志。

表 3.39　常见机械产品和家用电器的噪声标准

名称		噪声标准/dB(A)	测量条件
一般机床		≤85 中低频①	
精密机床		≤75 中频②	
罗茨鼓风机		≤90 中低频	《通风机噪声测定》
发动机		≤78 中低频 ≤80 中低频	在半自由声场下测量，测点高 1.2 m，距本体中心线 7.5 m
家用电冰箱		≤45	根据 SG 215—80 标准中的规定，测点距电冰箱正面 1 m，高 1 m
家用洗衣机		≤65	根据 SG 186—80 标准，洗衣机放在厚 5~10 mm 的弹性垫层上，测点距洗衣机前、后、左、右四面中心 1 m 处
手提式电吹风	感应式单相交流电动机	≤50	根据 SG 197—80 标准，测点距电吹风嘴口 200 mm 处
	串激式交直流电动机	≤85	
	永磁式直流电动机	≤70	

注：① 指噪声峰值频率在 350~500 Hz 以下；

② 指噪声峰值频率在 800 Hz 以下。

习　题

一、单选题

1. 下列选项中，(　　) 不是表征声音性质的三要素。

A. 声强大小　　B. 声源大小　　C. 频率高低　　D. 波形特点

2. 以下量中，(　　) 不是从客观上量度声音的。

A. 声压　　B. 声强　　C. 声功率　　D. 响度

3. 基准声压的大小是 (　　) N/m^2。

A. 2×10^{-5}　　B. 2×10^{-4}　　C. 2×10^{-6}　　D. 2×10^{-3}

4. 基准声强的大小是 (　　) W/m^2。

A. 1×10^{-12}　　B. 2×10^{-12}　　C. 1×10^{-6}　　D. 1×10^{-10}

5. 基准声功率的大小是 (　　) W。

A. 1×10^{-12}　　B. 2×10^{-10}　　C. 2×10^{-6}　　D. 2×10^{-5}

6. 人耳可感知声音的声压级范围是 (　　) dB。

A. 0~120　　B. 2×10^{-5}　　C. 0~140　　D. 0~130

7. 已知声压级 L_{p_1}，声压级 L_{p_2} 比声压级 L_{p_1} 大 20，则声压 p_2 比 p_1 大 (　　) 倍。

A. 1　　B. 10　　C. 20　　D. 100

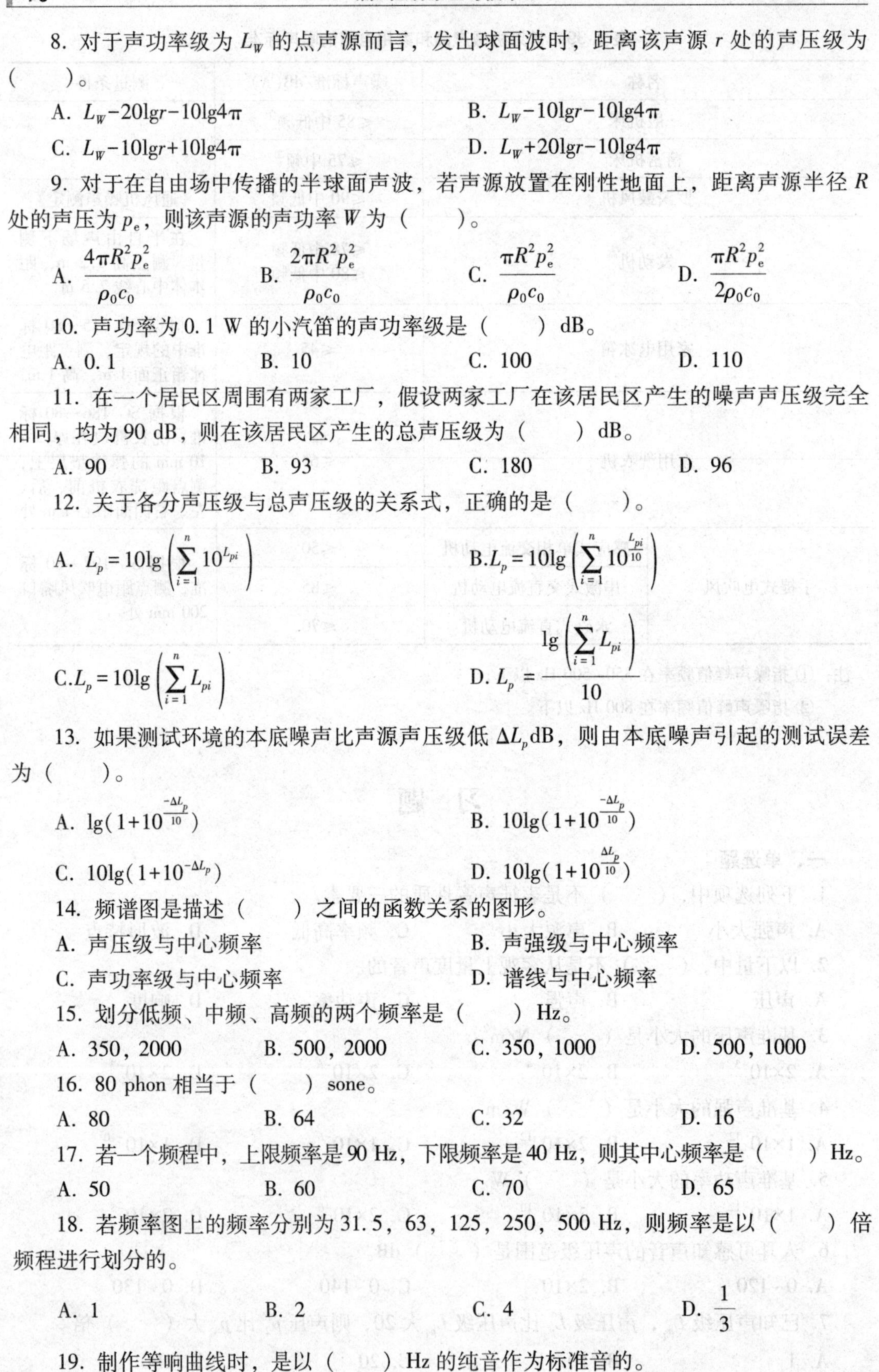

8. 对于声功率级为 L_W 的点声源而言，发出球面波时，距离该声源 r 处的声压级为（　　）。

A. $L_W-20\lg r-10\lg 4\pi$　　B. $L_W-10\lg r-10\lg 4\pi$

C. $L_W-10\lg r+10\lg 4\pi$　　D. $L_W+20\lg r-10\lg 4\pi$

9. 对于在自由场中传播的半球面声波，若声源放置在刚性地面上，距离声源半径 R 处的声压为 p_e，则该声源的声功率 W 为（　　）。

A. $\dfrac{4\pi R^2 p_e^2}{\rho_0 c_0}$　　B. $\dfrac{2\pi R^2 p_e^2}{\rho_0 c_0}$　　C. $\dfrac{\pi R^2 p_e^2}{\rho_0 c_0}$　　D. $\dfrac{\pi R^2 p_e^2}{2\rho_0 c_0}$

10. 声功率为 0.1 W 的小汽笛的声功率级是（　　）dB。

A. 0.1　　B. 10　　C. 100　　D. 110

11. 在一个居民区周围有两家工厂，假设两家工厂在该居民区产生的噪声声压级完全相同，均为 90 dB，则在该居民区产生的总声压级为（　　）dB。

A. 90　　B. 93　　C. 180　　D. 96

12. 关于各分声压级与总声压级的关系式，正确的是（　　）。

A. $L_p=10\lg\left(\sum_{i=1}^{n}10^{L_{pi}}\right)$　　B. $L_p=10\lg\left(\sum_{i=1}^{n}10^{\frac{L_{pi}}{10}}\right)$

C. $L_p=10\lg\left(\sum_{i=1}^{n}L_{pi}\right)$　　D. $L_p=\dfrac{\lg\left(\sum_{i=1}^{n}L_{pi}\right)}{10}$

13. 如果测试环境的本底噪声比声源声压级低 ΔL_p dB，则由本底噪声引起的测试误差为（　　）。

A. $\lg(1+10^{\frac{-\Delta L_p}{10}})$　　B. $10\lg(1+10^{\frac{-\Delta L_p}{10}})$

C. $10\lg(1+10^{-\Delta L_p})$　　D. $10\lg(1+10^{\frac{\Delta L_p}{10}})$

14. 频谱图是描述（　　）之间的函数关系的图形。

A. 声压级与中心频率　　B. 声强级与中心频率

C. 声功率级与中心频率　　D. 谱线与中心频率

15. 划分低频、中频、高频的两个频率是（　　）Hz。

A. 350，2000　　B. 500，2000　　C. 350，1000　　D. 500，1000

16. 80 phon 相当于（　　）sone。

A. 80　　B. 64　　C. 32　　D. 16

17. 若一个频程中，上限频率是 90 Hz，下限频率是 40 Hz，则其中心频率是（　　）Hz。

A. 50　　B. 60　　C. 70　　D. 65

18. 若频率图上的频率分别为 31.5，63，125，250，500 Hz，则频率是以（　　）倍频程进行划分的。

A. 1　　B. 2　　C. 4　　D. $\dfrac{1}{3}$

19. 制作等响曲线时，是以（　　）Hz 的纯音作为标准音的。

A. 1000　　B. 500　　C. 2000　　D. 4000

20. 人耳对（　　）Hz 的声音最敏感。

A. 1000　　B. 2000　　C. 3000　　D. 4000

21. 某车间经消声处理后，响度级从 100 方降低到 80 方，则车间噪声级降低了（　　）。

A. 20%　　B. 45%　　C. 75%　　D. 80%

22. 根据 A，B，C 计权网络的衰减曲线特性，当 $L_C > L_B > L_A$ 时，则该声音以（　　）为主。

A. 高频声　　B. 中频声　　C. 低频声　　D. 无法估计

23. 在使用声级计进行档位选择时，测量稳态噪声选择（　　）档。

A. 慢　　B. 快

C. 脉冲或脉冲保持　　D. 峰值保持

24. 在使用声级计进行档位选择时，测量交通运输噪声选择（　　）档。

A. 慢　　B. 快

C. 脉冲或脉冲保持　　D. 峰值保持

25. 在使用声级计进行档位选择时，测量冲床、按锤噪声选择（　　）档。

A. 慢　　B. 快

C. 脉冲或脉冲保持　　D. 峰值保持

26. 在使用声级计进行档位选择时，测量枪、炮和爆炸声选择（　　）档。

A. 慢　　B. 快

C. 脉冲或脉冲保持　　D. 峰值保持

27. 声级计的计权网络中，A 计权网络是根据（　　）方等响曲线设计的。

A. 40　　B. 70　　C. 100　　D. 120

28. 声级计的计权网络中，B 计权网络是根据（　　）方等响曲线设计的。

A. 40　　B. 70　　C. 100　　D. 120

29. 声级计的计权网络中，C 计权网络是根据（　　）方等响曲线设计的。

A. 40　　B. 70　　C. 100　　D. 120

30. 若已知 A 声级为 80 dB，则与其相对应的噪声评价曲线的号数是（　　）。

A. 80　　B. 85　　C. 75　　D. 70

31. 若一条噪声评价曲线上，1000 Hz 声音的声压级为 70 dB，则该评价曲线的号数为（　　）。

A. 60　　B. 70　　C. 80　　D. 90

32. 人的平均听力损失超过（　　）dB 就属于噪声性耳聋。

A. 20　　B. 25　　C. 30　　D. 35

33. 人的平均听力损失超过（　　）dB 就属于重度噪声性耳聋。

A. 50　　B. 85　　C. 80　　D. 60

34. 若 p_0 为基准声压，p_i 为任一声压，则下列关系式正确的是（　　）。

A. $\frac{p_i^2}{p_0^2}=10^{\frac{L_{pi}}{10}}$　　B. $\frac{p_i^2}{p_0^2}=10^{L_{pi}}$

C. $\frac{p_i^2}{p_0^2}=10^{\frac{10}{L_{p_i}}}$　　D. $\frac{p_i^2}{p_0^2}=L_{p_i}$

35. 若 p_1，p_2 为任意的两个声压，则下列关系式正确的是（　　）。

A. $\frac{p_1^2}{p_2^2}=10^{\frac{L_{p_1}-L_{p_2}}{10}}$　　B. $\frac{p_1^2}{p_2^2}=10^{\frac{L_{p_1}+L_{p_2}}{10}}$

C. $\frac{p_1^2}{p_2^2}=10^{\frac{L_{p_1}\cdot L_{p_2}}{10}}$　　D. $\frac{p_1^2}{p_2^2}=10^{L_{p_1}-L_{p_2}}$

36. 根据《声环境质量标准》（GB 3096—2008），康复疗养区属于（　　）类区。

A. 0　　B. 1　　C. 2　　D. 3

37. 根据《声环境质量标准》（GB 3096—2008），以医疗卫生、文化教育、科研设计、行政办公为主要功能的区域属于（　　）类区。

A. 0　　B. 1　　C. 2　　D. 3

38. 根据《声环境质量标准》（GB 3096—2008），以商业金融、集市贸易为主要功能的区域属于（　　）类区。

A. 0　　B. 1　　C. 2　　D. 3

39. 根据《声环境质量标准》（GB 3096—2008），以工业生产、仓储物流为主要功能的区域属于（　　）类区。

A. 0　　B. 1　　C. 2　　D. 3

40. 根据《声环境质量标准》（GB 3096—2008），昼间的时间段为（　　）。

A. 6:00—22:00　　B. 8:00—20:00　　C. 8:00—22:00　　D. 6:00—24:00

41. 根据《声环境质量标准》（GB 3096—2008），夜间的时间段为（　　）。

A. 22:00—6:00　　B. 20:00—8:00　　C. 22:00—8:00　　D. 24:00—6:00

42. 根据《工业企业噪声卫生标准》（试行草案），若新建企业的工作环境噪声为 88 dB(A)，则工人在该环境中允许的工作时间为（　　）h。

A. 8　　B. 4　　C. 2　　D. 1

43. 根据《工业企业噪声卫生标准》（试行草案），若新建企业的工作环境噪声为 91 dB(A)，则工人在该环境中允许的工作时间为（　　）h。

A. 8　　B. 4　　C. 2　　D. 1

44. 根据《工业企业噪声卫生标准》（试行草案），若新建企业的工作环境噪声为 94 dB(A)，则工人在该环境中允许的工作时间为（　　）h。

A. 8　　B. 4　　C. 2　　D. 1

45.《噪声作业分级》标准将噪声危害程度划分为（　　）个等级。

A. 4　　B. 5　　C. 6　　D. 7

46. 根据《噪声作业分级》标准，噪声危害级别为 0，则噪声危害程度为（　　）。

A. 安全作业　　B. 轻度危害　　C. 极度危害　　D. 重度危害

47. 根据《噪声作业分级》标准，噪声危害级别为Ⅰ，则噪声危害程度为（　　）。

A. 安全作业　　B. 轻度危害　　C. 极度危害　　D. 重度危害

48. 根据《噪声作业分级》标准，噪声危害级别为Ⅱ，则噪声危害程度为（　　）。

A. 安全作业　　B. 轻度危害　　C. 中度危害　　D. 重度危害

49. 根据《噪声作业分级》标准，噪声危害级别为Ⅲ，则噪声危害程度为（　　）。

A. 安全作业　　B. 轻度危害　　C. 高度危害　　D. 极度危害

50. 根据《噪声作业分级》标准，噪声危害级别为Ⅳ，则噪声危害程度为（　　）。

A. 安全作业　　B. 轻度危害　　C. 极度危害　　D. 重度危害

二、判断题

1. 声压每变化10倍，声压级变化10 dB。（　　）

2. 在数值上，声强级与声压级是相等的。（　　）

3. 声波的掩蔽效应表明：高声级者易掩蔽低声级者，低频率者易掩蔽高频率者。（　　）

4. 纯音为单频率的声音。（　　）

5. 频谱图可用于频谱分析，判断噪声是以何种频率的声音为主，为噪声治理提供依据。（　　）

6. 频谱图中频率轴的刻度是以等差形式进行的。（　　）

7. 频谱图上两相邻中心频率的比值和每个频段上、下限频率的比值是相等的。（　　）

8. 根据等响曲线可知，声压级低时，频率在低频段变化引起的响度级变化小，在高频段变化引起的响度级变化大。（　　）

9. 根据等响曲线可知，声压级高时，频率变化引起的响度级变化小。（　　）

10. 响度是声音响的程度，响度加倍，声音听起来也加倍响。（　　）

11. 1000 Hz，0 dB的纯音在人耳产生的响度为1 sone。（　　）

12. 响度级变化10 phon，人耳对声音的感觉响度大约变化两倍。（　　）

13. 声级计按照精度可分为1级和2级。级别数字越大，容许误差越小。（　　）

14. N曲线在制定时考虑了听力损失、会话干扰和烦恼程度三方面的内容，同一条曲线的各声压级对人有相同的损害。（　　）

15. 两个声源在同一地点同时产生的声压级分别是L_{p_1}和L_{p_2}，在该点共同产生的声压级为L_p，则$L_p = L_{p_1} + L_{p_2}$。（　　）

16. 两个声源同时发出噪声，在同一点产生的总噪声大小只取决于最强的噪声源在该点产生的声压级，与两声源在该点产生的声压级的差距无关。（　　）

17. 人耳听到声音的响度仅与声压级有关，声压级越高，感觉噪声强度越强。（　　）

18. 在不同f、同L_p下声音高低也不一样；在同f下，L_p高的声音比L_p低的声音响。（　　）

19. 声波振动得慢，则以低频声为主，音调低，低沉；声波振动得快，以高频声为主，音调高，尖锐。（　　）

20. 响度级不能定量地比较声音，而响度可以。（　　）

21. 对于8小时工作的工种，新建工业企业的生产车间和作业场所的工作地点的噪声标准为85 dB(A)。（　　）

22. 新建(包括引进项目)、扩建和改建的工业企业，必须把噪声的控制设施与主体工程同时设计、同时施工、同时投产。（　　）

23. 声压越小，人耳听起来就越响；反之则越小。（　　）

24. 人耳对不同频率下的声音反应不一样，对高频更敏感些。 ( )

25. 两个不同频率的声音作比较时，有决定意义的是两个频率的比值，而不是它们的差值。 ( )

26. 在等响曲线上，不管 f，L_p 是多少，听起来都一样响。 ( )

27. 根据《声环境质量标准》（GB 3096—2008），A 类房间是需要保证思考与精神集中、正常讲话不被干扰的房间。 ( )

28. 根据《声环境质量标准》（GB 3096—2008），B 类房间是保证夜间安静的房间。 ( )

29.《工业企业噪声卫生标准》（试行草案）中规定，对于 8 小时工作的工种，现有工业企业经过努力暂时达不到标准时，可适当放宽，但不得超过 90 dB(A)。 ( )

30. 噪声环境暴露时间的计算原则是工作环境噪声每增加 3 dB，允许暴露的工作时间就减少一半。 ( )

31.《工业企业噪声卫生标准》（试行草案）中规定，工作时间相同，现有企业的噪声允许标准值一般比新建企业的允许标准值高 5 dB(A)。 ( )

32. 噪声剂量是实际暴露的小时数除以允许暴露的小时数。 ( )

三、多选题

1. 生活中，噪声的来源包括（ ）。

A. 交通运输　B. 工业生产　C. 建设施工　D. 日常生活

2. 噪声对人的危害程度与下列（ ）因素有关。

A. 噪声的强度　B. 频率　C. 接受时间　D. 人的身体素质

3. 根据平均听力损失判定噪声性耳聋时，采用（ ）频率下的听力损失值。

A. 250 Hz　B. 500 Hz　C. 1000 Hz　D. 2000 Hz

四、名词解释

1. 本底噪声

2. 倍频程

3. 纯音

4. A 声级

五、简答题

1. 请列举 4 个噪声对人体产生的危害。

2. 请举出 3 个在噪声评价时常用的评价量。

六、计算题

1. 距一点声源 5 m 处测得的声压级为 85 dB，则

（1）声源的声功率为多少？

（2）距声源 20 m 处的声压级为多少？

2. 试证明声压级在数值上等于声强级。

3. 有一点声源，距此声源 10 m 处的声强级是 80 dB，假如声音的空气吸收衰减不计，求：

（1）距离声源 5 m 处的声强级。

（2）距离声源多远就听不到声音？

4. 车间里被测机器停止工作时的噪声级为 93 dB，机器工作后的噪声级为 100 dB，求被测机器的噪声级。

5. 某一地区白天的连续等效声级为 75 dB、夜间为 46 dB，另一地区的白天连续等效声级为 71 dB、夜间为 51 dB，你认为哪一地区的噪声对人们影响大？为什么？

6. 某现有企业某车间有一台机床，运转时 A 声级为 111 dB，试问工人在该噪声环境下，每日累积最长工作时间为多少？

7. 一噪声源在 *a*，*b*，*c*，*d* 点产生的声压分别为 0. 15，3. 02，0. 06，0. 008 Pa。问 *a*，*b*，*c*，*d* 点处的声压级分别为多少？

七、思考论述题

1. 结合本章知识，论述减少噪声排放对弘扬社会主义核心价值观的意义。

2. 如果居民区广场舞噪声扰民，该如何应对？

第4章 声波在大气与管道中的传播

4.1 声波在大气中的传播

声波在大气中传播时，不仅存在声波本身扩散所引起的能量损失，还有大气对声波的吸收及大气中的尘埃、烟雾等对声波的散射所引起的吸收和散射能量损失。另外，噪声沿地面传播或穿过绿化地带时，也会产生附加的能量损失；风速、温度、雨雪、水雾等气象条件的变化，对声波的传播也有一定的影响。总之，声波在大气中传播时，共存在三种形式的衰减，即扩散衰减、吸收衰减和散射衰减。由于声波的衰减作用，其在大气中传播时，振幅、声强等参数将随着离声源的距离增大而逐渐减弱。

4.1.1 声波的扩散衰减

声波在声场中传播时，由于波阵面的变化引起的声强衰减，称为扩散衰减，有时也称为距离衰减。声波随距离增加而衰减的规律与声源的类型有关。一般地，声源分为点声源、线声源和面声源三类，如图4.1所示。

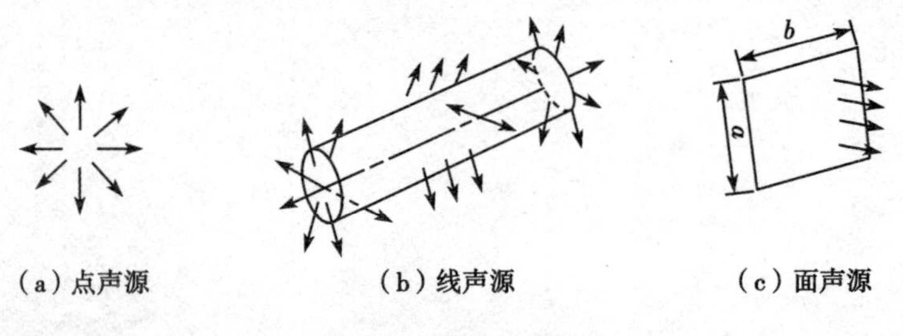

（a）点声源　（b）线声源　（c）面声源

图4.1 声源的类型

4.1.1.1 点声源的扩散衰减

声源尺寸与传播距离相比非常小的声源称为点声源。在很远处，即使尺寸相当大的声源也可视为点声源。例如，在远距离处，一台机器、一台卡车甚至一座工厂都可作为点声源来考虑。

在自由声场中，点声源的声功率为 W，在半径 r_1 及 r_2 处的声强分别为 I_1，I_2。当声波由 r_1 传至 r_2 处，由于距离衰减，声压级的降低量应为

$$\Delta L = L_{p_1} - L_{p_2} = L_{I_1} - L_{I_2} = 10\lg\frac{I_1}{I_0} - 10\lg\frac{I_2}{I_0} = 10\lg\frac{I_1}{I_2} = 10\lg\left(\frac{W}{4\pi r_1^2}\Big/\frac{W}{4\pi r_2^2}\right) = 20\lg\frac{r_2}{r_1} \tag{4.1}$$

若 $r_2=2r_1$，则

$$\Delta L_p=20\lg\frac{2}{1}=6\ \text{dB} \tag{4.2}$$

即离声源的距离每增加 1 倍，声压级下降 6 dB；距离减半，声压级上升 6 dB。

若位于 r_1 处的声压级 L_{p_1} 已知，则由式(4.1)可得到

$$L_{p_1}-L_{p_2}=20\lg\frac{r_2}{r_1}$$

或

$$L_{p_2}=L_{p_1}-20\lg\frac{r_2}{r_1} \tag{4.3}$$

4.1.1.2　线声源的扩散衰减

一列火车或一条繁华的街道，距离与声源宽度相比较大的地方，可把这种声源视为放置在轴线上的线声源。线声源的声波辐射也是无方向的，其波阵面不是圆球面，而是圆柱面。

在自由声场中，设此线声源无限长，单位长度的输出功率为 W，则距线声源 r(m)处的声强 I 为

$$I=\frac{W}{2\pi r} \tag{4.4}$$

式中，$2\pi r$——半径为 r 的圆柱的单位长度侧面积。

同推导点声源的衰减公式一样，也可导出线声源的声压级衰减公式：

$$\Delta L_p=L_{p_1}-L_{p_2}=L_{I_1}-L_{I_2}=10\lg\left(\frac{W}{2\pi r_1}/\frac{W}{2\pi r_2}\right)=10\lg\frac{r_2}{r_1} \tag{4.5}$$

若 $r_2=2r_1$，则

$$\Delta L_p=10\lg 2=3\ \text{dB}$$

即距离增加 1 倍，声压级仅减少 3 dB。可见，相同距离下线声源比点声源的声压级衰减慢。

上述结论是假设线声源为无限长时的理想情况推导出来的，但是实际上线声源的长度都是有限的。因此，计算声压级的衰减时，需要根据所研究的两点距离声源的距离进行综合确定。

线声源的扩散衰减如图 4.2 所示。

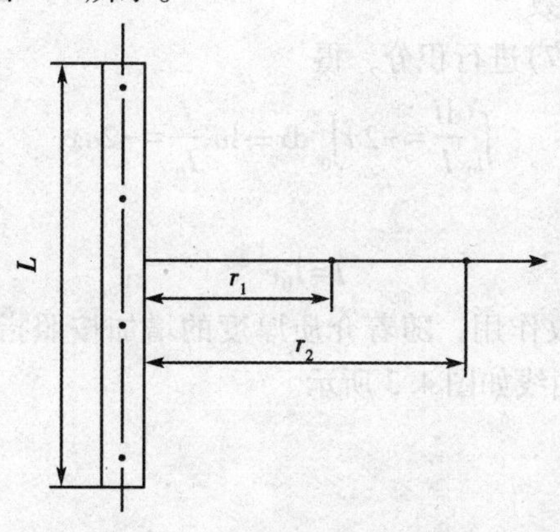

图 4.2　线声源的扩散衰减

当 $r_1<r_2<\frac{L}{\pi}$，即最远的点与线声源的距离远小于线声源的长度时，那么线声源可以近似为理想的线声源，可采用式(4.5)进行近似计算。

当$\frac{L}{\pi}<r_1<r_2$，即最近的点与线声源的距离远大于线声源的长度时，那么线声源可以近似为理想的点声源，用点声源衰减规律计算声压级的衰减量，即采用式(4.3)进行计算。

当 $r_1<\frac{L}{\pi}<r_2$ 时，需要在临界距离 $r=\frac{L}{\pi}$处分段求解。在 $r_1<r<\frac{L}{\pi}$区间段，采用式(4.5)计算衰减量，即此区间段的衰减量为 $\Delta L_{p_1}=10\lg\frac{L/\pi}{r_1}$；在$\frac{L}{\pi}<r<r_2$ 区间段，采用式(4.3)计算衰减量，即此区间段的衰减量为 $\Delta L_{p_2}=20\lg\frac{r_2}{L/\pi}$。因此，此情况下的总的衰减量为

$$\Delta L_p=\Delta L_{p_1}+\Delta L_{p_2}=10\lg\frac{L/\pi}{r_1}+20\lg\frac{r_2}{L/\pi}=10\lg\frac{\pi r_2^2}{Lr_1} \tag{4.6}$$

4.1.1.3 面声源的扩散衰减

对于理想的面声源，由于在声波传播的过程中波阵面没有变化，因此不存在扩散衰减。对于实际的面声源，如果所研究的两点距离声源的距离很近，那么可以认为不存在扩散衰减。

4.1.2 声波的吸收系数

声波在介质中传播的过程中，声能量将不断地被介质吸收而转化为其他形式的能量。现以平面波为例，讨论声波因介质吸收导致的声能衰减规律。

设声波沿 x 轴正向传播，在 x 处的声强为 I，经过 Δx 距离后声强衰减为 $I+\Delta I$，ΔI 为声强的增量，为负值，则

$$\Delta I=-2aI\Delta x$$

或

$$\frac{\Delta I}{I}=-2a\Delta x \tag{4.7}$$

式中，$-2a$——声强衰减系数。

当 $\Delta x\to 0$ 时，对式(4.7)进行积分，得

$$\int_{I_0}^{I}\frac{\mathrm{d}I}{I}=-2a\int_0^x\mathrm{d}x\Rightarrow\ln\frac{I}{I_0}=-2ax \tag{4.8}$$

故在 x 处的声强为

$$I=I_0\mathrm{e}^{-2ax} \tag{4.9}$$

可见声强因介质的吸收作用，随着介质厚度的增加按照指数规律衰减。距离 x 越大时，衰减的量越多，衰减曲线如图 4.3 所示。

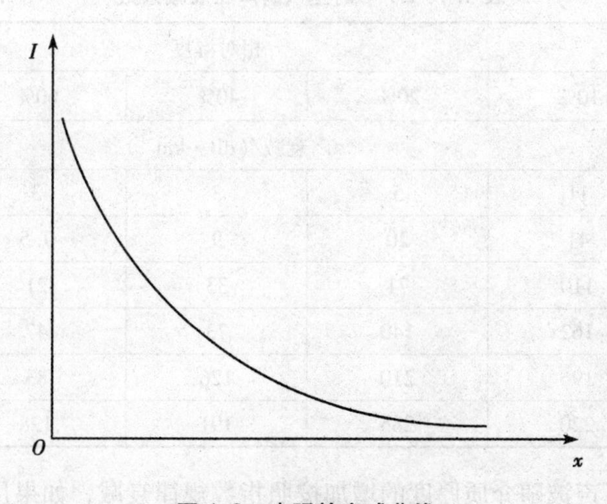

图4.3　声强的衰减曲线

式(4.9)可写为

$$\frac{I}{I_0}=e^{-2ax} \tag{4.10}$$

将声强与声压级的关系式 $I=\frac{p_e^2}{\rho_0 c_0}$ 代入式(4.10)得

$$\frac{p_e^2}{p_0^2}=\frac{I}{I_0}=e^{-2ax} \tag{4.11}$$

进一步整理可得，在 x 处声压 p_e 的变化规律为

$$p_e=p_0 e^{-ax} \tag{4.12}$$

式中，a——声压衰减系数；

p_0——在 $x=0$ 处的有效声压。

式(4.12)说明声压随着介质厚度的增加也呈指数规律衰减，但比声强衰减得慢，衰减系数为声强衰减系数的一半。声强与声压随距离衰减的快慢与系数 a 的大小密切相关。衰减系数反映声波传播时介质的吸收特性，单位为奈培/厘米（Np/cm），1 Np/cm = 868.6 dB/m。衰减系数与介质的黏滞系数、导热系数、密度、比热容等多种因素有关。特别需要指出的是，它与声速 c_0、圆频率 ω 或频率 f 有以下关系：

$$a\propto\frac{\omega^2}{c_0^3}$$

或

$$a\propto\frac{f^2}{c_0^3} \tag{4.13}$$

可见，频率越高，衰减系数越小，也就是说，高频声波易被介质吸收而不能传播得很远。声波在固体、液体中的传声距离远大于在空气中的传声距离的主要原因是，一般情况下声波在固体、液体中的传播速度高于在空气中的传播速度，且衰减系数与声速的三次方成反比。表4.1给出了20 ℃时空气的声压衰减系数。

表 4.1 20 ℃时空气的声压衰减系数

f/kHz	相对湿度				
	10%	20%	40%	60%	80%
	衰减/(dB · km^{-1})				
1	11	5	3	3	3
2	41	20	9	7.5	7
4	110	71	33	21	17
6	162	140	73	47	34
8	196	210	126	83	60
10	220	285	191	128	94

式(4.11)说明了声波随介质厚度的增加按照指数规律衰减，如果用 $x=x_1$ 处的声压 p_1 取代式(4.11)中 $x=0$ 处的声压 p_0，用 $x=x$ 处的声压 p 取代式(4.11)中的 p_e，那么声波由 x_1 处传至 x 处时，声压 p 变为

$$p=p_1 e^{-ax} \tag{4.14}$$

声波从 x_1 处传至 x 处，其声压级的降低量应为

$$\Delta L_p=L_{p_1}-L_p \tag{4.15}$$

因为 $L_{p_1}=20\lg\dfrac{p_1}{p_0}$，则

$$L_p=20\lg\frac{p}{p_0}=20\lg\frac{p_1 e^{-ax}}{p_0} \tag{4.16}$$

所以

$$\Delta L_p=L_{p_1}-L_p=20\lg\frac{p_1}{p_0}-20\lg\frac{p_1 e^{-ax}}{p_0}=20\lg e^{ax}=20ax\lg e=8.7ax \tag{4.17}$$

式中，ΔL_p——声波从 x_1 处传至 x 处的降低量，dB；

L_{p_1}——$x=x_1$ 处的声压级，dB；

p_0——参考声压，dB；

x——声波传播的距离，m；

a——声压衰减系数，dB/cm，参见表 4.1。

例 4.1 一频率为 1000 Hz 的球面声波，经测量知距声源中心 $x_1=10$ m 处的声压级为 120 dB，求距声源 $x=20$ m，100 m，1000 m，2000 m 处的声压级。($a=0.0038$ dB/m)

解 由空气吸收产生的衰减量 ΔL_{p_1} 为

$$\Delta L_{p_1}=8.7a(x_2-x_1)\approx 0.033(x_2-x_1)$$

由声波扩散产生的衰减量 ΔL_{p_2} 为

$$\Delta L_{p_2}=20\lg\frac{x_2}{x_1}$$

则总衰减量为

$$\Delta L_p=\Delta L_{p_1}+\Delta L_{p_2}$$

x 处的声压级 $L_p = L_{p_1} - \Delta L_p$，计算结果列入表 4.2 中。

表 4.2　计算结果

x/m	ΔL_{p_1}/dB	ΔL_{p_2}/dB	ΔL_p/dB	L_p/dB
20	0.3	6	6.3	113.7
100	3	20	23	97
1000	33	40	73	47
2000	66	46	112	8

由例 4.1 可见，在距声源近的地方，声波扩散产生的衰减量占主要部分；在距离声源远的地方，则空气吸收产生的衰减量占主要部分。因此，在噪声控制中，当声波频率不太高(如低于 100 Hz)，传播的距离也不太远(如小于 100 m)时，空气吸收对声波的影响可忽略不计。

例 4.2　已知在距离某点声源 10 m 处，测得 $f=2$ kHz 处有一声压级峰值，其 $L_p=$ 100 dB，拟在该声源附近建一宿舍，已知该地区居住噪声标准为 55 dB($a=0.009$ dB/m)。问：

(1) 在距声源 100 m 处，建此宿舍是否合适?

(2) 若不合适，在不采取其他措施的情况下，应在距声源多远的地方建造?

解　(1) 声波扩散产生的衰减量

$$\Delta L_{p_1} = 20\lg\frac{x_2}{x_1} = 20\lg\frac{100}{10} = 20\ \text{dB}$$

空气吸收产生的衰减量

$$\Delta L_{p_2} = 8.7a(r_2 - r_1) = 8.7 \times 0.009 \times (100-10) \approx 7\ \text{dB}$$

拟建宿舍处达到的声压级为

$$L_p = L_{p_1} - \Delta L_{p_1} - \Delta L_{p_2} = 100-20-7 = 73\ \text{dB}$$

因此，该点的声压级值超过了当地居住噪声标准，在距声源 100 m 处建宿舍不合适。

(2) 设至少应在距离声源 r m 处建宿舍才能达到噪声标准，即在此处建宿舍的声压级应等于 55 dB，故

$$L_{p_1} + L_{p_2} = 100-55$$

即

$$20\lg\frac{r}{10} + 8.7 \times 0.009(r-10) = 45$$

解以上方程得

$$r = 235\ \text{m}$$

故至少应在距声源 235 m 以外的地方建宿舍，才能使宿舍噪声达到居住噪声标准。

4.1.3　风速和温度梯度对噪声传播的影响

根据第 2 章中的声波反射与折射定律，声波从声速大的介质中折入到声速小的介质中时，折射线折向法线；反之，声波从声速小的介质进入声速大的介质中时，折射线折离法线。声波从一种介质进入另一种介质，或声波在同一种介质中传播，只要各处声速不相

同，都会发生折射现象。现在用此理论说明风速和温度梯度对噪声传播的影响。

若把大气分成许多层，则各层间存在温度梯度。而大气中的声速又与绝对温度的平方根成正比，因此，有温度梯度的地方，就存在声速梯度，温度高的地方，声速也高。例如，白天地面吸收太阳的辐射热，地面温度高，声速高，越远离地面，温度变低，声速变慢。当有一声波从声速大的地方进入声速较小的高空大气时，声线渐渐折向法线，向空中弯曲，见图4.4(c)。因此，白天声波在大气中的折射不利于地面上的人听到远处的声音。在晚上，地表向空间辐射热量，温度下降，声速减小，而在离地面较高处仍保持较高的温度，声速也高。声波从声速小的地方进入声速大的地方，折射线折离法线，因此声线向地面弯曲，见图4.4(b)。显而易见，声音在晚上比白天传得远。露天音乐会多在晚上举行是不无道理的。

声波顺风传播时，由于地表对空气运动的摩擦阻尼，高空的风速高于地面的风速；相对于地面，空气声速应加上风速，因此声速随高度增加，从而使声线向下弯曲。声波逆风传播时，相对于地面，空中声速应减去风速，因而随高度增加，声速将减小，从而使声传播方向向上弯曲，见图4.4(a)。由此说明，声波顺风比逆风传得远。

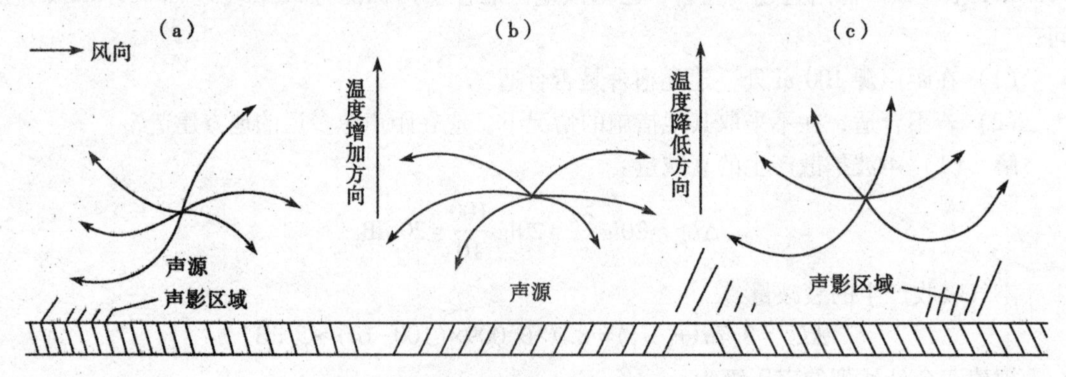

图4.4 风向和温度梯度对声传播的影响

另外，若地面有起伏及附着物，则声波沿起伏或附着物传播时也有一定量的衰减。1000 Hz的声波经过厚实的草地或密实的灌木丛地面时，有高达每百米20 dB的衰减量；经过稀疏的树林时，有每百米3 dB的衰减量。

4.2 声波在管道中的传播

声波在管道中传播时，声波被管壁约束在管道内部不能扩散，可以传播很远的距离。如果波长与管径相比很短，声速会像光速一样从管道中穿过。在工业生产中，噪声通过管道传播的现象很多。例如，风机在用管道送风的过程中，管道要传播风机的噪声；内燃机、燃气轮机、空气压缩机等设备的噪声也要通过进、排气管道传播出去。因此，掌握声波在管道中的传播规律，对噪声控制有非常重要的意义。

4.2.1 管道断面突变声波的反射

管道系统一般由直管、弯头、三通管和变径管组成。声波通过这些管道元件时存在一定限度的自然衰减，有时转化为热能，有时因遇管径突变将声能反射回声源处，降低了管道噪声，如图 4.5 所示。

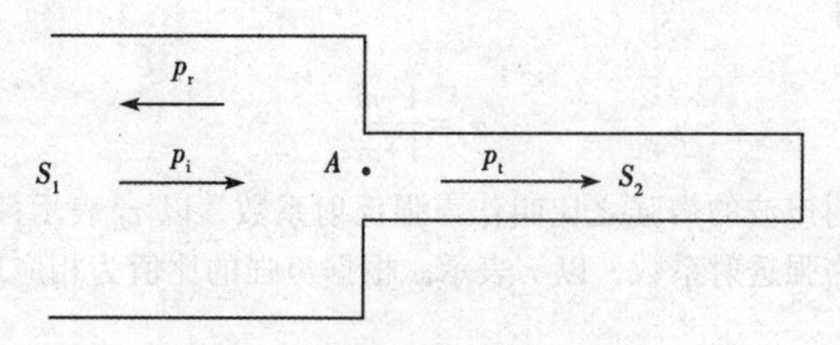

图 4.5　管道横断面突变时声波的反射

设有一平面波从断面为 S_1 的粗管入射到一断面为 S_2 的细管。取管道轴径方向为 x 轴，断面突变处为原点。当入射波 p_i 入射到断面突变处时，将有一部分声波 p_r 反射回去，另有一部分声波 p_t 透射过去，将各个声压的表示式写为

$$\begin{cases} p_i = p_{i,A}\cos(\omega t - kx) \\ p_r = p_{r,A}\cos(\omega t + kx) \\ p_t = p_{t,A}\cos(\omega t - kx) \end{cases} \tag{4.18}$$

式中，$p_{i,A}$，$p_{r,A}$，$p_{t,A}$——入射波、反射波、透射波声压幅值。

声波的反射和透射是在断面突变处发生的。假设在断面突变界面处发生的反射、透射符合以下两个声学边界条件。

① 声压连续。即在断面突变界面处声压连续，界面左侧的声压等于界面右侧的声压，其表示式为

$$p_i + p_r = p_t \tag{4.19}$$

② 体积速度连续。即在断面突变界面处体积速度连续，界面左侧的体积速度等于界面右侧的体积速度，其表示式为

$$S_1 u_i + S_1 u_r = S_2 u_t \tag{4.20}$$

由于管内是一种介质，声速相同，因此各振动质点的振动速度可写为

$$\begin{cases} u_i = \dfrac{p_i}{\rho c} \\ u_r = \dfrac{-p_r}{\rho c} \\ u_t = \dfrac{p_t}{\rho c} \end{cases} \tag{4.21}$$

对沿 x 轴正向传播的入射波与透射波，质点的振动速度与声压同相；而对于沿 x 轴负向传播的反射波，质点的振动速度与声压反相。式(4.21)中的负号表示的就是这个意义。将式(4.21)代入式(4.20)中，得

$$S_1(p_i - p_r) = S_2 p_t \tag{4.22}$$

由式(4.19)和式(4.22)可得

$$\tau_p = \frac{p_r}{p_i} = \frac{S_1 - S_2}{S_1 + S_2} \tag{4.23}$$

式中，τ_p——声压反射系数，它为反射声波的声压与入射声波的声压之比。

令 $m=\dfrac{S_2}{S_1}$，可得

$$\tau_p=\frac{1-m}{1+m} \tag{4.24}$$

反射声波与入射声波的声强之比叫作声强反射系数，以 τ_I 表示；透射声波与入射声波的声强之比叫作声强透射系数，以 τ 表示。根据声强的比值为相应声压比值的平方比，可得

$$\tau_I=(\tau_p)^2=\frac{(1-m)^2}{(1+m)^2} \tag{4.25}$$

$$\tau=1-(\tau_p)^2=\frac{4m}{(1+m)^2} \tag{4.26}$$

当 $S_1 \gg S_2$ 时，$m=\dfrac{S_2}{S_1}\to 0$，$\tau_p\approx 1$，$\tau=0$，这时声波几乎全部反射，透射波几乎等于零；相反，当 $S_1 \ll S_2$ 时，$m\to\infty$，$\tau_p\approx -1$，$\tau=0$，这时声波也几乎反射，实际上由于管口辐射，声波不会全部反射；当 $S_1=S_2$ 时，$\tau_p=0$，$\tau=1$，说明反射声波等于零，入射声波全部透射过去，声波通过界面 A 时无衰减，可以传播得很远。

4.2.2 管道声波的自然衰减

前面讨论的声波能量衰减是通过断面突变实现的。如果管壁是刚性的，且不考虑管壁摩擦等因素，声波在等断面管道中可以无衰减地传播。但是，如果管壁是有摩擦的，尤其在管道内壁衬贴吸声材料后，声波在管中传播时，由于吸声材料的吸声，要产生能量的衰减，衰减量按照式（4.27）计算：

$$L_a=4.34\,\frac{\sigma p}{S}l \tag{4.27}$$

式中，p——管道内壁衬贴吸声材料后的断面周长，m；

S——管道内壁衬贴吸声材料后的管道断面积，m^2；

l——声波在管道中传播的距离，m；

σ——吸声材料的阻抗参数，其可以表示为

$$\sigma=\frac{1-\sqrt{1-\alpha}}{1+\sqrt{1+\alpha}} \tag{4.28}$$

其中，α——吸声材料的吸声系数。

内壁不衬贴吸声材料的管道，也能使声波能量有一定的衰减，其噪声衰减量用式(4.29)计算：

$$L_a=1.1\,\frac{\alpha p}{S}l \tag{4.29}$$

式中，α——管道壁材料的平均吸声系数，其中钢板为0.027，石棉水泥管和矿渣混凝土为0.07，砖风道为0.042，瓷砖为0.025，平滑混凝土为0.015，钢丝网粉刷为0.033。

声波通过弯头管、三通管、变径管头时，声压级衰减量 L_a 分别按照以下各式计算。

（1）三通管。

$$L_a = 10\lg \frac{(1+m_0)^2}{4m_1} \tag{4.30}$$

式中，$m_0 = \frac{S_1+S_2}{S}$；$m_1 = \frac{S_1}{S}$ 或 $m_1 = \frac{S_2}{S}$（其中，S_1，S_2 为三通中两个分支管的断面积；S 为三通中汇合口的断面积）。

图 4.6 为式(4.30)的图形表示形式，以便使用时查找三通管的衰减量 L_a。

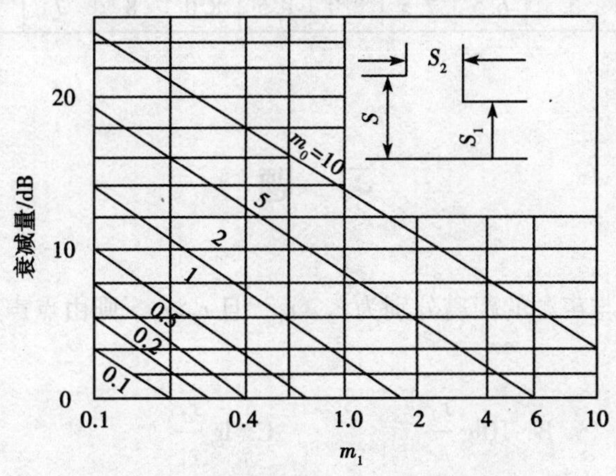

图 4.6　气流噪声通过三通管的衰减量

（2）变径管。

$$L_a = 10\lg \frac{(1+m)^2}{4m} \tag{4.31}$$

式中，$m = \frac{S_2}{S_1}$（其中，S_1 为进气管的断面积，m^2；S_2 为出气管的断面积，m^2）。

图 4.7 为式(4.31)的图形表示形式，供查找 L_a 时使用。

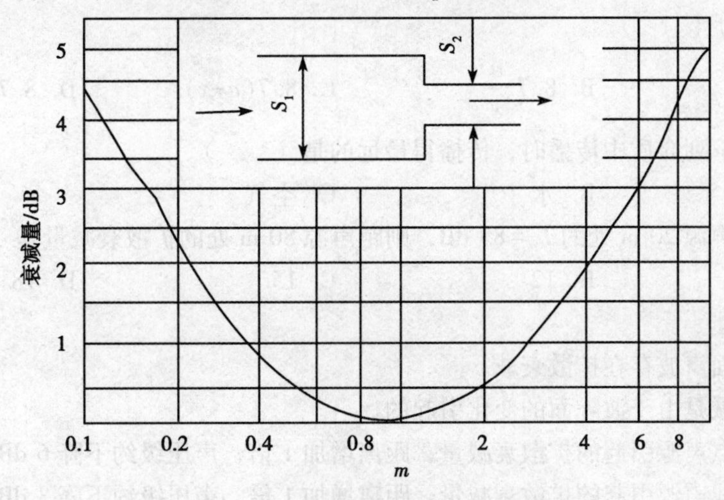

图 4.7　气流噪声通过变径管的衰减量

(3) 弯头管。

内壁衬贴吸声材料的弯头的消声效果明显，可作为消声器使用。对于没衬贴吸声材料的直角弯头，转弯处有较大的曲率半径或在转弯处安装导流叶片时，其消声量可以忽略。不加衬贴吸声材料的直角弯头的噪声衰减量见表 4.3。

表 4.3 不加衬里的直角弯头的衰减量 单位：dB(A)

d/λ	0.1	0.2	0.3	0.4	0.5	0.6	0.8	1.0	1.5	2	3	4	5	6
无规入射	0	0.5	3.5	6.5	7.5	8.0	7.5	6.0	4	3	3	3	3	3
平面波入射	0	0.5	3.5	6.5	7.5	8.0	8.5	8.0	8	7	8	10	11	12

注：λ 为波长，d 为管径。

习 题

一、单选题

1. 点声源外两点与声源的距离分别为 r_2，r_1，且 $r_2>r_1$，则由点声源引起的扩散衰减量为（　　）。

A. $20\lg\frac{r_2}{r_1}$　　B. $10\lg\frac{r_2}{r_1}$　　C. $\lg\frac{r_2}{r_1}$　　D. $20\lg(r_2-r_1)$

2. 线声源外两点与声源的距离分别为 r_2，r_1，且 $r_2>r_1$，则由线声源引起的扩散衰减量为（　　）。

A. $20\lg\frac{r_2}{r_1}$　　B. $10\lg\frac{r_2}{r_1}$　　C. $\lg\frac{r_2}{r_1}$　　D. $10\lg(r_2-r_1)$

3. 根据声波吸收衰减规律，公式 $p_e=p_0e^{-ax}$ 中 a 的含义是（　　）。

A. 声压反射系数　　B. 声强衰减系数　　C. 声压衰减系数　　D. 声强透射系数

4. 若声压衰减系数为 a，介质的厚度为 x，根据声波吸收衰减规律，吸收衰减量的计算公式可表示为（　　）。

A. $8.7ax$　　B. $8.7\frac{a}{x}$　　C. $8.7(a-x)$　　D. $8.7(a+x)$

5. 声波在下列介质中传播时，传播得最远的是（　　）。

A. 钢材　　B. 水　　C. 空气

6. 若距点声源 20 m 处的 $L_p=85$ dB，则距声源 80 m 处的扩散衰减量是（　　）dB。

A. 10　　B. 12　　C. 15　　D. 18

二、判断题

1. 理想平面声波存在扩散衰减。（　　）
2. 扩散衰减是由于波阵面的变化引起的。（　　）
3. 对于由点声源引起的扩散衰减量，距离增加 1 倍，声压级约下降 6 dB。（　　）
4. 对于由线声源引起的扩散衰减量，距离增加 1 倍，声压级约下降 3 dB。（　　）
5. 平面波、球面波、柱面波均存在吸收衰减。（　　）
6. 线声源的波阵面是圆球面。（　　）

7. 吸收衰减是声波传播过程中由于介质的内摩擦、黏滞性、导热性，声能量不断被介质吸收引起的声能衰减。（　）

8. 声压衰减系数与介质的黏滞系数、声速、比热容等各种因素有关。（　）

9. 频率越大，声压衰减系数越小。（　）

10. 声速越大，声压衰减系数越小。（　）

11. 声波在管道中传播时，由于声波被约束在管道里，故可以传播得很远。（　）

12. 声强衰减系数是声压衰减系数的 2 倍。（　）

13. 扩散衰减量的大小与声源声功率有关。（　）

14. 吸声衰减量的大小与声源声功率有关。（　）

三、简答题

1. 声波在大气中传播时，有哪几种衰减？

2. 为什么声波在钢材中比在空气中传播得既快又远？

3. 声波在大气中和管道中传播时，在何处传播得远？为什么？

四、计算题

1. 已知频率为 4000 Hz 的球面波，距离声源中心 $r_0=5$ m 处的声压级 $L_p=120$ dB，求距声源中心 r 分别为 50，100，500 m 处的声压级。（$a=1.26$ dB/km）

2. 距点声源 5 m 处的声压级为 90 dB，间距声源多远时，声压级才能降到 50 dB(忽略吸收衰减)？

3. 有一直线风道为石棉水泥管(声压衰减系数为 0.07 dB/m)，长 95 m，直径为 300 mm。

（1）求声波通过风道的衰减量。

（2）若换作钢板(声压衰减系数为 0.027 dB/m)制作，此时的声波通过风道的衰减量为多少？

4. 在一工厂附近拟建一宿舍。在工厂边界 10 m 处测得 $f=1000$ Hz 时，有一峰值噪声，其值为 92 dB。若该地区的平均温度为 $t=20$ ℃、相对湿度为 $\varphi=30\%$(声压衰减系数为 0.004 dB/m)，问该宿舍应建在距工厂多远的地方？(宿舍周围噪声标准为 50 dB)

五、思考论述题

劳动人民的智慧是无穷的。在红色经典电影《地道战》中，连接地道的竹管子成为了当时有效的通信通道，请利用声波在管道中的传播规律论述其有效可行的原因。

第 5 章　室内声学原理

5.1 室内声学的特点

声音在露天与室内的音质效果完全不一样。首先，同样的声源在室内要比室外响。例如，一台设备在露天为 90 dB，移至室内后，其声级将提高到 100 dB 或 105 dB，即增加了 10~15 dB，原因是室内各界面所产生的反射声起到声音叠加的作用，从而使室内总声级提高。其次，声场不一样。在露天，离声源越远声音越小；在室内一定范围内，则相差不大。可见，室内有它自己的声学特点，必须加以研究。

如图 5.1 所示，仅取由声源发出的一束声波来了解室内声场的情况。由声源发出的声线在碰到壁面以前是沿直线传播的，碰到壁面后，就按照等于入射角的反射角方向反射。声束在新的方向继续传播一定的距离后，碰到了另一壁面就再进行反射，如此继续下去，声波在房间内到处乱窜，使房间内任何位置上都有声波传播、界面的反射与吸收，形成室内声学的特点。

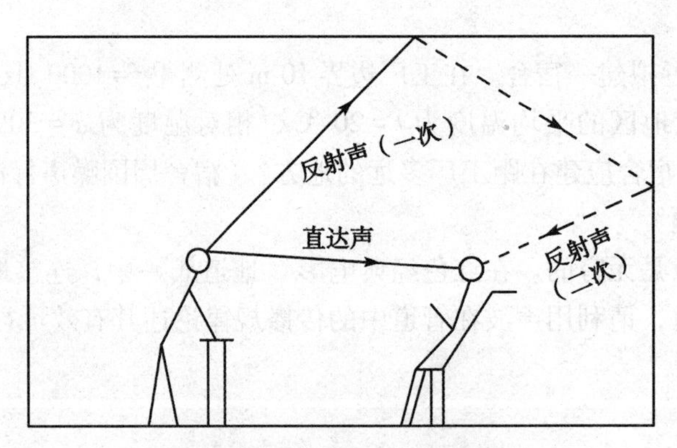

图 5.1　室内直达与混响声场

由图 5.1 中可见，人耳首先听到的是直达声，由直达声波组成的声场称为直达声场。直达声场仅与声源和距离有关。经过壁面的一次或多次反射后到达听者的声音，听起来好像是直达声的延续，称为混响声。由混响声组成的声场称为混响声场或反射声场。由图 5.1 可知，混响声场的强烈依赖于房间的大小和房内各个表面的反射性。显然，房间内的声场很复杂，它不会再遵循自由声场中的传播规律，因此对室内声场通过波动方程获得声学规律比较困难，需要用一种声学统计的方法进行处理。

根据室内声学特点，室内声波的传播处于无规则状态，声波在室内“乱窜”。统计学观点认为，声波通过任何位置、任何方向的概率都是相同的，在同位置各声线相遇的相位也是无规则的。因此，室内声场的平均能量密度分布是均匀的。这种统计平均的均匀声场称为扩散声场。

一个声源在室内稳定地发声时，房间内的声能将稳定地累积起来，各处的声能密度将随着时间的延长而逐渐增大。但由于壁面和空气的吸声作用，声能密度随着时间的延长被吸收的声能也越多，因此当声源每秒提供给混响声场的能量正好补偿单位时间内被壁面与空气吸收掉的能量时，就称这时的声能密度达到了稳定状态，且把此稳定状态时的声能密度称为混响平均声能密度。达到稳定状态的时间，理论上要经过无穷长的时间，实际上只要经过几秒就与稳定状态比较接近了。这时，如果突然关闭声源，房间内的声音并不立即停止，而是将延续一段时间，声能才逐渐衰减到听不见声音。这种声音的延续称为混响。室内声场的声能量增加、稳定直至衰减的过程可用图 5.2 表示。从图 5.2 中可以看出，声源开启后声场能量增加得比较快，仅 0.2 s 左右就能达到稳定值的 95%以上；而声场能量的衰减要花更长的时间，这就是为什么在具有长时间混响的大厅里会有“余音绕梁，三日不绝”现象的原因。声源关闭后，室内声压级降低 60 dB 所需要的时间称为混响时间。室内声音混响的时间太长，将使人产生模糊不清、乱成一片的感觉，对语言的清晰度将产生严重的影响；如果混响的时间太短，会使人感到声音干涩无力，音质太差，但语言清晰度高。因此在设计音乐厅等声学场所时要选择最佳的混响时间。

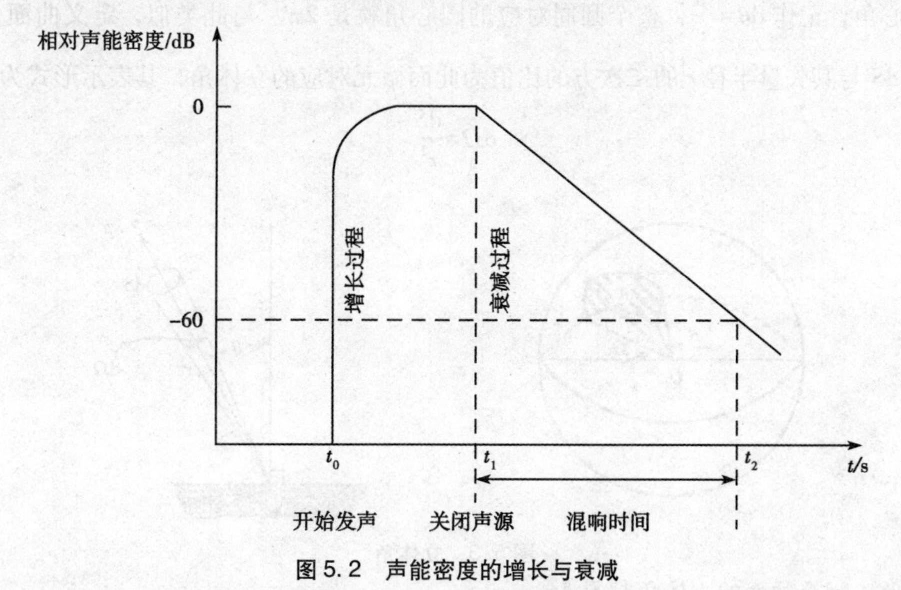

图 5.2　声能密度的增长与衰减

应当指出的是，如果直达声与第一次反射声之间或者到达的两个反射声之间在时间上相差 50 ms 以上，且反射声的强度足够大，使听者能分辨出两个声音的存在，那么这种延迟的反射声称为回声。回声与混响不同，回声影响室内的听声效果，混响能加强室内的音质。

1959 年，人民大会堂的建造工作已接近尾声，作为庆祝新中国成立十周年的献礼，这项工程只许成功，不能失败。在一群忙碌的工人中，有一位稍显突兀的身影，他戴着厚厚的眼镜，不时地在笔记本上演算，偶尔抬起头来四处打量刚刚粉刷完的会场大厅。他负责的是大会堂的音响设计，上级提出的要求十分明确：要保证在万人大礼堂内，任何一个角落都能听清来自主席台的声音。人民大会堂采用的是穹顶设计，其主会场的体积达九万立方米，如此空旷的环境必定会产生回音，影响会场听声的清晰度。经过分析研究，他选择将音源进行分散处理，这一设计最终成功解决了会场的回声问题。在音质提升方面，他又创设出一套多声道系统，在显著降低回声的同时，保证了声音的保真度。人民大会堂的这两套声源系统经受住了时间的考验，一直沿用至今。其设计者，就是我国著名的声学家、教育家马大猷院士。大学生在学习、科研和生活过程中，要向老一辈科学家看齐，学习他们艰苦朴素、不怕失败的精神。

5.2 混响时间的计算

室内存在混响是有界空间的一个重要声学特性，在无界空间中是不存在这一现象的。

5.2.1 立体角

如图 5.3 所示的由一个锥面所围成的空间部分 Ω 称为“立体角”。立体角是以锥面的顶点为圆心，半径为 R 的球面被锥面所截得的面积 A 来度量的，度量单位称为“立体弧度”。它和平面角的定义类似。在平面上定义一段弧微分 $\mathrm{d}l$ 与其矢量半径 r 的比值为其对应的圆心角，记作 $\mathrm{d}\theta=\frac{\mathrm{d}l}{r}$，整个圆周对应的圆心角就是 2π。与此类似，定义曲面上的面积微元 $\mathrm{d}S$ 与其矢量半径 r 的二次方的比值为此面微元对应的立体角，其表示形式为

$$\mathrm{d}\Omega=\frac{\mathrm{d}S}{r^2} \tag{5.1}$$

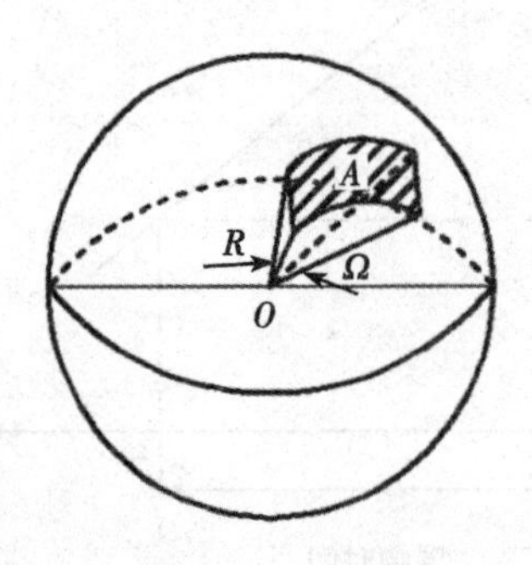

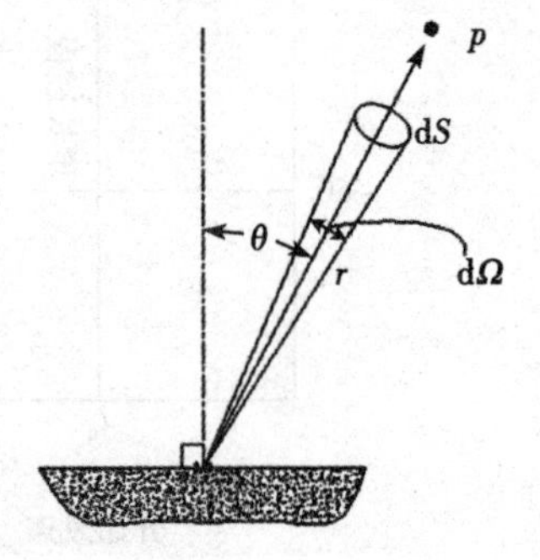

图 5.3 立体角

因此，闭合球面的立体角都是 4π。

5.2.2 平均自由程

设在室内一声源发射声波，声波以声线方式向各个方向传播。一条声线在 1 s 内能经过多次的壁面反射。声线在壁面上相邻两次反射之间的平均距离或声波每与壁面发生一次反射应走的路程，称为平均自由程。

设如图 5.4 所示的长方体空间的长、宽、高各为 L_x，L_y，L_z，它们分别与坐标轴 x，y，z 轴方向一致。假定声源 M 发出一声线 MP，MP 与 z 轴成 θ 角，MP 在 xOy 平面内的投

影 MP' 与 x 轴成 φ 角。

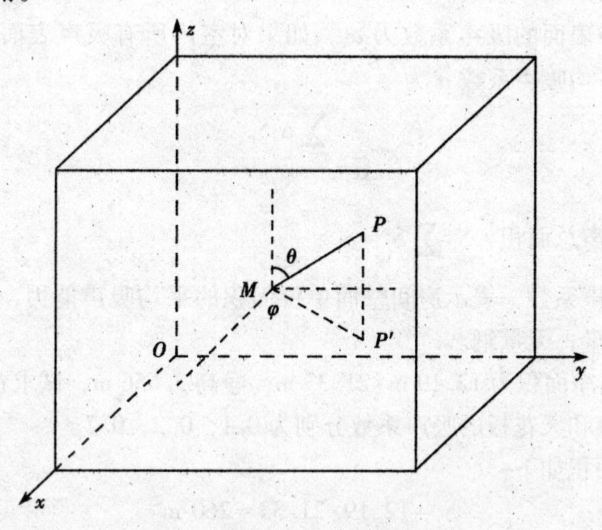

图 5.4　推导平均自由程公式用图

声线的运动速度为声速 c，c 在 x，y，z 轴上的分量分别为 $c\sin\theta\cos\varphi$，$c\sin\theta\sin\varphi$，$c\cos\theta$，而声线对于任意垂直对立的壁面每秒的碰撞数应是声速 c 在这些壁面的垂直分量被其距离来除，因此与 x，y，z 轴垂直的壁面相对应的碰撞数应为 $\frac{c\sin\theta\cos\varphi}{L_x}$，$\frac{c\sin\theta\sin\varphi}{L_y}$，$\frac{c\cos\theta}{L_z}$。

设声源 M 在 1 s 内发射了 $4\pi n$ 条声线，其中 n 为单位立体角内的声线数。这样投入到 $(\theta|\varphi)$ 方向在立体角 $d\Omega=\sin\theta d\theta d\varphi$ 内的声线数应等于 $n\sin\theta d\theta d\varphi$。因此，每秒微分立体角 $d\Omega$ 内的所有声线与壁面碰撞的总次数为 $\left(\frac{c\cos\theta}{L_z}+\frac{c\sin\theta\sin\varphi}{L_y}+\frac{c\sin\theta\cos\varphi}{L_x}\right)\sin\theta d\theta d\varphi$。对整个空间进行积分，可得声源每秒发出的所有声线与壁面碰撞的总次数 N 为

$$N=8\int_0^{\frac{\pi}{2}}\int_0^{\frac{\pi}{2}}n\left(\frac{c\cos\theta}{L_z}+\frac{c\sin\theta\sin\varphi}{L_y}+\frac{c\sin\theta\cos\varphi}{L_x}\right)\sin\theta d\theta d\varphi \tag{5.2}$$

室内所有声线在 1 s 内通过的总距离或走的总路程 l 为 $4\pi nc$，因而用它来除以每秒的声线碰撞总数 N，就可以得到平均自由程 $\bar{L}$：

$$\bar{L}=\frac{l}{N}=\frac{4\pi nc_0}{n\pi c_0\frac{S}{V}}=\frac{4V}{S} \tag{5.3}$$

从式(5.3)中可见，$\bar{L}$ 仅与房间的几何参数 S，V 有关，而与声源 M 无关。S 是房间壁面的总面积，包括墙壁、地面和天花板，但不包括房间内任何东西，如人、桌、椅等；V 是房间的体积。从统计意义上讲，声波在室内每传播一个平均自由程的距离，就在壁面反射一次。

5.2.3　壁面平均吸声系数

现暂不考虑空气对声波的吸收，只考虑壁面对声波的吸收。被壁面吸收的能量与入射

能量的比值称为壁面的吸声系数。

设对应于某吸声表面的吸声系数为 α_i，如果对室内所有吸声表面的吸声系数进行平均，则可得室内的平均吸声系数 $\overline{\alpha}$ 为

$$\overline{\alpha}=\frac{\sum\limits_{i=1}\alpha_i S_i}{S} \tag{5.4}$$

式中，S——壁面吸声总面积，$S=\sum\limits_{i=1} S_i$，m^2；

$\overline{\alpha}$——平均吸声系数，表示房间壁面单位面积的平均吸声能力，也称单位面积的平均吸声量，无量纲。

例 5.1 某房间净面积为 12.19 m×21.33 m，净高 3.656 m，试求在 1000 Hz 时的平均吸声系数。地板、墙和天花板的吸声系数分别为 0.1，0.2，0.7。

解 各表面的面积如下：

地板或天花板： $S_1=12.19\times 21.33\approx 260\ m^2$

墙面： $S_2=(12.19\times 2+21.33\times 2)\times 3.656\approx 245.09\ m^2$

根据式(5.4)，得

$$\overline{\alpha}=\frac{(260\times 0.1)+(245.2\times 0.2)+(260\times 0.7)}{260+245.2+260}\approx 0.34$$

5.2.4 混响时间的计算

设声源停止时刻 $t=0$，此时室内的平均能量密度为 $\overline{\varepsilon_0}$，房间的平均吸声系数为 $\overline{\alpha}$，那么经过第一次壁面反射后的室内平均能量密度为 $\overline{\varepsilon_1}=\overline{\varepsilon_0}(1-\overline{\alpha})$，第二次反射后变为 $\overline{\varepsilon_2}=\overline{\varepsilon_1}(1-\overline{\alpha})$，根据数学归纳法，在第 N 次反射后，室内的平均能量密度为

$$\overline{\varepsilon_N}=\overline{\varepsilon_0}(1-\overline{\alpha})^N \tag{5.5}$$

已知房间的平均自由程为 $\overline{L}$，室内声线在 1 s 内发生的反射次数应是速度除以平均自由程，即 $\frac{c_0}{\overline{L}}=\frac{c_0 S}{4V}$，在 t 秒内发生的反射次数应为

$$N=\frac{c_0}{\overline{L}}t=\frac{c_0 S}{4V}t \tag{5.6}$$

将 N 的值代入式(5.5)，可得经 t 秒后房间的平均能量密度为

$$\overline{\varepsilon_t}=\overline{\varepsilon_0}(1-\overline{\alpha})^{\frac{c_0 S}{4V}t} \tag{5.7}$$

因为在扩散声场中各点的平均能量密度可以看成由许多互不相干的声线的平均能量密度的叠加，所以其总平均能量密度与总有效声压平方的关系为

$$\overline{\varepsilon}=\frac{p_e^2}{\rho_0 c_0^2} \tag{5.8}$$

则式(5.7)可表示为

$$p_e^2=p_{e0}^2(1-\overline{\alpha})^{\frac{c_0 S}{4V}t} \tag{5.9}$$

式中，p_e——室内某时刻 t 的有效声压；

p_{e0}——$t=0$ 时的有效声压。

将式中的声压表示为声压级的形式，可得到室内经过 t 时间后声压级的降低量为

$$L_{p_e}-L_{p_{e0}}=10\lg\frac{p_e^2}{p_{e0}^2}=10\lg(1-\overline{\alpha})^{\frac{c_0S}{4V}t} \tag{5.10}$$

根据前述混响时间 T_{60} 的定义，即声源停止发声后从初始声压级降低 60 dB 所需的时间，当室内声源停止发声后，在 T_{60} 时间间隔内声压级的降低量为 60 dB，参照式(5.10)可得到

$$10\lg(1-\overline{\alpha})^{\frac{c_0S}{4V}T_{60}}=-60 \tag{5.11}$$

解以上方程得

$$T_{60}=0.161\frac{V}{S\ln(1-\overline{\alpha})} \tag{5.12}$$

式(5.12) 是在令 $c_0=344$ m/s 时求出的，这个公式称为 Eyring 混响公式。对于没有经过吸收处理的房间而言，室内壁面的平均吸声系数 $\overline{\alpha}$ 较小[即 $\ln(1-\overline{\alpha})\approx-\overline{\alpha}$]，式(5.12)可简写为

$$T_{60}\approx0.161\frac{V}{S\overline{\alpha}} \tag{5.13}$$

这就是 Sabine 公式。

一般常常根据要求的最佳混响时间和房间尺寸，按照式(5.13)来估计房间的吸声量，然后根据壁面情况选择吸声材料。通过测定房间的混响时间，也可以根据式(5.13)来计算壁面的平均吸声系数。

例 5.2　一房间的净尺寸长、宽、高分别为 6.096 m、4.57 m 和 3.66 m，如果平均吸声系数为 0.2，则房间的混响时间为多少?

解　根据题意，房间体积为

$$V=6.096\times4.57\times3.66\approx101.96\ \text{m}^3。$$

房间表面积：

$$S=(6.096\times4.57)\times2+(6.096\times3.66)\times2+(4.57\times3.66)\times2\approx133.793\ \text{m}^2$$

根据式(5.13)可得

$$T_{60}=0.161\times\frac{101.96}{133.793\times0.2}\approx0.61\ \text{s}$$

5.2.5　空气吸收对混响时间的修正

上述所讨论的计算混响时间的公式仅适用于房间较小、频率又比较低的情况。对于房间较大、声音频率较高的房间，需要考虑空气对声波的吸收，也就是空气对混响时间的影响。

设声线所携带的平均声强为 I，传播方向为 x。由 $\frac{I}{I_0}=e^{-2\alpha x}$，$p_e=p_0e^{-\alpha x}$ 可知，室内声强按照指数衰减。当声波在空间传播了 $x=c_0t$ 距离时，由于介质的吸声，随着距离的增大，声强减小，室内的声能密度也存在衰减。考虑传播距离 x 的吸收衰减后，室内平均声能密度的表达式为

$$\overline{\varepsilon}=\overline{\varepsilon_0}\mathrm{e}^{-2\alpha c_0 t} \tag{5.14}$$

因此，考虑到介质吸声后，室内的平均能量密度随时间的总衰减规律可由式(5.7)改写成

$$\overline{\varepsilon_t}=\overline{\varepsilon_0}(1-\overline{\alpha})^{\frac{c_0 S}{4V}t}\mathrm{e}^{-2\alpha c_0 t} \tag{5.15}$$

按照混响时间的定义，由式（5.15）可解得

$$T_{60}=5.52\frac{V}{-Sc_0\ln(1-\overline{\alpha})+8\alpha V} \tag{5.16}$$

当 $\overline{\alpha}$ 较小时，取 $c_0=344$ m/s，则式(5.16)可近似为

$$T_{60}=0.161\frac{V}{S\overline{\alpha}+8\alpha V} \tag{5.17}$$

这就是修正后的Sabine公式，为避免混淆，用符号 m 代替空气的声强吸收系数 $2\overline{\alpha}$，因而式(5.17)可变为

$$T_{60}=0.161\frac{V}{S\overline{\alpha}+4mV}$$

或

$$T_{60}=0.161\frac{V}{S\alpha^{\#}} \tag{5.18}$$

式中，$\alpha^{\#}$——等效平均吸声系数，$\alpha^{\#}=\overline{\alpha}+\dfrac{4mV}{S}$。

声强吸收系数 m 不仅与介质的性质有关，还是声波频率的函数。一般地，频率越高，吸收系数增加得越快。当频率低于1000 Hz时，介质的吸收一般可以忽略不计。空气温度为20 ℃时，在不同的频率和相对湿度下，乘积 $4m$ 的实验值如表5.1所列。

表5.1　20 ℃时不同频率及相对湿度下的 $4m$ 的实验值

相对湿度	$4m$ 的实验值/m^{-1}		
	2000 Hz	4000 Hz	6300 Hz
30%	0.01187	0.03794	0.08398
40%	0.01037	0.02870	0.06238
50%	0.00960	0.02444	0.05033
60%	0.00901	0.02243	0.04340
70%	0.00851	0.02131	0.03998
80%	0.00807	0.02042	0.03757

例5.3　已知混响室的容积为94.5 m^3，壁面吸声系数为0.01，总面积为127.5 m^2，试估计500 Hz和4000 Hz时的混响时间。设空气的温度为20 ℃，相对湿度为50%。

解　壁面吸声系数 $\overline{\alpha}=0.01$，因为 $f=500$ Hz，频率在1000 Hz以下，故空气的吸声不计，所以有

$$T_{60}=0.161\frac{V}{S\overline{\alpha}}=0.161\times\frac{94.5}{127.5\times0.01}\approx12\ \mathrm{s}$$

$f=4000$ Hz时，查表5.1得 $4m=0.02444\ \mathrm{m}^{-1}$，所以

$$T_{60}=0.161\frac{V}{S\overline{\alpha}+4mV}=0.161\times\frac{94.5}{127.5\times0.01+0.02444\times94.5}\approx4.2\text{ s}$$

5.3 稳态声场

5.3.1 稳态混响平均声能密度

设声源的平均辐射功率为 W，由式(2.79)可知室内声场中直达声的平均声能密度 $\overline{\varepsilon_D}$ 为

$$\overline{\varepsilon_D}=\frac{W}{Sc_0} \tag{5.19}$$

式中，S——波阵面的面积。

当波阵面为球面时，式(5.19)可表示为

$$\overline{\varepsilon_D}=\frac{W}{c_0 4\pi r^2} \tag{5.20}$$

式中，r——接收点到声源的距离。

设混响平均声能密度为 $\overline{\varepsilon_R}$，根据平均自由程的定义，在等效平均吸声系数为 $\alpha^{\#}$ 的壁面上 1 s 的反射次数为$\frac{c_0S}{4V}$。那么，在室内每秒被吸收掉的混响平均声功率为 $\overline{\varepsilon_R}V\alpha^{\#}\frac{c_0S}{4V}$。同时，在第一次反射中被吸收的平均功率为 $W\alpha^{\#}$，剩余的部分将提供给混响声场，故由声源提供给混响声场部分的平均功率为 $W(1-\alpha^{\#})$。

当混响声场达到稳定时，单位时间声源提供给混响声场的声能量等于单位时间混响声场中被吸收掉的声能量，故存在动态平衡条件：

$$W(1-\alpha^{\#})=\overline{\varepsilon_R}V\alpha^{\#}\frac{c_0S}{4V} \tag{5.21}$$

由式(5.21)解得

$$\overline{\varepsilon_R}=\frac{4W(1-\alpha^{\#})}{c_0\alpha^{\#}S} \tag{5.22}$$

令 $R=\frac{S\alpha^{\#}}{1-\alpha^{\#}}$，则式(5.22)为

$$\overline{\varepsilon_R}=\frac{4W}{Rc_0} \tag{5.23}$$

式中，R——房间常数，m^2。

由式(5.22)可以看到，稳态混响平均声能密度与声源的平均辐射功率成正比，与房间常数成反比。同时根据房间常数的定义式可以看出，R 与 $\alpha^{\#}$ 有关，$\alpha^{\#}$ 越大，R 就越大。

室内声场是直达声与混响声的叠加，由于直达声与混响声是互不相干的，因此它们在室内的叠加应表现为它们的能量密度的叠加。根据式(5.23)和式(5.19)，可以得出稳态声场的总声能密度为

$$\overline{\varepsilon}=\overline{\varepsilon_D}+\overline{\varepsilon_R}=\frac{W}{Sc_0}+\frac{4W}{Rc_0} \tag{5.24}$$

当为点声源辐射出的球面波时，总声能密度为

$$\overline{\varepsilon}=\overline{\varepsilon_D}+\overline{\varepsilon_R}=\frac{W}{c_0}\left(\frac{4}{R}+\frac{1}{4\pi r^2}\right) \tag{5.25}$$

若考虑声源的指向特性，式(5.25)可变为

$$\overline{\varepsilon}=\overline{\varepsilon_D}+\overline{\varepsilon_R}=\frac{W}{c_0}\left(\frac{4}{R}+\frac{Q}{4\pi r^2}\right) \tag{5.26}$$

5.3.2 稳态声场总稳态声压级

根据上述稳态声场中直达声场和混响声场的声能密度，可分别计算稳态声场中直达声的声压级和混响声的声压级。

5.3.2.1 直达声场的声压级

因为 $\overline{\varepsilon}=\frac{p_e^2}{\rho_0 c_0^2}$，所以可把式(5.20)改写为

$$p_e^2=\rho_0 c_0\frac{W}{4\pi r^2} \tag{5.27}$$

根据声压级及声功率级的定义式，可得到

$$L_p=10\lg p_e^2-20\lg(2\times10^{-5}) \tag{5.28}$$

$$L_W=10\lg W-10\lg 10^{-12}=10\lg W+120 \tag{5.29}$$

将式(5.27)代入式(5.28)整理可得到

$$L_{pD}=10\lg\frac{\rho_0 c_0 W}{4\pi r^2}-20\lg(2\times10^{-5})=10\lg W+10\lg(\rho_0 c_0)+10\lg\frac{1}{4\pi r^2}-20\lg(2\times10^{-5}) \tag{5.30}$$

进一步整理可得

$$L_{pD}=L_W-120+10\lg(\rho_0 c_0)+10\lg\frac{1}{4\pi r^2}-20\lg(2\times10^{-5}) \tag{5.31}$$

在通常的湿度及气压下，空气的特性阻抗为 $\rho_0 c_0=400$ Pa·s/m，即将 $\rho_0 c_0$ 的值代入式(5.31)，并经整理得

$$L_{pD}=L_W+10\lg\frac{1}{4\pi r^2} \tag{5.32}$$

式(5.32)的误差一般在0.2 dB以内。

5.3.2.2 混响声场的声压级

根据 $\overline{\varepsilon_R}=\frac{4W}{Rc_0}$ 和 $\overline{\varepsilon_R}=\frac{p_e^2}{\rho_0 c_0^2}$ 两个方程，用上述求直达声场声压级的方法，也可求出混声声场的声压级为

$$L_{pR}=L_W+10\lg\frac{4}{R} \tag{5.33}$$

5.3.2.3 稳态声场的总稳态声压级

同理，根据式(5.26)，用求直达声场声压级的方法，可求得总声压级为

$$L_p=L_W+10\lg\left(\frac{Q}{4\pi r^2}+\frac{4}{R}\right) \tag{5.34}$$

从式(5.34)中可以看到，室内总声压级与离声源的距离 r 的关系同自由声场不一样。当 r 较小，满足$\frac{1}{4\pi r^2} \gg \frac{4}{R}$时，总声压级以直达声为主，混响声可以忽略；反之，当 r 较大，满足$\frac{1}{4\pi r^2} \ll \frac{4}{R}$时，总的声压级就以混响声为主，直达声可以忽略，此时总声压级与 r 无关。如果$\frac{1}{4\pi r^2} = \frac{4}{R}$，则

$$r = r_0 = \frac{1}{4}\sqrt{\frac{R}{\pi}} \tag{5.35}$$

式中，r_0 称为临界距离。当 $r = r_0$ 时，直达声与混响声大小相等；当 $r > r_0$ 时，混响声起主导作用；当 $r < r_0$ 时，直达声起主导作用。

从式(5.35)中可以看出，r_0 与$\sqrt{R}$成正比。若 R 相当小，则室内大部分区域是混响声场；反之，若 R 相当大，房间中大部分是直达声场。可见，房间常数 R 是描述房间声学特性的一个重要参数。

同时，可以把式(5.34)变为

$$L_p - L_W = 10\lg\left(\frac{Q}{4\pi r^2} + \frac{4}{R}\right) \tag{5.36}$$

式(5.36)可由图 5.5 表示。从图 5.5 中可以看到，当 r 在 1 m 以内时，声压级与房间是否存在没有多大的差别，即与 R 无关，而仅与 r 有关；但当 r 在 6 m 以外时，声压级就基本上与距离无关了，这时声压级主要由房间常数 R 决定。由此可知，当离声源近时，直达声场占主要地位；当 r 逐渐增大时，房间的影响相对增强；当离声源中心的距离增加到一定程度时，房间内的混响声场转化为占主要地位。

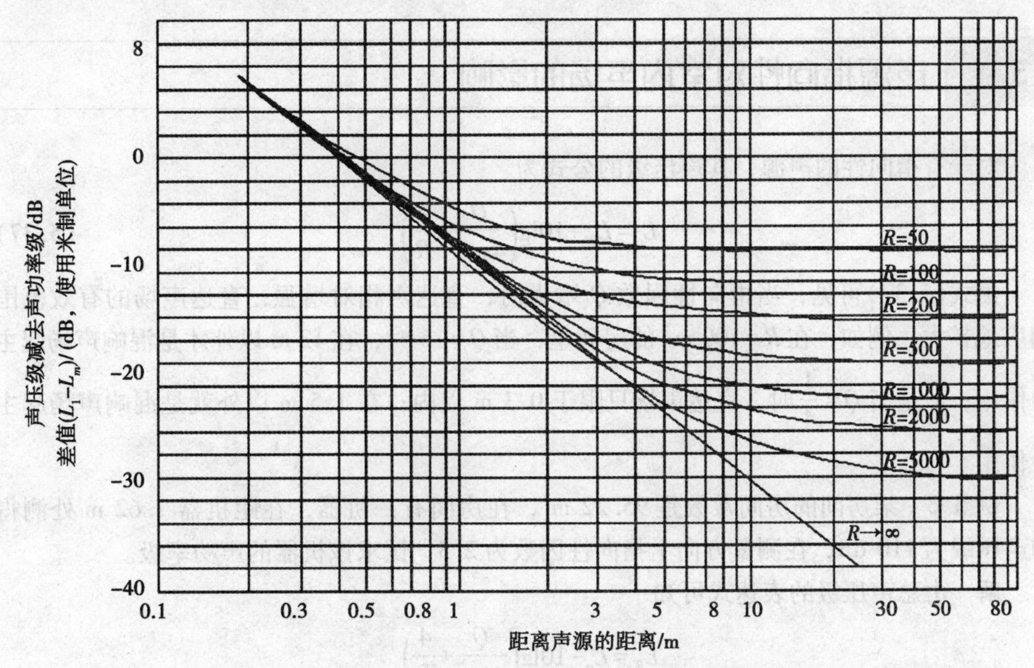

图 5.5　声压级和声功率之间的差与声源距离之间的关系

例 5.4　在房间常数 $R=46.45\ m^2$ 的房间内，有一个 120 dB 声功率级的各向同性声源。

（1）求距离声源 3.048 m 处的 L_p；

（2）若声源位于自由空间中，距离声源 3.048 m 处的 L_p 是多少？

解　（1）房间常数 $R=46.45\ m^2$，声源为各向同性声源，$Q=1$。在 $r=3.048$ m 处，由图 5.5 查得 $L_p-L_W=-10.4$ dB。又已知 $L_W=120$ dB，故得 $L_p=120-10.4=109.6$ dB。

（2）在自由空间 $R=+\infty$，$Q=1$ 时，在 $r=3.048$ m 处，由图 5.5 查得 $L_p-L_W=-21$ dB，故自由空间时的声压级为 $L_p=120-21=99$ dB。

根据上述两种情况下的声压级，由于室内存在混响声场，因此室内的声压级明显高于自由空间内的声压级。

例 5.5　某房间长和宽分别为 15 m 和 20 m，净高为 3 m，混响时间为 2 s，求房间的房间常数。

解　根据房间常数 $R=\dfrac{\alpha^{\#}S}{1-\alpha^{\#}}$和混响时间 $T_{60}=0.161\dfrac{V}{S\alpha^{\#}}$，可得

$$R=\frac{S}{\dfrac{T_{60}S}{0.161V}-1}$$

在某些情况下，根据测量的混响时间，用上式解出房间常数较为方便。在这个例子中，$S=810\ m^2$，$V=900\ m^3$，$T_{60}=2$ s，代入上式得

$$R=\frac{810}{\dfrac{2\times810}{0.161\times900}-1}=80\ m^2$$

5.4　声源指向性对室内声场的影响

对于有指向性的声源，其声压级的公式为

$$L_p=L_W+10\lg\left(\frac{Q}{4\pi r^2}+\frac{4}{R}\right) \tag{5.37}$$

由式(5.37)可见，当指向性因数 Q 增大时，直达声相对增强，直达声场的有效范围相应地扩大。例如，在 $R=100\ m^2$ 的房间里，当 $Q=16$ 时，在 12 m 以外才是混响声场起主导作用；但是当 $Q=\dfrac{1}{4}$时，直达声场只限于 0.3 m 以内；在 1.5 m 以外就是混响声场起主导作用。

例 5.6　某房间的房间常数是 95.22 m²，在房间有一机器，在距机器 7.62 m 处测得的声压级为 110 dB，在测量方向上指向性因数为 2.5，试求该机器的声功率级。

解　由总声压级的表达式可知

$$L_W=L_p-10\lg\left(\frac{Q}{4\pi r^2}+\frac{4}{R}\right)$$

因此

$$L_W = 110-10\lg\left(\frac{2.5}{4\pi\times7.62^2}+\frac{4}{95.22}\right) = 124\ \text{dB}$$

如果希望得到的是声功率，根据声功率级的定义式，可得

$$W = W_0 10^{\frac{L_W}{10}} = 10^{-12}\times10^{12.4} = 2.5\ \text{W}$$

5.5 隔墙的噪声降低

在车间常常用隔音墙把吵闹的房间和需要安静的房间区分开，如果设 L_{p_1} 和 L_{p_2} 分别为房间 1 和房间 2 靠近隔墙处的声压级，则隔墙的噪声降低量的表达式为

$$L_{p_1} - L_{p_2} = NR \tag{5.38}$$

如图 5.6 所示，在房间 1 内设有一噪声源，它在靠近墙壁处产生的混响声压级 L_{p_1}（忽略直达声场）为

$$L_{p_1} = L_{W_1} + 10\lg\frac{4}{R_1} \tag{5.39}$$

式中，R_1——房间 1 的房间常数，且$\frac{4}{R_1}\gg\frac{Q}{4\pi r^2}$，其中 r 为房间 1 中的声源到所研究的点（即 L_{p_1} 处）的距离。

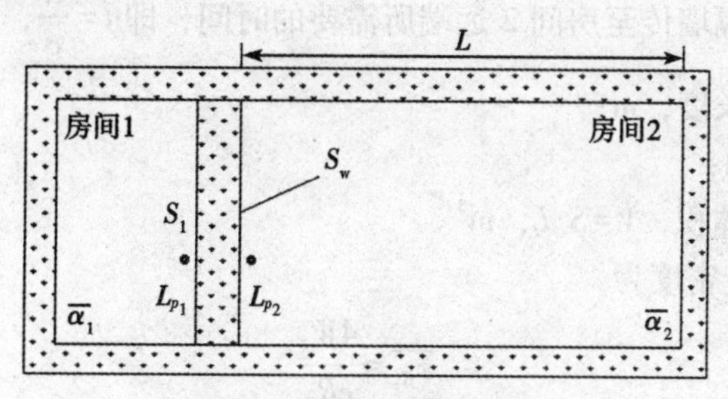

图 5.6 隔墙的噪声降低

隔墙从房间 1 混响声场中吸收的功率为

$$W_a = W_r \frac{S_w \alpha_w}{S_1 \overline{\alpha_1}} \tag{5.40}$$

式中，W_a——墙壁吸收的功率，W；

W_r——混响声场中的功率，W；

S_w——墙的面积，m^2；

α_w——墙的吸声系数；

S_1——房间 1 的内表面面积，m^2；

$\overline{\alpha_1}$——房间 1 的平均吸声系数。

若设 W_1 为声源的声功率，则声源在 1 s 内提供给房间 1 混响声场的混响声功率 W_r 为

$$W_r = W_1 - W_1\overline{\alpha_1} = (1-\overline{\alpha_1})W_1 \tag{5.41}$$

若假定入射到隔声墙上的全部功率均被吸收，即 $\alpha_w = 1$，则将式（5.41）代入式（5.40），得

$$W_a = W_1(1-\overline{\alpha_1})\frac{S_w}{S_1\ \overline{\alpha_1}} \tag{5.42}$$

房间 1 的房间常数 R_1 为

$$R_1 = \frac{S_1\ \overline{\alpha_1}}{1-\overline{\alpha_1}} \tag{5.43}$$

将式（5.43）代入式(5.42)得

$$W_a = \frac{W_1 S_w}{R_1} \tag{5.44}$$

则透射到房间 2 的功率 W_2 为

$$W_2 = \frac{W_1 S_w \tau}{R_1} \tag{5.45}$$

式中，τ——墙的透射系数。

经隔墙传进房间 2 的声波可认为是一平均的平面波，则房间 2 直达声场中的声能量等于从隔墙传进房间 2 的声功率和平面波到达房间 2 远端所需时间的乘积。因此，房间 2 直达声场的声能密度 $\overline{\varepsilon_{D_2}}$ 为

$$\overline{\varepsilon_{D_2}} = \frac{W_2 t}{V} = W_2\frac{L}{c}\frac{1}{V} = \frac{W_2}{S_w c} \tag{5.46}$$

式中，t——平面波从隔墙传至房间 2 远端所需要的时间，即 $t=\frac{L}{c}$，s；

L——房间 2 的长度，m；

c——声速，m/s；

V——房间 2 的体积，$V=S_w L$，m^3。

房间 2 的混响声能密度为

$$\overline{\varepsilon_{R_2}} = \frac{4W_2}{cR_2} \tag{5.47}$$

将式(5.46)和式(5.47)相加，得到靠近墙壁处的总声压强度 $\overline{\varepsilon_2}$ 为

$$\overline{\varepsilon_2} = \frac{W_2}{c}\left(\frac{1}{S_w}+\frac{4}{R_2}\right) \tag{5.48}$$

将式(5.45)代入式(5.48)并整理得

$$\overline{\varepsilon_2} = \frac{W_1}{c}\frac{4}{R_1}\tau\left(\frac{1}{4}+\frac{S_w}{R_2}\right) \tag{5.49}$$

将声能密度与有效声压的关系式代入式(5.49)，整理得

$$p_2 = W_1\rho_0 c\frac{4}{R_1}\tau\left(\frac{1}{4}+\frac{S_w}{R_2}\right) \tag{5.50}$$

由于

$$L_{p_2} = 10\lg\left(\frac{p_2}{p_0}\right)^2 \tag{5.51}$$

式中，$p_0 = 20\times10^{-6}$ Pa。

将式(5.50)代入式(5.51)，并经过整理得

$$L_{p_2}=10\lg W_1+10\lg(p_0c)-10\lg(20\times10^{-6})^2+10\lg\frac{4}{R_1}-10\lg\frac{1}{\tau}+10\lg\left(\frac{1}{4}+\frac{S_w}{R_2}\right) \tag{5.52}$$

由于

$$L_{W_1}=10\lg\frac{W_1}{W_0} \tag{5.53}$$

式中，$W_0=1\times10^{-12}$W。设 $p_0c=407$ Pa · s/m，则式(5.53)可简化为

$$L_{p_2}=L_{W_1}+10\lg\frac{4}{R_1}-10\lg\frac{1}{\tau}+10\lg\left(\frac{1}{4}+\frac{S_w}{R_2}\right) \tag{5.54}$$

墙的隔声量 TL 定义为

$$TL=10\lg\frac{1}{\tau} \tag{5.55}$$

将式(5.39)和式(5.55)代入式(5.54)得

$$L_{p_2}=L_{p_1}-TL+10\lg\left(\frac{1}{4}+\frac{S_w}{R_2}\right) \tag{5.56}$$

假定所希望的 L_{p_2} 已经知道，利用式(5.56)就可以求出所要求的墙的隔声量为

$$TL=L_{p_1}-L_{p_2}+10\lg\left(\frac{1}{4}+\frac{S_w}{R_2}\right) \tag{5.57}$$

根据式(5.38)和式(5.57)可得

$$NR=L_{p_1}-L_{p_2}=TL-10\lg\left(\frac{1}{4}+\frac{S_w}{R_2}\right) \tag{5.58}$$

式(5.58)表明，隔墙的噪声降低量 NR 与墙壁的隔声量 TL 并不相同，前者不仅与隔墙的结构有关，还与受声房间的吸声性能有关；而后者仅由隔墙的结构决定。这两个量是两个不同的概念，不能混为一谈。

若墙壁只是房间的外墙，声波向室外辐射，房间常数 R_2 变得非常大，故式(5.58)可简化为

$$NR=TL-10\lg\frac{1}{4}=TL+6 \tag{5.59}$$

如果图5.6中 L_{p_2} 处的点距离墙体面声源(即隔墙)较远，即计算点在房间内以混响声为主，则式(5.59)可表示为

$$L_{p_2}=L_{p_1}+10\lg\frac{S_w}{R_2}-TL \tag{5.60}$$

例5.7　两个房间由公用墙隔开，墙的尺寸为7.62 m×4.75 m，$TL=30$ dB，房间1有一噪声源，该噪声源在靠近墙壁产生一个声压级为108 dB的混响声场。若房间2的房间常数为139.35 m²，试求在房间2内靠近墙处的声压级。

解　已知 $S_w=7.62\times4.57\approx34.82$ m²，$TL=30$ dB，$R_2=139.35$ m²，$L_{p_1}=108$ dB，将以上变量的值代入式(5.56)得

$$L_{p_2}=108-30+10\lg\left(\frac{1}{4}+\frac{34.82}{139.35}\right)=75\text{ dB}$$

5.6 房间设计的声学要求

根据各类房间的不同用途，在进行房间设计时应对房间的声学提出不同的要求。现以某工厂要建一俱乐部为例，说明房间设计的声学要求。

5.6.1 足够的响度

由于声波传递会引起声能量的损失，听众、软座椅、地毯、天花板的吸声也比较大，因而影响声音的响度。减少声能量损失，提高响度的主要方法有以下五种。

① 俱乐部的体形应该设计成使听众尽可能地靠近声源，在大厅中一般利用挑台使听众的座位接近声源。

② 尽可能地抬高声源的高度，使听众能听到直达声，以加强声音的响度，如图 5.7 所示。

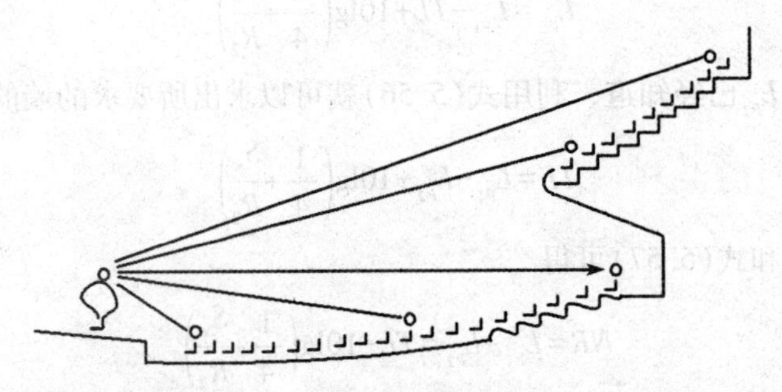

图 5.7 听众都能听到直达声

③ 大厅地面应有适当的坡度(一般不宜大于 1 : 8)，以使声音能以掠入射的方式掠过听众，被听众吸收。

④ 顶棚应悬吊一些比较大的反射板(可采用灰泥板、石膏板、胶合板等材料)，以使较远座位的听众可以听到反射声，如图 5.8 所示。但应注意，反射板的装置，应使直达声和第一个反射声之间的时间间隙比较短，尽可能不超过 30 ms，以免影响听音效果。

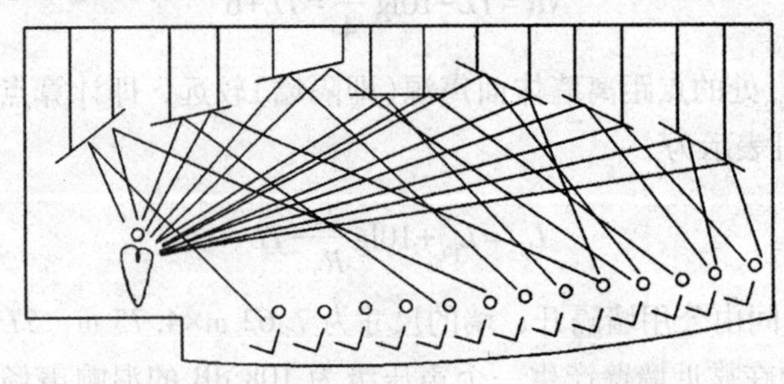

图 5.8 适当安装反射板，有效提高响度

⑤ 大厅的体积和地面面积尽量减少，以缩短直达声和反射声需要传播的距离。

5.6.2　形成扩散声场

当声源处于室外广场时，只有声源向四周发射出去的声波，几乎没有反射波，这样的声场叫自由声场。声波处在房间内，从声源发出的声波要在室内来回多次反射。这样，由于声波在房间内“乱窜”，并不断迅速地改变传播方向，即在房间内任何位置上，声波可以沿所有方向传播，这样房间中的声场是一个扩散声场。在扩散声场中的任何空间点上，声波都是在所有方向传播的，声源无论是在空间位置上还是在传播方向上都不会“凝聚”在一起，随着传播过程的进行会逐步扩散展开，一直充满全部声场，而且遍及所有传播方向。

房间壁面形状简单而又规则，不利于扩散声场的形成。例如，在圆形大厅中，声波会聚集在中部，这样的声场是“不扩散”的。使厅内产生声扩散可采用下列方法：

① 把厅内表面设计成不规则形和设置扩散体，如采用半露柱、支柱、外露梁、装饰天花板和锯齿形墙面等；

② 在墙面上交替地进行声反射和声吸收处理；

③ 各种吸声处理要不规则分布。

5.6.3　有最佳的混响时间

厅内声源发出的声音不能在很短的时间内消逝，希望能持续一段时间。因此，为了加强音质的效果，要选择最佳的混响时间。从混响时间的计算公式 $T_{60}=0.161\dfrac{V}{S\,\overline{\alpha}}$ 可知，大厅体积越大，混响时间越长；厅内吸声量越多，混响时间越短。因此，可以通过增大或减小大厅体积的方法(如升高或降低活动顶棚)，或者采用增大或减小厅内吸声量的方法(如改变吸声结构)，来改变厅内的混响时间。

5.6.4　消除音质缺陷——回声

在厅内有各种音质缺陷，最严重的是回声。当听者能把反射声与直达声辨别开来时，便会产生回声。大厅的后墙若是反射面，最易产生回声。避免回声的方法是将大厅后墙做吸声处理或使挑台伸长一些，如图 5.9 所示。

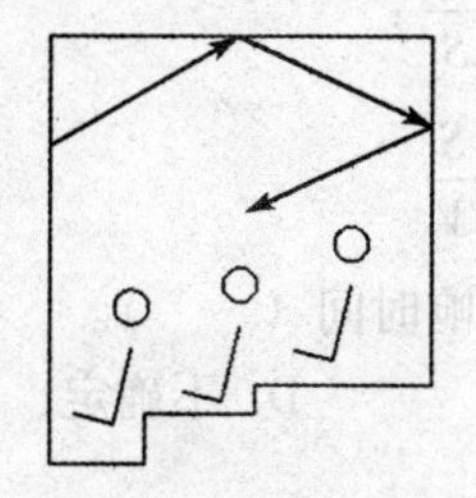

(a) 后墙反射产生回声

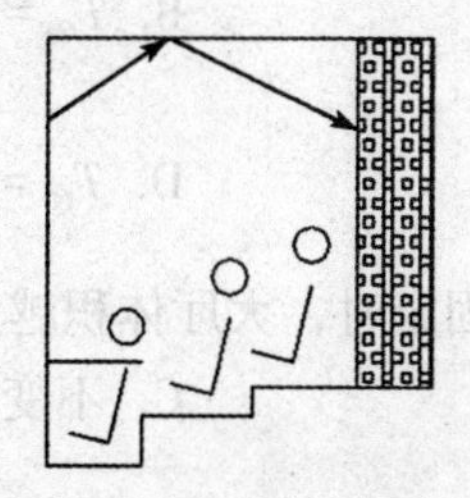

(b) 后墙安装吸声材料可避免回声

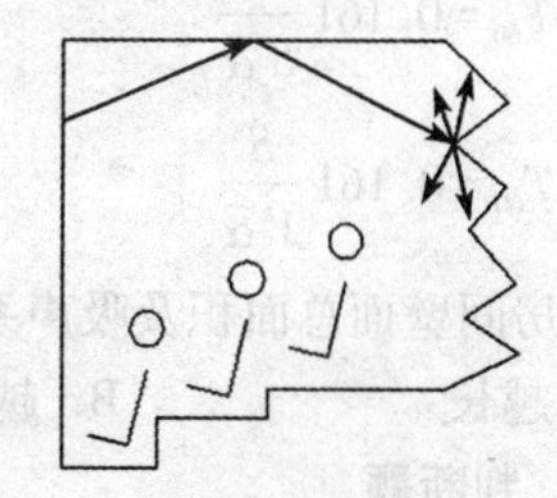

(c) 锯齿形后墙产生有效扩散

图 5.9　不同后墙处理的声学效果

习　题

一、单选题

1. 如果在室内距离声源 5 m 处直达声的声压级是 80 dB，混响声的声压级是 60 dB，则在室内距离声源 10 m 处混响声的声压级是（　　）dB。

A. 40　　B. 50　　C. 60　　D. 70

2. 如果在室内距离声源 5 m 处直达声的声压级是 80 dB，混响声的声压级是 60 dB。若关闭声源，则距离声源 10 m 处的直达声的声压级是（　　）dB。

A. 40　　B. 50　　C. 60　　D. 0

3. 在室内，距离声功率级为 $L_W(L_W>0)$ 的声源 r m($r>0$) 处的声压级为 L_{p_1}；在室外，距离声功率级为 L_W 的声源 r m 处的声压级为 L_{p_2}，则（　　）。

A. $L_{p_1}>L_{p_2}$　　B. $L_{p_1}=L_{p_2}$　　C. $L_{p_1}<L_{p_2}$　　D. 不确定

4. 壁面平均系数 $\overline{\alpha}$ 的计算公式为（　　）。

A. $\overline{\alpha}=\dfrac{\sum_{i=1}^{n}\alpha_i S_i}{S}$　　B. $\overline{\alpha}=\sum_{i=1}^{n}\alpha_i S_i$　　C. $\overline{\alpha}=\sum_{i=1}^{n}\alpha_i$　　D. $\overline{\alpha}=\sum_{i=1}^{n}\alpha_i$

5. 计算壁面的平均吸声系数时，房间壁面的总面积不包括（　　）。

A. 墙壁　　B. 地面　　C. 桌椅　　D. 天花板

6. 混响声场的声压级的计算公式为（　　）。

A. $L_{pR}=L_W+20\lg\dfrac{4}{R}$　　B. $L_{pR}=L_W+20\lg\dfrac{R}{4}$

C. $L_{pR}=L_W+10\lg\dfrac{4}{R}$　　D. $L_{pR}=L_W+10\lg\dfrac{R}{4}$

7. 采用隔墙进行噪声降低时，下列因素中与隔墙的实际噪声降低量无关的是（　　）。

A. 墙本身的隔声量　　B. 墙的透射面积

C. 房间 2 的房间常数　　D. 房间 1 的房间常数

8. Sabine 公式的表达式正确的是（　　）。

A. $T_{60}=0.161\dfrac{V}{S\overline{\alpha}}$　　B. $T_{60}=0.161\dfrac{V}{S}$

C. $T_{60}=0.161\dfrac{S}{V\overline{\alpha}}$　　D. $T_{60}=0.161\dfrac{S}{V}$

9. 房间壁面总面积及吸声系数固定时，大厅体积越大，混响时间（　　）。

A. 越长　　B. 越短　　C. 不变　　D. 不确定

二、判断题

1. 室内有声源存在时，声场包括直达声场和混响声场两个部分。（　　）

2. 混响声场的声能量是均匀的。（　　）

3. 在室内距离声源越近，混响声场的声能量越大。（　　）

4. 室内声场中直达声的声能密度表达式 $\overline{\varepsilon_D}=\dfrac{W}{Sc_0}$ 中，S 代表室内的总壁面面积。（　　）

5. 据统计学观点，在室内混响声场的声线通过任何位置的概率相同。（　）

6. 平均吸声系数表示房间壁面单位面积的平均吸声能力。它是一个相对的量，无单位。（　）

7. 室内混响时间太短，声音干涩无力，音质差，但清晰度好；混响时间太长，音质好，但清晰度差。（　）

8. 室内直达声场中声能密度的大小与房间尺寸、壁面的平均吸声系数无关。（　）

9. 房间常数表达式 $R=\frac{S\alpha^{\#}}{1-\alpha^{\#}}$ 中，S 代表室内的总壁面面积。（　）

10. 室内混响声场的声能密度与声源的声功率成正比，与房间常数成反比。（　）

11. 室内稳态声场的总声能密度等于直达声的声能密度与混响声的声能密度的代数和。（　）

12. 室内稳态声场的总声压级等于直达声的声压级与混响声的声压级的代数和。（　）

13. 室内稳态声场的总声压等于直达声的声压与混响声的声压的代数和。（　）

14. 室内稳态声场的临界距离仅与室内的房间常数有关。（　）

15. 隔墙的噪声降低量等于墙自身的隔声量。（　）

16. 如果隔墙就是房间的外墙，则隔墙的噪声降低量比墙自身的隔声量大约高 6 dB。（　）

17. 房间常数的大小仅与房间自身的特性有关，与声源没有关系。（　）

三、名词解释

1. 直达声场
2. 混响声场
3. 平均自由程
4. 混响时间

四、简答题

1. 室内声场和自由声场相比有哪些不同点？
2. 影响稳态声场中某点处声压级大小的因素有哪些？
3. 稳态声压级何时以直达声为主，何时以混响声为主？
4. 要想改变室内混响时间，应改变房间的哪些参数？
5. 室内声学的基本要求有哪些？

五、计算题

1. 某房间的长、宽分别为 21.33 m，12.19 m，净高为 3.656 m，房间的地板、墙及天花板的吸声系数分别是 0.1，0.2，0.7，求房间的平均吸声系数。

2. 一房间的长、宽、高为 6.096 m，4.57 m，3.66 m，如平均吸声系数为 0.2，则房间的混响时间为多少？

3. 一混响室的容积为 94.5 m^3，壁面吸声系数 $\overline{\alpha}=0.01$，总面积为 127.5 m^2，试计算房间的混响时间（空气吸声不计）。

4. 在一个长、宽、高分别为 5.2 m，1.6 m，3.7 m 的房间内，地板、墙壁和天花板的吸声系数分别是 0.2，0.45，0.6，试求该房间的平均吸声系数。

5. 在一个长、宽、高分别为6.1 m，5.1 m，3.7 m的房间内，平均吸声系数为0.3，则稳态声场声压级衰减40 dB要花多长时间?

6. 在长7.62 m、宽6.096 m、高3.66 m的室内，其平均吸声系数为0.2，求距离一个各向同性声源4.57 m处的声能密度(该声源的平均辐射功率为2 W)。

7. 在自由空间内，各向异性辐射体在θ方向上$Q=4$，如果声源的声功率级是120 dB，求：

(1) θ方向上距声源25 m处的能量密度($c_0=344$ m/s)。

(2) 如果将此声源移至长、宽、高分别为30 m，8 m，3.66 m的车间内，车间内壁的平均吸声系数为0.2，试求θ方向上距声源25 m处的能量密度。

8. 在一个长、宽、高分别为20 m，15 m，7 m的房间内，平均吸声系数为0.35，混响声压是1.5 Pa，特性阻抗$\rho_0 c_0=408$ Pa · s/m，$c_0=344$ m/s，试求声源的声功率。

9. 一台1000 Hz频带、有1 W声功率的机器安装在长、宽、高分别为22.9 m，15.2 m，6.1 m的房间内，已知在这一频带中的混响时间为2 s，问在该机器关掉1 s之后，在房间的混响声场内，1000 Hz频带中的声压级是多少?

10. 有一个尺寸为50 m×40 m×10 m的房间，地面、壁面和天花板对500 Hz声波的吸声系数分别为0.2，0.4，0.3，在房间中央有一声功率为1 W的点声源。求：

(1) 房间的平均自由程;

(2) 房间常数R;

(3) 房间的混响时间(不计空气吸收);

(4) 离点声源5 m处的直达声能密度和混响声能密度;

(5) 混响半径。

11. 某声源悬吊在房间中央，声功率级为120 dB，房间的混响时间为2 s，长、宽、高分别为20 m，80 m，4 m。

(1) 求声场中的混响声压级。

(2) 若想使声场中的声压级比该混响声压级高1dB，应距机器多远?

12. 一个大房间内装有两台机器，房间的长、宽、高分别为9.1 m，5.24 m，4.6 m，围墙、天花板和地板的吸声系数分别是0.1，0.8，0.01。机器1距A点6.1 m，声功率为1 W；机器2距A点4.6 m，功率为0.5 W。两者均是各向同性的。问两台机器同时开动时，A点的声压级是多少?

13. 某一房间的尺寸是16.1 m×9.14 m×4.57 m，已知该室的混响时间为0.7 s，房间内有一个声功率级为120 dB的各向同性的声源，试求离声源5.2 m处的声压级。

14. 两相邻房间之间的公用墙为6.1 m×3.7 m，其隔声量为28 dB，房间1和2的房间常数分别为186 m^{2}和227 m^2，若房间1中声源的声功率$L_W=123$ dB，试求在房间2靠近墙处的声压级(房间1忽略直达声)。

15. 一个房间由公用墙隔开，隔墙的尺寸为7.62 m×4.57 m，在房间1中有一个声功率级为120 dB且悬吊在房间中央的噪声源，忽略直达声。若想在房间2靠近隔墙处得到75 dB的声压级，则墙的隔声量应为多少?(房间常数$R_1=9.29$ m^2，$R_2=139.35$ m^2)

16. 某房间的长和宽分别为15 m，20 m，净高为3 m，混响时间为2 s，求房间的房间常数。

17. 某房间的房间常数为 95.22 m^2，在房内有一机器，在距机器 7.62 m 处测得的声压级为 110 dB，在测量方向上指向性因数为 2.5，试求该房间声源的声功率级。

18. 两个房间用公用墙隔开，隔墙的尺寸为 7.62 m×4.75 m，墙的隔声量为 30 dB，房间 1 有一噪声源，该噪声源在靠近墙处产生一个声压级为 108 dB 的混响声场。若房间 2 的房间常数为 139.35 m^2，试求在房间 2 内靠近墙处的声压级(忽略声源所在房间的直达声)。

六、思考论述题

歌剧院、音乐厅内良好的声学环境，可以提高人们的生活品质。结合本章知识，从科技改变生活的角度，论述永攀科学高峰、提高科技创新能力的重要性。

第6章 吸声

一般车间内壁通常都是由一些吸声性能很差的坚硬材料(如混凝土、砖石、玻璃等)构成的。车间内除了听到机器发出的直达声，还能听到由车间内壁及其他物体表面多次反射而来的连续反射声(混响声)。这两种声音叠加后的总声级要高于直达声声级。若把吸声材料装饰在房间壁面上或悬挂在天花板上，就能吸掉一部分噪声，使室内总声级降低。因此，吸声已经成为降低车间内部噪声经常采用的一种噪声控制方法。

6.1 吸声系数

6.1.1 吸声系数的定义

当声波射到一贴有吸声材料的墙壁时，将有一部分声能反射回去，一部分声能通过墙壁透射过去，还有一部分声被吸声材料吸收掉。为了表征吸声材料的吸声性能，引入吸声系数的概念。一般把吸声材料吸收的声能与入射声能之比定义为吸声材料的吸声系数，其表示式为

$$\alpha=\frac{E_{吸}}{E_{入}}=\frac{E_{入}-E_{反}}{E_{入}} \tag{6.1}$$

式中，各符号的意义如图6.1所示。

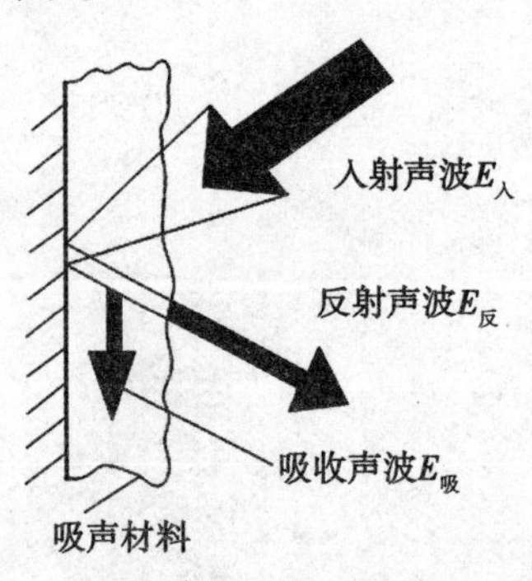

图6.1 吸声材料吸声示意图

从式(6.1)可见，吸声系数α是一个0~1的数。完全反射的材料，α=0；完全吸收的材料，α=1。α越大，吸声效果越显著。例如，普通室内抹灰墙面的α为0.02~0.03，超细玻璃棉对高频的α可达0.8~0.9。一种吸声材料对于不同频率的声音，其吸声系数的值

是不同的，一般多采用125，250，500，1000，2000，4000 Hz六个频率的吸声系数的算术平均数来表示某一材料的吸声频率特性，而且认为只有这六个频率的吸声系数的算术平均值大于0.2的材料，才可称为吸声材料。

影响材料吸声系数的因素除材料本身性质，还包括材料背面的条件（有无空气层及其大小）、材料的施工条件、声波的入射角度（图6.2）及入射声波的频率。

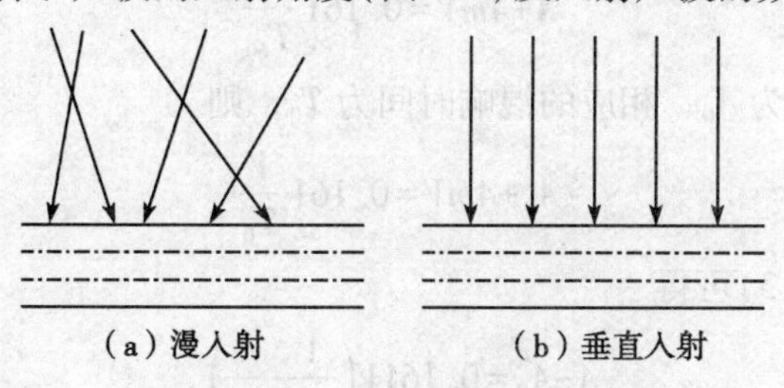

（a）漫入射　（b）垂直入射

图6.2 声波的入射角度

6.1.2 吸声系数的测定

为了比较和了解吸声材料的吸声性能，必须对吸声系数进行测定。常用的方法有驻波管法和混响时间测定法。驻波管法根据驻波原理，利用驻波比，以垂直入射的方式测量材料的吸声系数，测量值称为正入射吸声系数，以符号 α_0 表示，多用于消声器的研究；而混响时间测试方法以漫入射的方式测试，测得的吸声系数称为无规入射吸声系数，常以 α_T 符号表示，在实际工程应用中较为广泛，如建筑音质设计和室内吸声计算。

已发布的材料吸声系数多是正入射系数 α_0，无规入射吸声系数与正入射吸声系数的数值存在一定的对应关系。根据表6.1，可由 α_0 查出 α_T 的近似值。例如，$\alpha_0=0.56$ 时，可在表中第一纵列查出0.5，并在第一横行中查出0.06，从两者交点即得 $\alpha_T=0.81$。

表6.1 正入射与无规入射吸声系数近似换算表

正入射 α_0	0.00	0.01	0.02	0.03	0.04	0.05	0.06	0.07	0.08	0.09
	无规入射吸声系数 α_T									
0.00	0.00	0.02	0.04	0.06	0.08	0.10	0.12	0.14	0.16	0.18
0.10	0.20	0.22	0.24	0.26	0.27	0.29	0.31	0.33	0.34	0.36
0.20	0.38	0.39	0.41	0.42	0.44	0.45	0.47	0.48	0.50	0.51
0.30	0.52	0.54	0.55	0.56	0.58	0.59	0.60	0.61	0.63	0.64
0.40	0.65	0.66	0.67	0.68	0.70	0.71	0.72	0.73	0.74	0.75
0.50	0.76	0.77	0.78	0.78	0.79	0.80	0.81	0.82	0.83	0.84
0.60	0.84	0.85	0.86	0.87	0.88	0.88	0.89	0.90	0.91	0.91
0.70	0.92	0.92	0.93	0.94	0.94	0.95	0.95	0.96	0.97	0.97
0.80	0.98	0.98	0.99	0.99	1.00	1.00	1.00	1.00	1.00	1.00
0.90	1.00	1.00	1.00	1.00	1.00	1.00	1.00	1.00	1.00	1.00

在式(5.18)中，已给出混响时间的计算公式：

$$T_{60}=0.161\frac{V}{S\overline{\alpha}+4mV}$$

令吸声量 $A=S\overline{\alpha}$，则

$$A+4mV=0.161\frac{V}{T_{60}} \tag{6.2}$$

设混响室原吸声量为 A_0，相应的混响时间为 T_0，则

$$A_0+4mV=0.161\frac{V}{T_0} \tag{6.3}$$

式(6.2)减去式(6.3)可得

$$A-A_0=0.161V\left(\frac{1}{T_{60}}-\frac{1}{T_0}\right) \tag{6.4}$$

设室内原壁面的吸声系数为$\overline{\alpha_1}$，室内面积为 S，新安装在壁面的吸声材料的吸声系数为$\overline{\alpha_T}$，相应的面积为 S_1，则

$$A_0=S\overline{\alpha_1} \tag{6.5}$$

$$A=S\overline{\alpha}=(S-S_1)\overline{\alpha_1}+S_1\alpha_T=S\overline{\alpha_1}+S_1(\alpha_T-\overline{\alpha_1})=A_0+S_1(\alpha_T-\overline{\alpha_1}) \tag{6.6}$$

由式(6.5)和式(6.6)得

$$A-A_0=S_1(\alpha_T-\overline{\alpha_1})=0.161V\left(\frac{1}{T_{60}}-\frac{1}{T_0}\right) \tag{6.7}$$

$$\alpha_T=\overline{\alpha_1}+0.161\frac{V}{S_1}\left(\frac{1}{T_{60}}-\frac{1}{T_0}\right) \tag{6.8}$$

式中，$\overline{\alpha_1}$——混响室壁面原吸声系数；

V——混响室的容积，m^3；

S_1——混响室中所要测定的吸声材料的面积，m^2；

T_{60}——装饰吸声材料后的混响时间，s；

T_0——装饰吸声材料前的混响时间，s。

式(6.8)就是用混响时间测定法测量材料吸声系数的原理。用此法测量吸声系数，需要较大面积的吸声材料(如 10 m^2)做样品，且需要具有较长混响时间的混响室，比较麻烦。尽管如此，工程计算中也常用 α_T 的值进行设计计算，原因是这种方法接近于混响时间定义的假设条件，比较接近实际。

例 6.1 混响室的容积为 94.5 m^3，壁面为油漆混凝土，在 250 Hz 和 4000 Hz 时吸声系数分别为 0.01 和 0.02，混响时间分别为 12 s 和 3.1 s。如果在壁面上分散装置 10 m^2 的吸声材料后，在 250 Hz 和 4000 Hz 时分别测出混响时间为 3.5 s 和 1.5 s，求此材料的吸声系数。

解 当频率为 250 Hz 时，$\overline{\alpha_1}=0.01$，$T_{60}=3.5$ s，$T_0=12$ s，$S_1=10$ m^2，由式(6.8)可得

$$\alpha_T=\overline{\alpha_1}+0.161\frac{V}{S_1}\left(\frac{1}{T_{60}-\frac{1}{T_0}}\right)=0.01+0.161\times\frac{94.5}{10}\times\left(\frac{1}{3.5}-\frac{1}{12}\right)\approx0.32$$

当频率为4000 Hz时，$T_{60}=1.5$ s，$T_0=3.1$ s，$\overline{\alpha_1}=0.02$，则

$$\alpha_T=0.02+0.161\times\frac{94.5}{10}\times\left(\frac{1}{1.5}-\frac{1}{3.1}\right)\approx 0.55$$

由计算结果可知，吸声材料对不同频率声波的吸声能力是不同的。一般情况下，高频对应的吸声系数大于低频的吸声系数。

6.1.3 吸声材料的吸声量

吸声材料的吸声量A的定义为吸声材料的面积与该面积对应的吸声系数的乘积，可表示为

$$A=S\overline{\alpha} \tag{6.9}$$

由式(6.9)可知，一个房间经吸声处理后的实际吸声量不仅取决于它的吸声系数的大小，还与材料的使用面积成正比，要想调整房间内的总吸声量，可通过调整吸声系数和材料使用面积的大小来进行。例如，为了得到150 m^{2}的吸声量，既可采用$\overline{\alpha_T}=0.5$，$S=300$ m^{2}的吸声材料来达到，也可采用$\alpha_T=0.2$，$S=750$ m^{2}的吸声材料来达到，二者的减噪效果相同，具体可根据实际情况选择。

6.2 吸声材料

常用吸声材料按照其外观可分为如下四种。

① 多孔吸声材料。其制品有玻璃棉、超细玻璃棉、矿渣棉、泡沫塑料、酚醛纤维、毛毡、海草等。

② 膜状材料。其制品有帆布、聚乙烯薄膜等。

③ 板状材料。其制品有胶合板、硬质纤维板、石棉、水泥石膏板等，一般用于室内建筑结构的吸声，如表6.2所列。

表6.2 常用室内板状材料的吸声系数

材料名称	材料厚度/cm	空气层厚度/cm	倍频带中心频率/Hz					
			125	250	500	1000	2000	4000
			吸声系数					
刨花板	2.5	0	0.18	0.14	0.29	0.48	0.74	0.84
		5	0.18	0.18	0.50	0.48	0.58	0.85
三合板	0.3	5	0.21	0.73	0.21	0.19	0.08	0.12
		10	0.59	0.38	0.18	0.05	0.04	0.08
细木丝板	1.6	0	0.04	0.11	0.20	0.21	0.60	0.68
	5	5	0.29	0.77	0.73	0.68	0.81	0.83
甘蔗板	1.3	0	0.06	0.12	0.20	0.21	0.60	0.68
		3	0.28	0.40	0.33	0.32	0.37	0.26
木质纤维板	1.1	0	0.06	0.15	0.28	0.30	0.33	0.31
		5	0.22	0.30	0.34	0.32	0.41	0.42

表6.2(续)

材料名称	材料厚度/cm	空气层厚度/cm	倍频带中心频率/Hz					
			125	250	500	1000	2000	4000
			吸声系数					
泡沫水泥	5	0	0.32	0.39	0.48	0.49	0.47	0.54
		5	0.42	0.40	0.43	0.48	0.49	0.55

④ 穿孔板。其制品有穿孔胶合板、石棉水泥板、铝板等。

6.2.1 多孔吸声材料

多孔吸声材料是应用最广泛的一种吸声材料，种类繁多，最初多以经济作物棉、麻等材料为主，随着化纤工业的发展，现在多以玻璃棉、矿渣棉、聚胺泡沫塑料等为主。吸声材料既可以是松散的，也可以加工成“棉花胎”状，或“毡状”、板状、块状材料，如木丝板、甘蔗纤维板、多孔吸声砖等。

6.2.1.1 多孔吸声材料的结构

棉、麻、玻璃棉一类纤维性材料是“气包固”的材料结构，纤维杆的周围有着可流动的空气。在泡沫塑料一类材料中，气泡的状态有两种：一种是大部分气泡成为单个闭合的独立气泡，即“固包气”，没有通气性能；另一种是气泡互相连接成为互相贯通的毛细管。前者吸声性能差，后者吸声性能好。因此，多孔吸声材料的构造特征应当是在材料中具有许许多多贯通的微小间隙，而具有一定的通气性能。吸声材料的固体部分在空间组成骨架，叫作筋络，使材料具有一定的形状。同时筋络把较大的空隙隔成许许多多的微小通道。在吸声材料中，筋络(指各处纤维)很细，本身所占的空间很小，而空隙所占的空间却是很大的。例如，对于容重为 20 kg/m^3 的超细玻璃棉来说，玻璃纤维本身所占的空间体积实际上不到1%，而空隙体积所占的空间占99%以上；一般玻璃纤维直径仅 3~5 μm，而纤维与纤维之间的距离约为几十微米。

6.2.1.2 吸声材料的吸声原理

当声波入射到多孔材料上时，大部分声波在筋络间的空隙间传播，一小部分也能沿纤维传播。因此，由声波产生的振动将带动材料孔隙中的空气质点产生振动，使空气与纤维筋络不断地发生摩擦。同时，当声波入射到吸声材料内部时，也会引起内部空气的绝热压缩，使部分声能转化为热能，并通过空气与筋络的热交换而被消耗掉。

根据上述材料的吸声原理，可以认为一种好的多孔吸声材料必须具备下述条件：① 材料表面要多孔，孔洞对外敞开；② 材料中空隙体积与总体积之比(即孔隙率)要高；③ 孔与孔要互相连通，以便声波能入射到材料内部。一般多孔吸声材料的孔隙率都在70%以上，多数达90%左右。

应当指出，多孔吸声材料不同于隔热材料。隔热材料是多而封闭的微孔，它具有隔热性能，吸声性不好。多孔吸声材料也不同于隔声材料。多孔吸声材料是指能把入射声能吸收掉的材料，也就是说，声能入射进材料内部后不能全部自由出来，要把它吸收掉一部分。隔声是指把声音隔绝，即不让声音透过。因此，对隔声材料要求厚、重、密实，而对吸声材料要求轻质、多孔、透气性好。

6.2.1.3 国内生产的多孔吸声材料

吸声材料按照其材质可分为无机纤维材料、泡沫塑料、有机纤维材料、建筑吸声材料和多孔成型板材。

（1）无机纤维材料。

常见的无机纤维材质的多孔吸声材料有超细玻璃棉、玻璃丝、矿渣棉、岩棉及其制品等。

① 玻璃棉。它是应用较为普遍的多孔纤维状吸声材料，分为短棉（纤维直径为10~13 μm）、超细棉（纤维直径为4 μm）和中级纤维棉（纤维直径为15~25 μm）。超细棉纤维长60~80 mm。散状玻璃棉不利于加工，往往用黏结剂将散装棉黏合成毡状或板状玻璃棉。

超细玻璃棉直径细、纤维长、容量轻、耐热、抗冻、不燃、防蛀，柔软不刺手，流阻适当，吸声性能好；但它吸湿，受潮后吸声性能会有所下降。现有的厂家已生产出防水超细玻璃棉，但成本较高。

中细纤维玻璃棉用酚醛树脂、淀粉、沥青等黏结剂黏结成半硬板。其纤维较粗，刺手，生产工艺简单，吸声性能也较好。

② 矿渣棉。它是利用钢厂矿渣经熔化、喷吹等工艺制成的纤维材料，其密度大，流阻也大，吸收低频声较好。其纤维直径为10 μm左右，纤维长为10~30 mm，密度为120~300 kg/m^3，较脆，刺手，不耐用。长纤维矿棉制品分为无黏结剂的矿棉毡、袋装散棉，以及有黏结剂的矿棉保温板、矿棉管壳等。噪声控制工程中常采用矿棉和矿棉毡。

③ 岩棉。它是我国从国外引进成套生产设备而加工制造的新型建筑材料。它以玄武石为主要材料，经高温熔融制成人造无机纤维。它纤维细，密度小，吸声性能较好。同时，它具有隔热、耐高温、稳定性好、不刺手、价廉、施工简便等优点。岩棉制品广泛应用于吸声、保温、隔热、隔声等方面。岩棉板无毒、无腐蚀，不燃，防潮。

（2）泡沫塑料。

泡沫塑料制品很多，均以所用的树脂取名，主要有聚苯乙烯泡沫塑料、聚氯乙烯泡沫塑料、聚氨酯泡沫塑料、尿醛泡沫塑料、酚醛泡沫塑料、脲醛泡沫塑料（又称米波罗）、氨基甲酸脂泡沫塑料等。其中，聚氯乙烯泡沫塑料和聚苯乙烯泡沫塑料因是盲孔，吸声性能很差。

泡沫塑料制品大多数是闭孔型，主要用于保温绝热及仪器包装材料，而实际用于吸声材料的仅是少数开孔型泡沫塑料制品，如软性聚氨酯泡沫塑料、尿醛泡沫塑料、酚醛泡沫塑料等。其中，软性聚氨酯泡沫塑料虽然质轻、柔软、吸声性能较好，但存在易老化、吸水、易燃、吸声系数不稳定等问题。

常见泡沫塑料的吸声系数如表6.3所列。

表 6.3 常见泡沫塑料的吸声系数

材料名称	厚度/cm	容重/(kg·m^{-3})	倍频带中心频率/Hz 125	250	500	1000	2000	4000	备注
			吸声系数						
聚氨酯泡沫塑料	2.5	40	0.04	0.07	0.11	0.16	0.31	0.83	北京产
	3	40	0.06	0.12	0.23	0.46	0.86	0.82	
	5	40	0.06	0.13	0.31	0.65	0.70	0.82	
	4	40	0.10	0.19	0.36	0.70	0.75	0.80	上海产
	6	45	0.11	0.25	0.52	0.87	0.79	0.81	
	8	45	0.20	0.40	0.95	0.90	0.98	0.85	
	3	53	0.05	0.10	0.19	0.38	0.76	0.82	天津产
	3	58	0.07	0.16	0.41	0.87	0.72	0.72	
	4	56	0.09	0.25	0.65	0.95	0.73	0.79	
	5	58	0.11	0.31	0.91	0.75	0.86	0.81	
	3	71	0.11	0.21	0.71	0.65	0.64	0.65	
	4	71	0.17	0.30	0.76	0.56	0.67	0.65	
	5	71	0.20	0.32	0.70	0.62	0.68	0.65	

(3) 有机纤维材料。

有机纤维材料是指植物性纤维材料及其制品，如棉麻、毛毡、甘蔗、木丝、稻草等材料。

(4) 建筑吸声材料。

用于建筑上的吸声材料主要是微孔吸声砖、加气混凝土、膨胀珍珠岩等。这些吸声材料都是由松散的颗粒材料通过黏结剂和部分填料制成的砌块或吸声板材，吸声砌块多用于建筑的通风管道，特别是在大截面风道内作消声片材料。这些颗粒材料的粒径大小对材料吸声性能的影响很大。一般来说，颗粒粒径大的砌块中、高频吸声性能好，而减小颗粒粒径对低频吸声有利。常用建筑材料的吸声系数如表 6.4 所列。

表 6.4 常用建筑材料的吸声系数

建筑材料	倍频带中心频率/Hz 125	250	500	1000	2000	4000
	吸声系数					
普通砖	0.03	0.03	0.03	0.04	0.05	0.07
涂漆砖	0.01	0.01	0.02	0.02	0.02	0.03
混凝土块	0.36	0.44	0.31	0.29	0.39	0.25
涂漆混凝土块	0.10	0.05	0.06	0.07	0.09	0.08
混凝土	0.01	0.01	0.02	0.02	0.02	0.02
木料	0.15	0.11	0.10	0.07	0.06	0.07

表6.4(续)

建筑材料	倍频带中心频率/Hz					
	125	250	500	1000	2000	4000
	吸声系数					
灰泥	0.01	0.02	0.02	0.03	0.04	0.05
大理石	0.01	0.01	0.02	0.02	0.02	0.03
玻璃窗	0.15	0.10	0.08	0.08	0.07	0.05

(5) 多孔成型板材。

用纤维性材料经处理压合成定型的模压板，质量稳定，便于安装，既有装饰作用，又有吸声效果。常用的吸声板材有矿物纤维板(如矿棉吸声板、珍珠岩吸声板)、植物纤维板和木丝板。

矿棉吸声板以矿棉为主要材料，它既是一种内装饰材料，又是一种新型的吸声材料。它具有轻质、保温、隔热的优点，不仅可用于工厂企业的噪声控制工程，而且可用于礼堂、影剧院、会议室、住宅等建筑的内部装饰。在矿棉板表面压出圆孔或隙缝状花纹，既可提高吸声性，又能增加美观性。矿棉吸声板外形图案如图6.3所示。

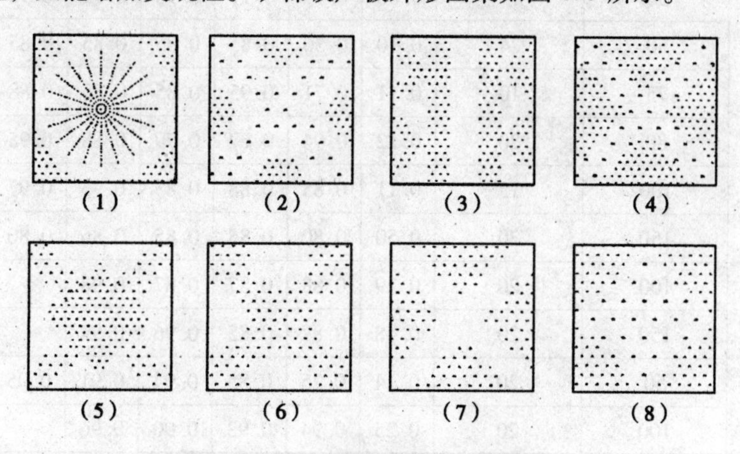

图6.3　矿棉吸声板外形图案

膨胀珍珠岩吸声板是用胶结材料与膨胀珍珠岩黏结而成的一种轻质、不燃、不腐烂、无毒、无味、保温、隔热、吸声、价廉、施工方便的装饰吸声板材，它在工业噪声控制和民用建筑中得到了广泛应用。

将穿孔率为1%~17%的珍珠岩穿孔板与珍珠岩吸声板叠合在一起组合成复合板，既能提高吸声性能，又有一定的强度，便于施工。

软质纤维板采用边角木料、稻草、甘蔗渣、麻丝、纸浆等植物纤维材料制成，厚度一般有13，16，19，25 mm，可安装于室内天花板或四壁作装饰、吸声用。

木丝板又称万利板，具有吸声、价廉、防潮等优点，常用于建筑噪声控制工程。其他板材如甘蔗渣、麻丝、稻草板，可以就地取材，其吸声性能也很好。

以上各种吸声材料的吸声性能见表6.5~表6.9。表6.10列入了座位和听众的吸声系数。表 6.11 给出了一些常用建筑材料类的吸声系数。

表 6.5　超细玻璃棉的吸声系数

名称	厚度/mm	密度/(kg·m^{-3})	频率/Hz 125	250	500	1000	2000	4000	备注
			吸声系数						
超细玻璃棉毡贴实(α_T)	40	40	0.09	0.56	1.15	1.16	1.11	1.11	上海平板玻璃厂提供
	40	40	0.13	0.83	1.33	1.06	1.01	1.23	
	50	40	0.41	0.76	1.13	1.09	0.99	0.97	湖南平板玻璃纤维厂提供
	50	80	0.59	1.29	1.35	1.16	0.98	0.88	
	100	40	0.75	0.96	1.06	1.07	1.13	1.02	
	100	80	0.67	1.14	1.22	1.00	1.01	1.11	
	20	20	0.04	0.08	0.29	0.66	0.66	0.66	
	20	30	0.03	0.04	0.29	0.80	0.79	0.79	
	40	20	0.05	0.12	0.48	0.88	0.72	0.66	
	50	12	0.06	0.16	0.68	0.98	0.93	0.90	
超细玻璃棉贴实(α_T)	50	17	0.06	0.19	0.71	0.98	0.91	0.90	
	50	24	0.10	0.30	0.85	0.85	0.85	0.85	
	75	10	0.11	0.71	0.95	0.85	0.85	0.88	
	80	20	0.12	0.94	0.67	0.79	0.88	0.95	
	100	15	0.11	0.85	0.88	0.83	0.93	0.97	
	150	20	0.50	0.80	0.85	0.85	0.86	0.80	
超细玻璃棉贴实玻璃布护面(α_0)	100	20	0.29	0.88	0.87	0.87	0.98	—	
	150	20	0.48	0.87	0.85	0.96	0.99	—	
防水超细玻璃棉贴实(α_0)	50	20	0.14	0.25	0.85	0.94	0.91	0.95	
	100	20	0.25	0.94	0.93	0.90	0.96	—	

表 6.6　矿渣棉的吸声系数

名称	厚度/mm	密度/(kg·m^{-3})	频率/Hz 125	250	500	1000	2000	4000
			吸声系数					
矿渣棉贴实	50	175	0.25	0.33	0.70	0.76	0.89	0.97
	70	200	0.32	0.63	0.76	0.83	0.90	0.92
	80	150	0.30	0.64	0.73	0.78	0.93	0.94
	80	300	0.35	0.43	0.55	0.67	0.78	0.92
矿渣棉、塑料窗纱饰面贴实	50	195	0.12	0.46	0.64	0.72	0.83	0.98

表6.6(续)

名称	厚度/mm	密度/(kg·m^{-3})	125	250	500	1000	2000	4000
			频率/Hz					
			吸声系数					
矿渣棉、玻璃布饰面	50	193	0.13	0.46	0.57	0.69	0.81	0.91
矿渣棉亚、麻布饰面贴实	70	240	0.35	0.59	0.66	0.76	0.85	0.92
沥青矿棉毡贴实	15	200	0.08	0.09	0.18	0.40	0.79	0.82
	40	200	0.16	0.38	0.61	0.72	0.81	0.92
	60	200	0.19	0.51	0.67	0.70	0.85	0.86
沥青矿棉毡 25 mm，留空腔 50 mm，65 mm	30	200	0.08	0.09	0.18	0.40	0.79	0.82
	50	150	0.30	0.50	0.87	0.98	0.79	0.89
	30	200	0.36	0.66	0.66	0.64	0.78	0.90
沥青矿棉毡玻璃布饰面	50	150	0.10	0.31	0.60	0.88	0.89	0.93

表6.7 泡沫塑料的吸声系数

名称	厚度/mm	密度/(kg·m^{-3})	125	250	500	1000	2000	4000	备注
			频率/Hz						
			吸声系数						
聚氨酯泡沫塑料	30	45	0.09	0.14	0.47	0.88	0.70	0.77	上海产
	50	45	0.15	0.35	0.84	0.68	0.82	0.82	
	80	45	0.20	0.40	0.95	0.90	0.98	0.85	
	25	40	0.04	0.07	0.11	0.16	0.31	0.83	细孔
	30	40	0.06	0.12	0.23	0.46	0.86	0.82	小孔(北京产)
	50	40	0.06	0.13	0.31	0.65	0.70	0.82	大孔
	30	53	0.05	0.10	0.19	0.38	0.76	0.82	天津产
	30	71	0.11	0.21	0.71	0.65	0.64	0.65	
	40	71	0.17	0.30	0.76	0.56	0.67	0.65	
	50	71	0.20	0.32	0.70	0.62	0.68	0.65	
脲醛泡沫塑料(米波罗)	30	20	0.10	0.17	0.45	0.67	0.65	0.85	长春产
	50	20	0.22	0.29	0.40	0.68	0.95	0.94	
	100	—	0.47	0.70	0.87	0.86	0.96	0.97	
氨基甲酸酯泡沫塑料	20	—	0.06	0.07	0.16	0.51	0.84	0.65	太原产
	25	25	0.12	0.22	0.57	0.77	0.77	0.76	
	40	—	0.12	0.22	0.57	0.77	0.77	0.76	
	50	36	0.21	0.31	0.86	0.71	0.86	0.82	

表 6.8 纺织废纤维的吸声系数

名称	厚度/mm	密度/(kg·m^{-3})	频率/Hz 125	250	500	1000	2000	4000	备注
			吸声系数						
棉纺飞花	50	20	0.08	0.10	0.27	0.82	0.97	0.94	北京七一纺布厂提供
	50	30	0.11	0.15	0.41	0.84	0.98	0.96	
	50	40	0.14	0.23	0.59	0.95	0.97	0.99	
	50	50	0.14	0.29	0.70	0.94	0.93	0.98	
	50	60	0.15	0.29	0.73	0.87	0.85	0.94	
人造纤维	50	20	0.14	0.17	0.30	0.57	0.80	0.85	北京第二毛纺织厂提供
	50	30	0.15	0.23	0.41	0.73	0.97	0.95	
	50	40	0.17	0.24	0.50	0.84	0.99	0.97	
	50	50	0.17	0.24	0.60	0.90	0.99	0.98	
	50	60	0.19	0.30	0.68	0.87	0.96	0.99	
杂羊毛	50	20	0.09	0.15	0.28	0.52	0.50	0.92	北京绒毯厂提供
	50	30	0.08	0.16	0.38	0.70	0.70	0.90	
	50	40	0.08	0.18	0.38	0.75	0.80	0.87	
	50	50	0.08	0.19	0.48	0.84	0.85	0.86	
	50	60	0.18	0.25	0.49	0.90	0.94	0.87	
	50	70	0.11	0.25	0.61	0.82	0.99	0.98	

表 6.9 常用衬板材料的吸声系数

名称	厚度/mm	空腔/mm	密度/(kg·m^{-3})	频率/Hz 125	250	500	1000	2000	4000
				吸声系数					
甘蔗板	20	50	190	0.25	0.82	0.74	0.64	0.51	0.50
	20	100	190	0.46	0.98	0.52	0.62	0.58	0.56
甘蔗纤维板	20	50	300	0.30	0.45	0.20	0.20	0.20	0.30
	20	100	300	0.25	0.40	0.50	0.20	0.25	0.30
麻纤维板	13	—	260	0.07	0.09	0.14	0.18	0.27	0.30
	20	—	260	0.09	0.11	0.16	0.22	0.28	0.30
稻草压制板	5	—	—	0.05	0.09	0.25	0.52	0.48	—
稻草板	23	—	—	0.25	0.39	0.60	0.26	0.33	0.72
稻草纤维板	18	—	340	0.13	0.28	0.28	0.31	0.43	0.53
	23	—	340	0.25	0.39	0.60	0.26	0.33	0.72

表6.9(续)

名称	厚度/mm	空腔/mm	密度/(kg·m^{-3})	频率/Hz					
				125	250	500	1000	2000	4000
				吸声系数					
草纸板	20	100	—	0.49	0.48	0.34	0.32	0.49	0.60
	20	150	—	0.51	0.31	0.34	0.33	0.46	0.69
软木屑板	25	—	260	0.05	0.11	0.25	0.63	0.70	0.70
工业毛毡	20	—		0.07	0.26	0.42	0.40	0.55	0.56
	40	—	372	0.14	0.36	0.44	0.55	0.52	0.58
水泥木丝板	15	—	470	0.05	0.17	0.31	0.49	0.37	0.66
	15	120	470	0.10	0.28	0.48	0.32	0.42	0.68
	25	50	470	0.18	0.18	0.50	0.47	0.57	0.83
矿棉板6 m^{2}平铺(α_0)	12	—	350	0.02	0.20	0.60	0.72	0.76	0.91

表6.10 座位和听众的吸声系数

听众和座位	频率/Hz					
	125	250	500	1000	2000	4000
	吸声系数					
听众，坐于软席，按照地板面积计	0.60	0.74	0.88	0.96	0.93	0.85
蒙布软席，按照地板面积计	0.49	0.66	0.80	0.88	0.82	0.70
皮软椅，按照地板面积计	0.44	0.54	0.60	0.62	0.58	0.50
听众，坐于木椅上，按照地板面积计	0.57	0.61	0.75	0.86	0.91	0.86
金属软椅或木软椅，按照每个座椅的吸声量(m^2)计算	0.014	0.018	0.020	0.036	0.035	0.038

表6.11 常用建筑材料类(混响室值)的吸声系数

材料名称和规格	频率/Hz					
	125	250	500	1000	2000	4000
	吸声系数					
砖墙抹光	0.03	0.03	0.03	0.04	0.05	0.07
厚地毯铺在混凝土上	0.02	0.06	0.14	0.37	0.60	0.65
厚地毯铺在毛毡或泡沫橡皮上	0.08	0.24	0.57	0.69	0.71	0.73
厚地毯铺在毛毡上，背面加防潮纸	0.08	0.27	0.39	0.34	0.48	0.63
混凝土墙，粗糙	0.36	0.44	0.31	0.29	0.39	0.25
刷漆	0.10	0.05	0.06	0.07	0.09	0.08
木地板	0.15	0.11	0.10	0.07	0.06	0.07

表6.11(续)

材料名称和规格	频率/Hz					
	125	250	500	1000	2000	4000
	吸声系数					
混凝土地板上铺漆布、沥青、橡皮或软木板	0.02	0.03	0.03	0.03	0.03	0.02
混凝土地板上铺沥青且嵌木地板	0.04	0.04	0.07	0.06	0.06	0.07
大块厚玻璃	0.18	0.06	0.04	0.03	0.02	0.02
普通玻璃	0.35	0.25	0.18	0.12	0.07	0.04
石膏板，厚12.5 mm，龙骨50 mm×100 mm，间距400 mm	0.29	0.10	0.05	0.04	0.07	0.09
大理石或水磨石	0.01	0.01	0.01	0.01	0.02	0.02
板条抹灰	0.14	0.10	0.06	0.05	0.04	0.03
板条抹灰，再抹光	0.14	0.10	0.06	0.04	0.04	0.03
胶合板，厚9 mm	0.28	0.22	0.17	0.09	0.10	0.11
水面	0.008	0.008	0.013	0.015	0.020	0.025
通风口	0.15~0.50					

6.2.2 多孔吸声材料的吸声特性

为了充分利用吸声材料，提高吸声系数，扩大材料吸声频带的宽度，必须了解吸声材料的吸声特性。

6.2.2.1 吸声系数与频率的关系

高频声波可以使孔隙中空气质点的振动速度加快，空气与筋络之间的热交换也随之加快，因此吸声材料对高频声吸声效果好。图6.4为一个典型材料的吸声频谱特性曲线。由图6.4可见，这条曲线是一条多峰曲线，在这条曲线上存在一个最大吸声频率f_0，频率高于f_0时，吸声系数虽有起伏，但变化不大，基本都保持较高的吸声系数，最大吸声频率可用式(6.10)计算：

$$f_0=\frac{c}{2\pi D}\sqrt{\frac{3}{\varepsilon}} \tag{6.10}$$

式中，D——多孔材料的厚度，m；

c——声速；

ε——材料的结构因子，通常为2~10，当以一定的毛细管方向杂乱分布时，结构因子是3。

当频率小于f_0时，多孔材料的正入射吸声系数为

$$\alpha_0=\frac{830Z_x}{(Z_x)^2+Z_y} \tag{6.11}$$

式中，$Z_x=\frac{\sigma D}{3}+\frac{0.28\times10^5}{\omega hD}$；$Z_y=\frac{0.18\omega D}{3}+\frac{1.4\times10^5}{\omega hD}$。其中，$h$为吸声材料的孔隙率，$h=$

$\frac{\rho_c-\rho_0}{\rho_c}$（其中 ρ_c 为多孔材料的密度）；ω 为圆频率，$\omega=2\pi f$；D 为吸声层的厚度，m；σ 为多孔吸声材料的流阻，对于玻璃棉，$\sigma=43\times10^6\left(\frac{\rho_0}{\rho_0 d}\right)^{1.5}$，$d$ 为纤维的直径（μm）。

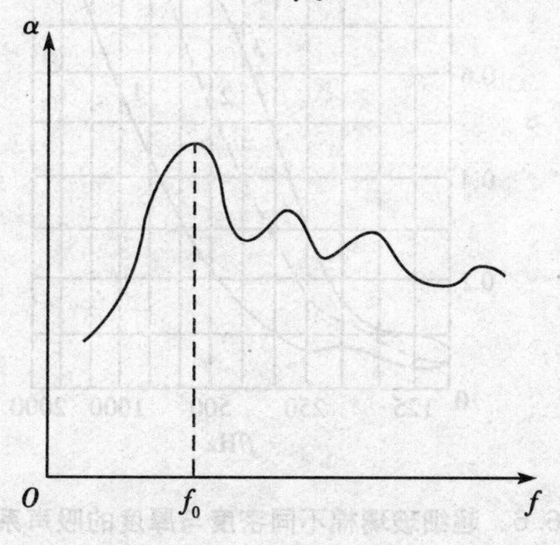

图 6.4 α-f 关系曲线

6.2.2.2 吸声系数与密度、孔隙率的关系

多孔吸声材料的吸声性能依赖于它的孔隙率，对于同种材料来说，改变密度就相当于改变了它的孔隙率。理论分析和实践结果表明，过大或过小的孔隙率，其材料的吸声系数都不高。对某一种多孔吸声材料来说，其都有一个最佳的孔隙率（或密度）范围。图 6.5 为密度为 5~40 kg/m^3、厚度为 4 cm 超细玻璃棉的正入射吸声频率特性曲线。从图 6.5 可以看出，随着密度的增加，中、低频的吸声性能有所改善；密度过大，也就是空隙率过小时，中、高频吸声性能显著下降。

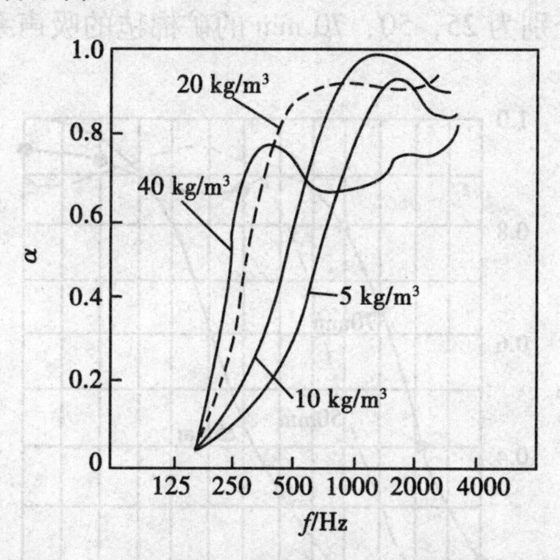

图 6.5 不同密度超细玻璃棉的吸声特性曲线

试验发现，对于同一种材料，小密度，大的厚度，吸声系数的值较大；而大密度，小的厚度，吸声系数的值偏小。见图 6.6。

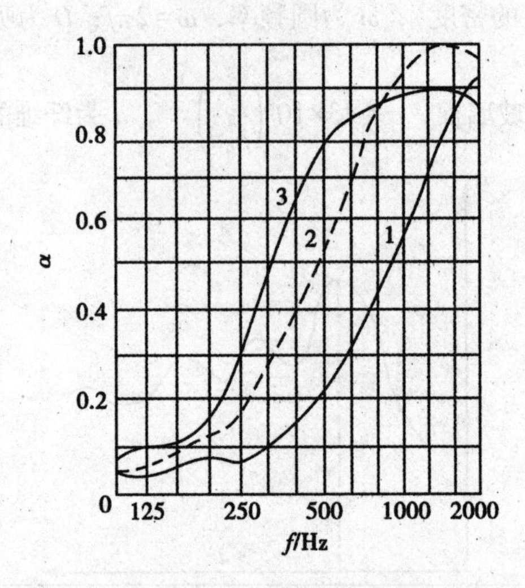

图 6.6　超细玻璃棉不同密度与厚度的吸声系数

1—密度 26.5 kg/m³，厚 25 mm；2—密度 14.3 kg/m³，厚 50 mm；
3—密度 27.5 kg/m³，厚 50 mm

6.2.2.3　材料厚度与吸声系数的关系

多孔吸声材料厚度增加时，材料的吸声频率特性将向低频方向移动。一般来说，材料厚度增加 1 倍，吸声频率特性曲线峰值向低频移动 1 倍频程。随着材料厚度的增加，对各个频率的值也增加，但到一定频率则为定值。厚度增加，对低频的吸收明显增加，但是其厚度要增加到很厚时才对低频入射声波有较大的吸收系数，这在经济上是不合算的。图 6.7为密度恒定时，厚度分别为 25，50，70 mm 的矿棉毡的吸声系数。

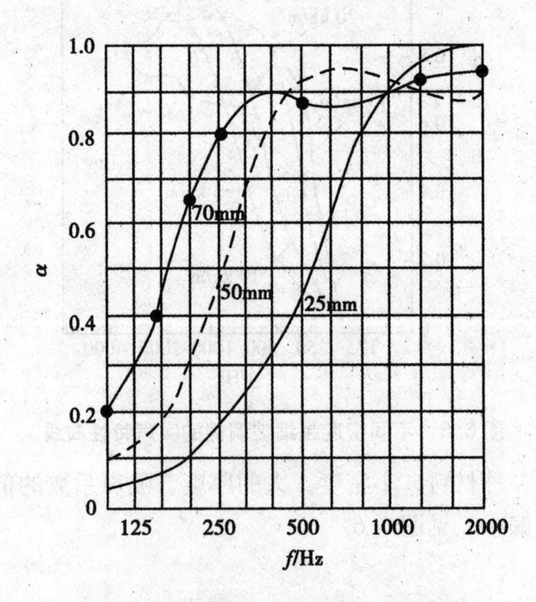

图 6.7　不同厚度的矿棉毡的吸声系数

吸声材料的厚度可根据要求的吸声频率范围来确定，如果要求的吸声系数在频率 f 上达到0.8~0.9，则其厚度不应小于

$$D_0=\frac{250}{\sqrt{h\sigma f}} \tag{6.12}$$

6.2.2.4 材料流阻与吸声系数的关系

一般把气流稳定地流过材料时，多孔材料两面的静压差与流速之比定义为材料的流阻，即

$$R_f=\frac{\Delta p}{v} \tag{6.13}$$

式中，R_f——流阻，Pa·s/m；

Δp——材料两边的静压差，Pa；

v——气流速度，m/s。

流阻是表征气流通过多孔性材料难易程度的一个物理量，它对多孔材料的吸声性能有明显的影响。流阻的大小与材料内部空隙的多少、大小、互相连通程度等因素有关。流阻过高或过低都将影响材料的吸声性能。例如，薄而稀疏的材料，流阻低，吸声性也差；闭孔的轻质材料，流阻很高，但吸声作用甚微。因此，只有流阻适当，材料才会获得良好的吸声性能。

6.2.2.5 影响吸声系数的其他因素

空隙率、密度、厚度等是影响吸声材料吸声性能的内在因素。由于安装方式、使用条件不同，材料的吸声性能也将发生变化。

（1）背后空气层的影响。

在墙壁与吸声材料之间用空气层隔开，可以增大吸声材料吸收低频声的效果，见图6.8。在实际工程中，有时采用这种方法来代替增加材料厚度，从而增强对低频声吸收的效果，达到节省材料的目的。

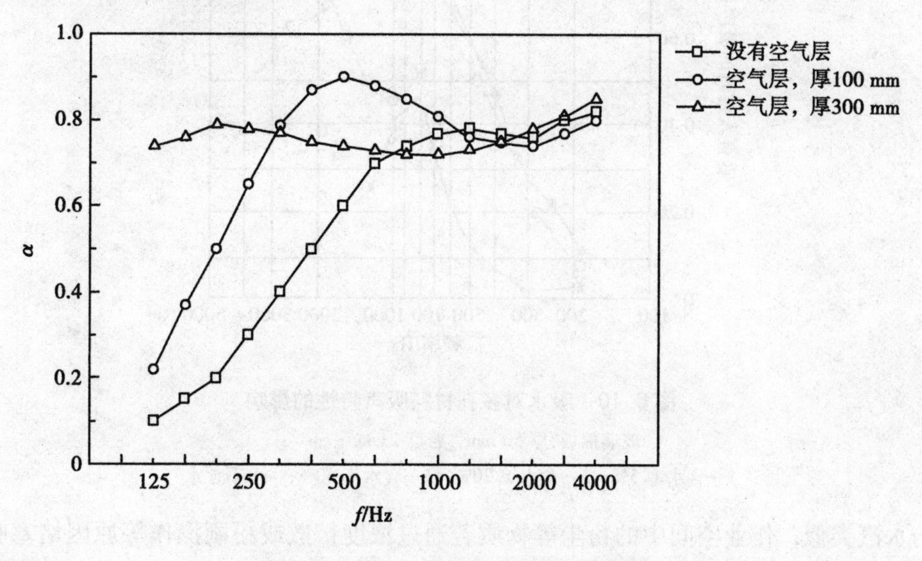

图6.8 背后空气层对吸声系数的影响

（2）材料饰面的影响。

为了美观和保护吸声材料的需要，常在吸声材料(已加工成板状、块状的除外)表面增加一层罩面层，并尽可能不影响它原有的吸声性能。常用的罩面层有各种金属网、玻璃丝布、塑料薄膜(厚度在 0.05 mm 以下，这样除高频吸收稍有降低，对其他频率的吸收影响不大)，以及穿孔率大于 20%的各种穿孔板，此时多孔材料的吸声性能基本上不受影响。穿孔板主要起护面作用，只有较高频率的吸声系数稍有下降。图 6.9 为矿棉及表面装饰不同穿孔率(P)面板的吸声特性。

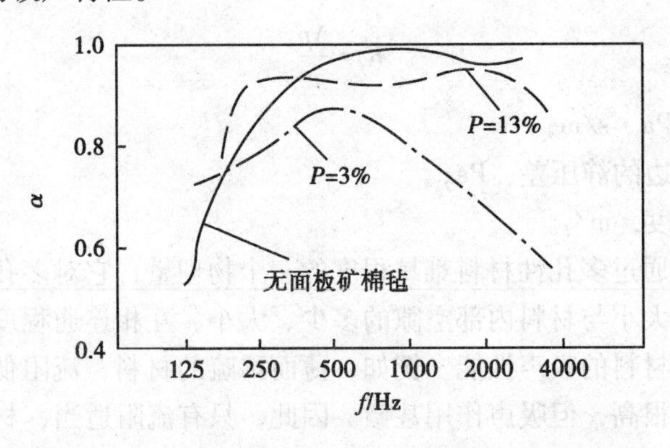

图 6.9　不同穿孔率面板对矿棉吸声性能的影响

（3）吸湿的影响。

吸声材料的空隙被水充满堵塞时，其吸声系数首先从高频开始下降，见图 6.10。一些吸水量较小的防潮超细玻璃毡和矿棉吸声板，可适用于湿度较大的地下工程内。

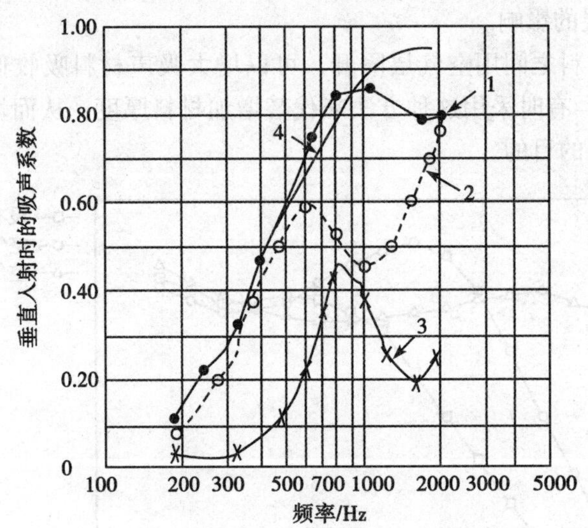

图 6.10　吸水对多孔材料吸声特性的影响

玻璃棉板，厚 50 mm，密度 24 kg · cm^{-3}；

1—含水率 5%；2—含水率 20%；3—含水率 50%；4—不含水

与水汽类似，作业空间中的粉尘等物质若通过浓度扩散或粉刷操作等原因堵塞吸声材料的孔洞，也会严重地影响材料的吸声特性。

（4）气流的影响。

当把材料应用于通风管道和消声器内时，应当选择合适的罩面层，防止多孔材料的飞散。罩面层的形式要根据管内风速的大小来确定。例如，对于玻璃棉一类材料，当流速为10 m/s 以下时，可选用玻璃丝布作罩面层；当流速达到10 m/s 以上时，需用孔径不大于5 mm 的穿孔板作罩面；当流速达到20~40 m/s 时，应采用玻璃丝布外罩金属穿孔板。

（5）温度的影响。

由于材质不同，吸声材料的使用温度范围也不同，如表6.12所列。

表6.12 常用吸声材料的使用温度

材料名称	泡沫塑料	毛毡	玻璃纤维制品	普通超细玻璃棉	超细玻璃棉	高硅氧玻璃棉	矿渣纤维制品	矿渣棉	铜丝棉	铁丝棉	微孔吸声砖	金属微穿孔板
最高使用温度/℃	80	100	250~350	450~550	600~700	1000~1200	250~350	500~600	900	1100	900~1000	1000以上
最低使用温度/℃	-35	-35	-35	-100	-100	-100	-35	-100				

6.2.3 多孔性吸声材料的作用

多孔材料的应用范围很广，若把它做成一定形式的结构，安装在室内墙壁上或吊在天花板上，可以吸收室内的混响声；安装在隔声罩内表面，可以减轻罩内的噪声强度；也可以做消声器的内衬，吸收高频气流的噪声；对于隔声间、隔声罩内的通风管道或各种管线孔洞，如果四周嵌上或垫以一定厚度的吸声材料，可以阻塞噪声的传递。同时，吸声材料也可以改变房间的混响时间。

6.2.3.1 有罩面层的多孔吸声结构

由于多孔吸声材料疏松多孔，整体强度差，很难直接用于室内吸声，因此往往在吸声材料表面覆盖一层或几层护面材料，做成各种形状的吸声结构。

有罩面层的多孔吸声结构是一种常用的吸声结构。它的制作方法是用透气组织(如玻璃丝布、稀的平纹布等)把多孔吸声材料(如超细玻璃棉、矿渣棉等)包裹封缝起来，并装在用木龙骨钉成的木架上，最后在外表面加一层罩面。

罩面或护面的形式是多样的。如图6.11(a)的钢板网所示。这类护面层的孔隙率很高，流阻极小，基本上不影响材料的吸声性能。考究一点的护面层可用穿孔板[图6.11(b)]，如胶合板、纤维板、塑胶贴面板、石棉水泥板、钢板、铝板等。为了不影响材料的吸声性能，其穿孔率不能小于20%，穿孔可以组成多种花纹。目前，建筑吸声中常用的罩面穿孔板多为胶合板和硬质纤维板，其穿孔径常为ϕ6 mm，ϕ8 mm，孔距为11，13，18，20 mm等。

6.2.3.2 空间吸声体

有罩面层的多孔吸声结构都是整片地装在墙壁上或吊在天花板上，这样声波只能和材料的外表面接触。如果把这些吸声结构分成单个的若干块悬挂在天花板上，并保持适当的距离(见图6.12)，这样声波就能和吸声体的更多表面接触，这种结构叫“空间吸声体”。

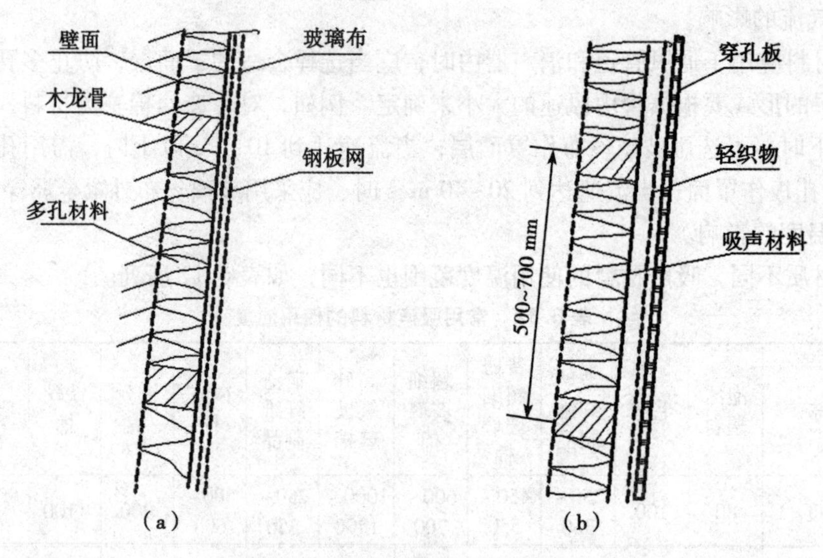

图 6.11 多孔材料护面的结构形式

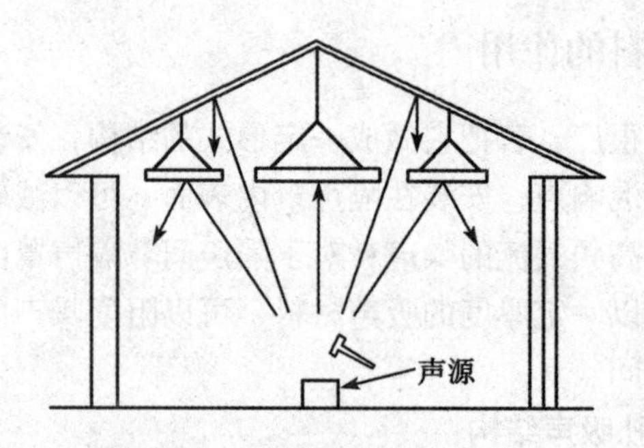

图 6.12 房间悬挂吸声体吸声

实践证明，“空间吸声体”的吸声效果非常明显。例如，北京某厂的地下车间，其墙面、地面、天花板都是水泥抹面，混响时间很长，但整个车间悬挂了宽 1.5 m、长 6.0 m、厚 5.0 cm 的 42 块超细玻璃棉吸声体后，经测量总的噪声降低量达 4~8 dB。

“空间吸声体”可以做成水平板、折板、圆柱、六面体、棱柱及圆锥体等各种形状，如图 6.13 所示。

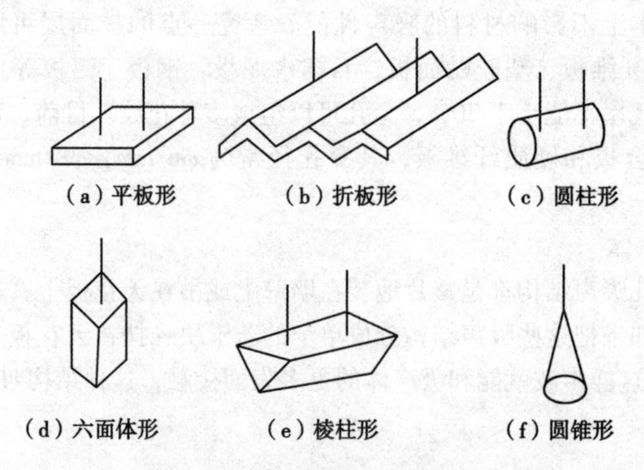

图 6.13 空间吸声体的几种形状

6.2.3.3 吸声尖劈

吸声尖劈是由楔形金属钢架和多孔吸声材料组成的。吸声尖劈可在低、中、高频范围内获得很高的吸声系数。尖劈高度为所需吸收声波的最低频率波长的一半，这样的吸声尖劈的吸声系数可达 0.99。尖劈的高度缩短一些，其吸声系数也有所降低。图 6.14 所示的简易尖劈，吸声系数从 100 Hz 起就可达 0.90。

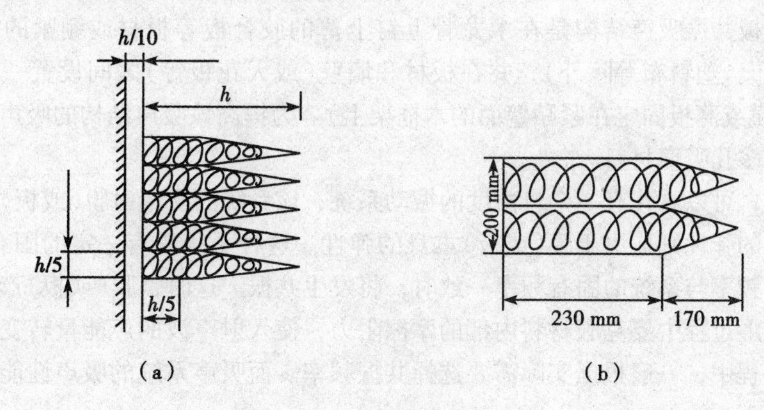

图 6.14 吸声尖劈

吸声尖劈吸声量的大小主要与下述因素有关：

① 尖劈总长度 $L=L_1+L_2$ 和尖劈特征尺寸比例 L_1/L_2，如图 6.15 所示；

② 空腔的深度 h；

③ 填充的吸声材料的吸声特性。

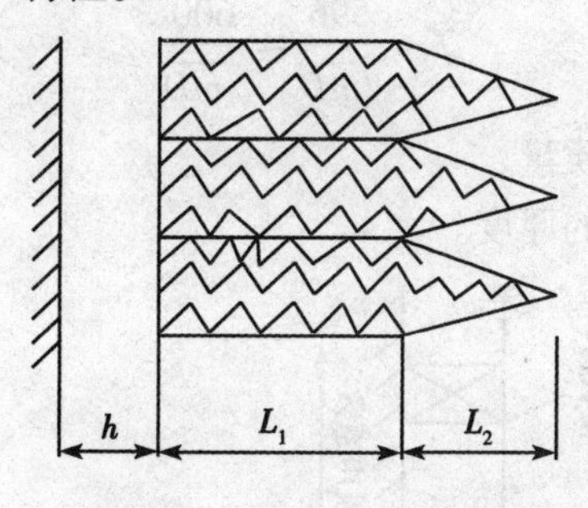

图 6.15 吸声尖劈示意图

吸声尖劈常用于消声室。所谓消声室，是指在室内六面都铺设吸声材料或吸声结构(通常为吸声尖劈)，使室内达到自由声场条件的房间。消声室是用于测定工业产品噪声功率的地方，测试时要求消声室的体积比待测设备的体积大 200 倍以上，近年来常用于测定机器噪声功率。半消声室是 5 个面进行了消声处理，有 1 个面(地面)有效反射声波的消声室。

消声室的基础一般都有弹簧支承，使其有较低的固有频率(通常小于数赫兹)，避免地面振动传入消声室内。此外，墙壁采用双层墙，以提高隔绝外部噪声的能力。在体积一定的条件下，为减少反射声的影响，应尽量增加房间内侧面积。一般消声室内表面多采用玻璃纤维吸声尖劈，吸声系数可达 0.99。

6.2.4 薄膜、薄板共振吸声结构

如前所述，多孔材料吸收低频声波的效果很差，要想达到设计上对低频的吸声要求，就需要增加材料的厚度，有时这是不经济的。实际工程中，普遍采用共振吸声结构来增加对低频声的吸声效果，如薄膜、薄板共振吸声结构等。

薄膜、薄板共振吸声结构是在木龙骨上钉上薄的胶合板等板材或绷紧的漆布类织物(油性料的粗布、塑料布等除外)，并在板材和墙壁(或天花板等)之间设置一定厚度的空气层(如把薄膜或薄板固定在紧贴壁面的木框架上)。为提高该吸声结构的吸声性能，可在空气层中填充多孔吸声材料。

这种结构，可以看作有一个自由度的振动系统，该系统的质量由膜(或板)本身的质量决定，而系统的弹性则取决于膜(或板)本身的弹性。这种系统具有一定的固有振动频率，当入射声波的频率与系统的固有频率一致时，将发生共振。这时，膜(或板)产生最大的弯曲变形，在变形过程中要克服材料内部的摩擦阻力，使入射声波的声能量转变为热能而被消耗掉。在工程中，一般根据实际需要选择共振频率。而吸声系统的吸声性能主要在实验室内测定得到。

6.2.4.1 膜共振吸声结构

在膜共振吸声结构振动系统中，膜相当于重物，空气相当于弹簧，声波射在膜上引起这一系统产生振动，如果忽略施加在膜上的张拉力，那么其共振原理如图 6.16 所示，共振频率为

$$f_0=\frac{596}{\sqrt{mD}}\approx\frac{600}{\sqrt{mD}} \tag{6.14}$$

式中，m——膜的单位面积的质量；

D——膜后面的空气层的厚度。

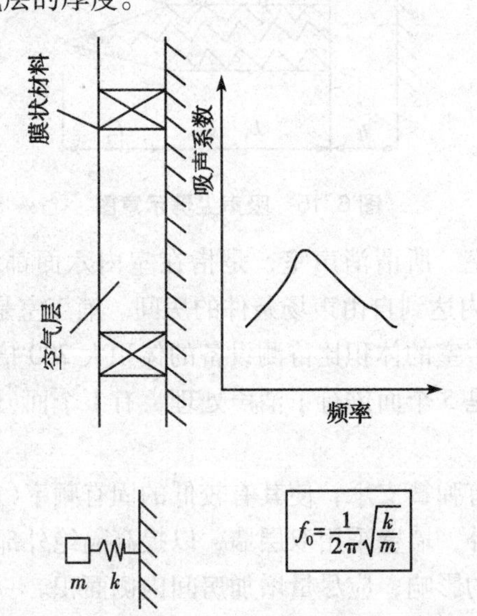

图 6.16 膜共振吸声结构的吸声原理及特性

由式(6.14)可见，增加膜的单位面积的质量或膜后面的空气层的厚度，均可降低结构的固有频率。工程中常用的膜共振吸声结构的共振频率f_0为200~1000 Hz，最高吸声系数为0.3~0.4。为了增加吸声系数，常把膜当作面层，并在空气层中充填多孔吸声材料，这时整个结构的吸声能力将有明显改善，如图6.17所示。这时，结构的吸声特性取决于膜和多孔吸声材料的种类和安装方法，它能使吸声系数在整个频率范围内增高。膜材料可以采用塑料布、塑料薄膜、帆布、人造革等。这种结构多用于飞机机舱和小卧室内，建筑中常用的是板共振吸声结构。

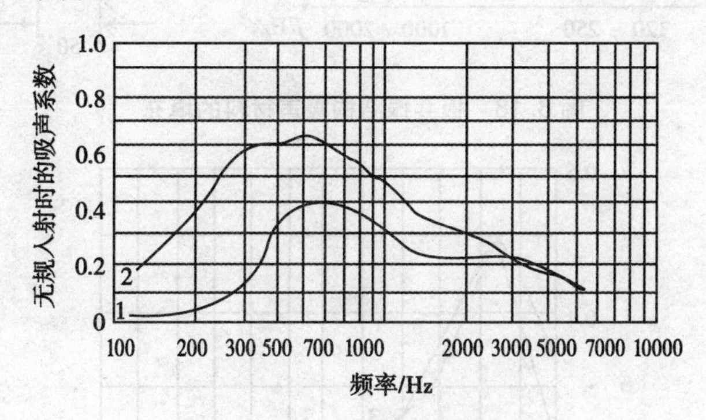

图6.17 帆布的吸声频谱

1—膜背后空气层45 mm；2—再放入25 mm厚的岩棉

6.2.4.2 板共振吸声结构

板共振吸声原理与膜共振吸声原理相同，区别在于膜的弹性决定了张拉程度。如果注意到板的尺寸、质量和弹性系数、板后空气层的厚度、框架的构造及板的安装方法等一系列与刚度有关的因素时，其共振频率为

$$f_0=\frac{1}{2\pi}\sqrt{\frac{1.4\times10^7}{mD}+\frac{k}{m}} \tag{6.15}$$

式中，m——板的密度，kg/m^3；

D——板后空气层的厚度，cm；

k——施工状态下的刚度因素，与板的弹性、底层构造与安装方法有关。

一般的板材在施工状态下，$k=1\times10^6\sim3\times10^6$ kg·s^2/m^2，板越厚越大，当k很小时，板结构就变成膜结构。因此，对于一般的结构，也可按照式(6.14)作近似计算。

由于声波的激发也会引起板和墙之间空气的横向振动，因此使用板共振结构时，其龙骨间的距离不应小于共振频率波长的一半。目前，对于吸声系数小于200 Hz的板结构，常用0.5 m×0.5 m或0.45 m×0.45 m的间距。

工程中，一般板共振吸声结构的共振频率f_0为80~300 Hz，故这类结构为“低频吸声结构”，吸声系数达0.20~0.50。为了提高吸声系数，既可以在薄板结构的边缘(即胶合板与龙骨交接处)放置一些增加结构阻尼特性的软材料(如海绵条、软橡皮、皮毡等)，也可以在空气层中沿着龙骨四周适当地放一些多孔材料(或全填充)，如图6.18所示。图6.19是板共振吸声结构有无充填多孔吸声材料的吸声对比图。

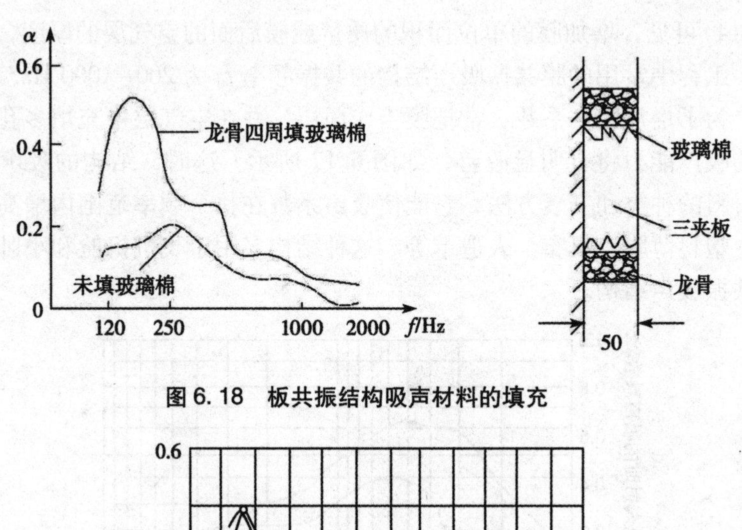

图 6.18 板共振结构吸声材料的填充

图 6.19 胶合板(厚 5 mm)、后空 50 mm 填充与不填充矿棉的吸声系数

1—无填充；2—全填充；3—沿龙骨四边填充

除吸声材料的影响，板的厚度、空气层的厚度等都可能对结构的吸声性能产生影响。图 6.20 表示了板厚度对结构吸声性能的影响。图 6.21 表示了空气层的厚度对结构吸声性能的影响。木质薄板共振吸声结构的板厚取 3~6 mm，空气层厚度取 30~100 mm，共振吸收频率为 10~300 Hz，其吸声系数一般为 0.2~0.5。

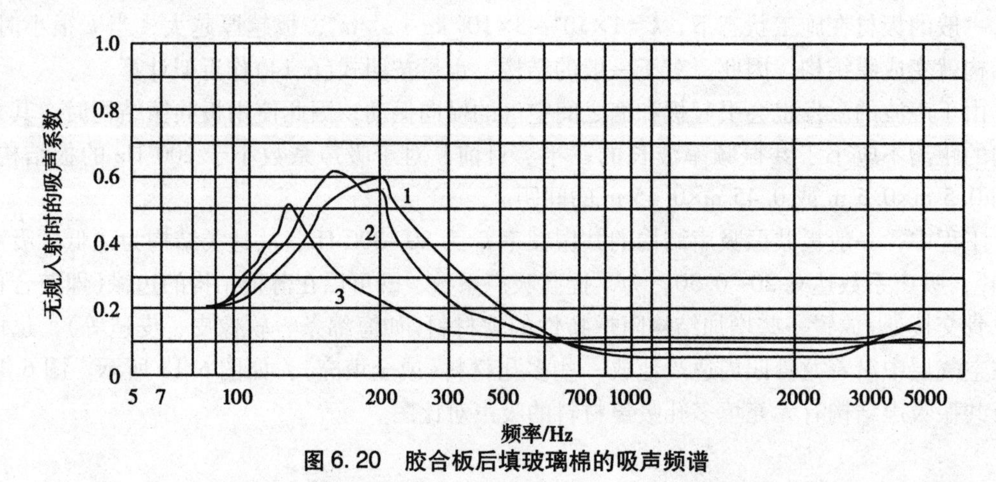

图 6.20 胶合板后填玻璃棉的吸声频谱

空气层 45 mm，玻璃棉 45 mm，板厚：1—4 mm；2—6 mm；3—9 mm

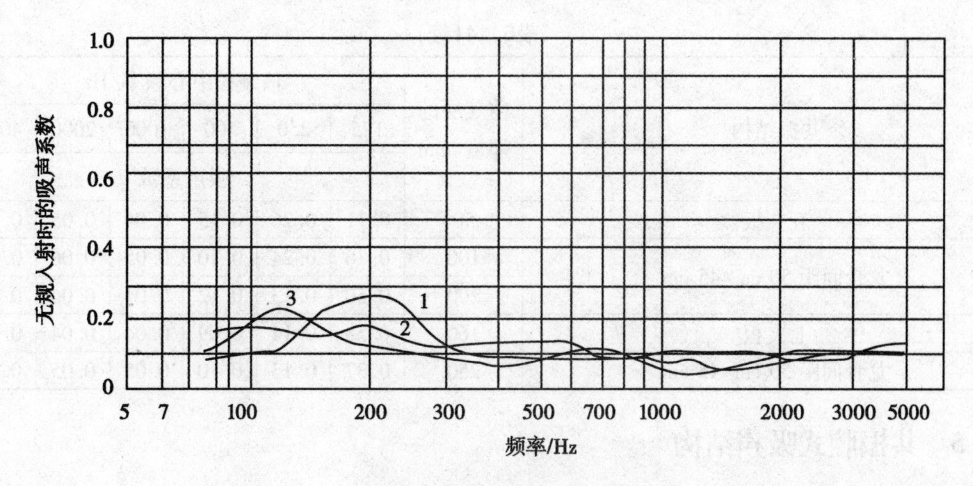

图 6.21 胶合板的吸声性能

板厚 9 mm；空气层厚度：1—45 mm；2—90 mm；3—180 mm

表 6.13 及表 6.14 分别给出了薄膜结构及板共振吸声结构的吸声系数。

表 6.13 薄膜结构的吸声系数

吸声结构	背衬材料的厚度/mm	倍频程中心频率/Hz					
		125	250	500	1000	2000	4000
		吸声系数					
帆布	空气层，45	0.05	0.10	0.40	0.25	0.25	0.20
	空气层 20+矿棉 25	0.20	0.50	0.65	0.50	0.32	0.2
人造革	玻璃棉 25	0.20	0.70	0.90	0.55	0.33	0.20
聚乙烯薄膜	玻璃棉 50	0.25	0.70	0.90	0.90	0.60	0.50

表 6.14 常用板共振吸声结构的吸声系数表(混响室值)

共振结构	空气层的厚度/mm	倍频程中心频率/Hz					
		125	250	500	1000	2000	4000
		吸声系数					
木丝板，厚 3 cm	50	0.05	0.30	0.81	0.63	0.70	0.91
龙骨间距 45 cm×45 cm	100	0.09	0.36	0.61	0.53	0.71	0.89
塑料五夹板(中填矿棉)	50	0.47	0.41	0.20	0.09	0.09	0.12
塑料五夹板(周边用矿棉条)	100	0.45	0.25	0.10	0.08	0.70	0.13
吊顶，后空 1.7 m，放矿棉龙骨间距 50 cm×50 cm	—	0.36	0.19	0.15	0.08	0.70	0.07
草纸板，厚度 2 cm	50	0.15	0.49	0.41	0.38	0.51	0.64
龙骨间距 45 cm×45 cm	100	0.50	0.48	0.34	0.32	0.49	0.60
三夹板	50	0.21	0.73	0.21	0.19	0.08	0.12
龙骨间距 45 cm×45 cm	100	0.59	0.38	0.18	0.05	0.04	0.08
龙骨间填矿棉	50	0.37	0.57	0.28	0.12	0.09	0.12
龙骨四周填矿棉条	100	0.75	0.34	0.25	0.14	0.08	0.09

表6.14(续)

共振结构	空气层的厚度/mm	倍频程中心频率/Hz					
		125	250	500	1000	2000	4000
		吸声系数					
五夹板	50	0.11	0.26	0.15	0.04	0.05	0.10
龙骨间距 50 cm×45 cm	100	0.36	0.24	0.10	0.05	0.06	0.16
	200	0.60	0.13	0.12	0.04	0.06	0.17
七夹板	160	0.58	0.14	0.09	0.04	0.04	0.07
龙骨间距 50 cm×45 cm	250	0.37	0.13	0.10	0.05	0.05	0.10

6.2.5 共振腔式吸声结构

6.2.5.1 单个空腔共振吸声结构

把带有小开口的封闭空腔单个地埋在墙或天花板里，露出一个小口与室内相通，当声波入射到孔口上时，孔颈(咽喉)中的空气在声波的作用下，像活塞一样做往复运动。运动气体具有一定的质量，它抗拒由于声压作用而引起的运动速度的变化。同时，声波进入孔颈时，由于颈壁的摩擦和阻尼，使部分声能转化为热能消耗掉。此外，充满气体的空腔具有阻碍来自孔颈的压力变化的特性。因此，可把腔中的空气看作具有一定弹性的弹簧，而颈口处的空气又具有一定的质量，相当于一个重物，它们形成一个弹性系统，其固有频率为

$$f_0=\frac{c}{2\pi}\sqrt{\frac{S}{Vl_k}} \tag{6.16}$$

式中，S——颈口的面积，m^2；

V——空腔的体积，m^3；

l_k——有效颈长，$l_k=l+0.8d$，m；

d——颈口的直径，m；

c——声速，m/s。

图6.22所示为单个共振腔吸声原理及吸声情况。

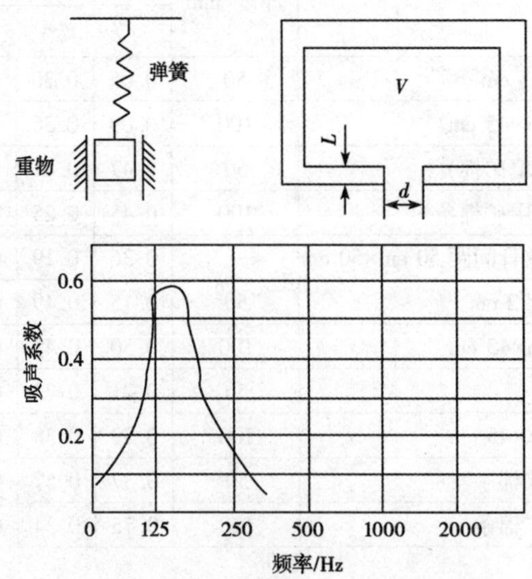

图6.22 单个共振腔吸声原理及吸声情况

当入射声波的频率与f_0接近时，将引起振动系统强烈共振，颈中的空气柱与颈壁产生剧烈摩擦，于是将部分声能转化为热能消耗掉。这种结构吸声的特点是吸收频带较窄，而且共振频率较低，仅使用在某几种低频噪声较为突出的场合。如发电机组的转速为3000 r/min时，在50 Hz和100 Hz时噪声较高，在机房的墙面上装置大量针对入射频率设计的单个空腔共振吸声结构是十分适宜的。单个空腔可用石膏浇注，或专门烧制成带孔的陶土空心砖，也可以用带孔的陶土砖与普通砖砌成空斗墙等形式。

为使共振时的吸声频带宽度加宽，可在颈口处蒙上一层薄的织物或填放一些多孔吸声材料，以增加孔径部分的流阻。

6.2.5.2 穿孔板共振吸声结构

各种金属板、胶合板、纸板以一定的孔径和孔距打上孔，并在背后设置一空腔，就构成穿孔板吸声结构(图6.23)。当穿孔率(孔的面积与面板总面积之比)大于20%时，它可以作吸声材料的罩面层，使入射声充分入射进材料内，不影响材料的吸声性能。但当穿孔率小于20%时，穿孔板的作用就发生了质的变化，此时可把该吸声结构看作由许多单个空腔共振结构组合起来的共振吸声结构。

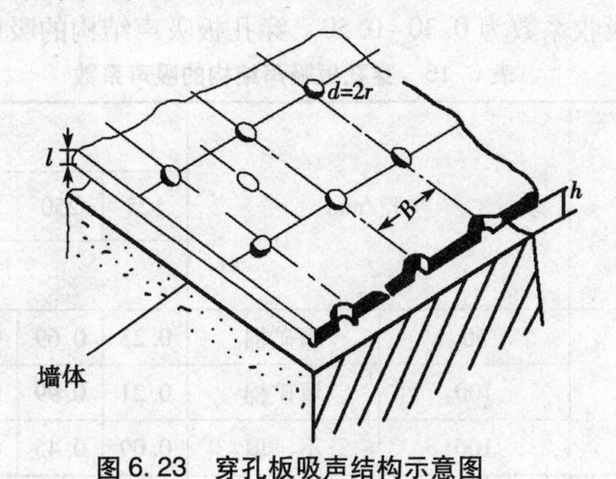

图6.23 穿孔板吸声结构示意图

l—板厚；h—空气层厚；d—孔径；B—孔心距；穿孔率 $P=\frac{\pi d^2}{4B^2}$

“微穿孔板吸声理论”由我国著名声学专家马大猷院士提出。1940年，马大猷院士获得了哈佛大学博士学位，成为该校历史上第一个用两年时间就获得博士学位的人。学校毕业典礼后，他立即启程回国为国家声学事业做贡献。20世纪五六十年代，中国启动了“两弹一星”战略工程，在导弹研制方面，由于导弹发射时产生的噪声高达一亿瓦，且伴有高温、潮湿，非常不利于导弹的隐蔽与导弹井的维护。为了解决这一难题，马大猷创造性地提出“在钢板上钻穿微孔，利用流阻来实现吸声”的设想。这一设想经过多年的完善，于1975年首次以“微穿孔板吸声理论”面世。马大猷作为该理论的创始人，于1997年获得了德国夫琅和费协会金质奖章及建筑物理所ALFA奖。马大猷也是新中国第一位重视噪声污染的科学家，他在环境声学的基础上开展了多次的环境噪声调查、控制。1973年，在第一次全国环境保护会议上，他提出将噪声列为环境污染“四害”之一。这一系列工作推动了我国的环境保护研究工作，他也因此获得了1985年的中国科学院科技进步奖一等奖。

当声波入射到穿孔板表面时，大部分声能将激起孔洞处的空气分子做往复运动，此时孔洞处的摩擦阻力消耗了声能；还有一部分声能将激起板的共振，形成薄板共振吸收。这就是穿孔板式共振吸声结构的吸声原理。

当入射声波的频率接近于该结构的固有频率时，该系统将发生共振，在共振频率范围内产生较强的吸声，其共振频率公式和式(6.16)类似。因为穿孔率为穿孔面积与整个板面积之比，所以可把式(6.16)改写为

$$f_0=\frac{c}{2\pi}\sqrt{\frac{P}{hl_k}} \tag{6.17}$$

式中，h——空气层的厚度。

该结构吸声频带较窄，有效频率只有几十赫兹到300 Hz的范围。与单个共振腔一样，为加大吸声频带的宽度，常用的方法包括穿孔板内衬织物、腔内填放多孔材料等。对于同样的穿孔率，可以减小孔径，开孔数就会增加，从而增加孔壁与声波的接触面，提高阻尼效果。

穿孔板的厚度一般为2~13 mm，孔径为2~8 mm，孔心距为10~100 mm，板后空腔深为6~100 mm，共振吸收系数为0.30~0.50。穿孔板吸声结构的吸声系数见表6.15。

表6.15　穿孔板吸声结构的吸声系数

<table>
<tr><th rowspan="3">名称</th><th rowspan="3" colspan="2">空腔/mm</th><th colspan="6">频率/Hz</th></tr>
<tr><th>125</th><th>250</th><th>500</th><th>1000</th><th>2000</th><th>4000</th></tr>
<tr><th colspan="6">吸声系数</th></tr>
<tr><td rowspan="3">穿孔五夹板，孔径5 mm，孔距25 mm，龙骨间距450 mm×450 mm</td><td>50</td><td>填矿棉</td><td>0.23</td><td>0.69</td><td>0.86</td><td>0.47</td><td>0.26</td><td>0.27</td></tr>
<tr><td>100</td><td>填矿棉</td><td>0.21</td><td>0.99</td><td>0.61</td><td>0.31</td><td>0.23</td><td>0.59</td></tr>
<tr><td>100</td><td>不　填</td><td>0.09</td><td>0.45</td><td>0.48</td><td>0.18</td><td>0.19</td><td>0.22</td></tr>
<tr><td rowspan="3">穿孔三夹板，孔径5 mm，孔距40 mm</td><td>100</td><td>不　填</td><td>0.04</td><td>0.54</td><td>0.29</td><td>0.09</td><td>0.11</td><td>0.19</td></tr>
<tr><td>100</td><td>板背贴布</td><td>0.18</td><td>0.69</td><td>0.51</td><td>0.21</td><td>0.16</td><td>0.23</td></tr>
<tr><td>100</td><td>填矿棉</td><td>0.69</td><td>0.73</td><td>0.51</td><td>0.28</td><td>0.19</td><td>0.17</td></tr>
<tr><td>复合穿孔结构，前五夹板，孔径5 mm，后三夹板，孔径5 mm，孔距40 mm，孔腔100 mm</td><td>—</td><td>—</td><td>0.83</td><td>0.50</td><td>0.68</td><td>0.44</td><td>0.22</td><td>0.25</td></tr>
<tr><td>复合穿孔结构，前三夹板，孔径5 mm，孔距13 mm，孔腔50 mm，贴布，后板不穿孔，空腔100 mm，龙骨间距500 mm×450 mm</td><td>—</td><td>—</td><td>0.44</td><td>0.75</td><td>0.62</td><td>0.74</td><td>0.88</td><td>0.72</td></tr>
</table>

在板厚小于1.0 mm的薄金属板上钻小于1.0 mm的微孔，穿孔率为1%~5%，后部留有一定厚度的空气层，就构成了微孔板吸声结构。它比普通穿孔板吸声结构的吸声系数高，吸声频带也宽。它耐高温，不怕水和湿气，能承受高风速的冲击。有单层微穿孔板，

也可以组合成双层或多层微穿孔板吸声结构，其吸声系数见表6.16。

表6.16 微穿孔板吸声结构的吸声系数

名称	穿孔率/%	空腔/mm	频率/Hz 125	250	500	1000	2000	4000
			吸声系数					
单层微穿孔板孔径 ϕ0.8(mm) 板厚0.8(mm)	1	50	0.05	0.29	0.87	0.78	0.12	—
		100	0.24	0.71	0.96	0.40	0.29	—
		250	0.72	0.99	0.38	0.40	0.12	—
单层微穿孔板孔径 ϕ0.8(mm) 板厚0.8(mm)	2	50	0.05	0.17	0.60	0.78	0.22	—
		100	0.10	0.46	0.92	0.31	0.40	—
		250	0.48	0.89	0.34	0.45	0.11	—
	3	50	0.11	0.25	0.43	0.70	0.25	—
		100	0.12	0.29	0.78	0.40	0.78	—
		250	0.35	0.70	0.26	0.50	0.11	—
双层微穿孔孔径 ϕ0.8(mm) 板厚0.9(mm)	2.5~1	$D_1=30$ $D_2=70$	0.26	0.71	0.92	0.65	0.35	—
		$D_1=50$ $D_2=50$	0.18	0.69	0.96	0.99	0.24	—
		$D_1=80$ $D_2=120$	—	0.88	0.84	0.80	—	—
		$D_1=80$ $D_2=120$	0.40	0.92	0.95	0.66	0.17	—

6.3 吸声处理减噪效果的计算

在房间壁面装饰上吸声材料(或吸声结构)及空间吸声体后，就会降低房间内的混响声。这种降低混响声(即反射声)的方法叫作吸声处理。

设噪声源发出的直达声在房间各处产生的声能密度为ε_D，如果房间壁面的平均吸声系数为$\bar{\alpha}$，那么一次反射后，声能密度增加$(1-\bar{\alpha})\varepsilon_D$，二次反射后声能密度增加为$(1-\bar{\alpha})\varepsilon_D(1-\bar{\alpha})=(1-\bar{\alpha})^2\varepsilon_D$，三次反射后声能密度增加为$(1-\bar{\alpha})^3\varepsilon_D$，因此直达声和它的多次反射声形成的声能密度$\varepsilon$一定比由直达声所造成的声能密度$\varepsilon_D$大。经过若干次反射后，室内总的声能密度为$\varepsilon=\varepsilon_D+(1-\bar{\alpha})\varepsilon_D+(1-\bar{\alpha})^2\varepsilon_D+(1-\bar{\alpha})^3\varepsilon_D+\cdots=[1+(1-\bar{\alpha})+(1-\bar{\alpha})^2+(1-\bar{\alpha})^3+\cdots]$ ε_D，其中括号内为一等比数列，根据无穷递减等比级数的求和公式，该式可以改写为

$$\varepsilon=\frac{1}{1-(1-\bar{\alpha})}\varepsilon_D=\frac{1}{\bar{\alpha}}\varepsilon_D\Rightarrow\frac{\varepsilon}{\varepsilon_D}=\frac{1}{\bar{\alpha}} \tag{6.18}$$

由式(6.18)表明，当壁面的平均吸声系数为$\bar{\alpha}$时，房间内的声能密度与直达声场相比就增加$\frac{1}{\bar{\alpha}}$倍。如果以声压级来表示，则可设L_{pD}为噪声源直达声产生的声压级，设L_p为直

达声与混响声所造成的总声压级，那么由于混响声存在导致的声压级的增加量为

$$L_p - L_{p_D} = 10\lg\frac{\varepsilon}{\varepsilon_D} = 10\lg\frac{1}{\overline{\alpha}} \tag{6.19}$$

如果吸声处理前后壁面平均吸声系数分别为 $\overline{\alpha_1}$ 和 $\overline{\alpha_2}$，并且设室内相应的声压级分别为 L_{p_1} 和 L_{p_2}，那么吸声处理前室内的总声压级为

$$L_{p_1} = L_{p_D} + 10\lg\frac{1}{\overline{\alpha_1}} \tag{6.20}$$

吸声处理后室内的总声压级为

$$L_{p_2} = L_{p_D} + 10\lg\frac{1}{\overline{\alpha_2}} \tag{6.21}$$

因此，吸声处理的减噪效果应为式(6.20)和式(6.21)之差，即

$$\Delta L_p = L_{p_1} - L_{p_2} = (L_{p_1} - L_{p_D}) - (L_{p_2} - L_{p_D}) = 10\lg\frac{\overline{\alpha_2}}{\overline{\alpha_1}} \tag{6.22}$$

式中，ΔL_p——噪声降低量，dB。

混响声的存在，使室内总声压级高于直达声压级。下面把由于壁面反射而使房内声压级的提高量 $L_p - L_{p_D}$ 和壁面平均吸声系数的关系 $\overline{\alpha}$ 列在表 6.17 中。

表 6.17 $(L_p - L_{p_D})$ 与 $\overline{\alpha}$ 的关系

$\overline{\alpha}$	0.01	0.03	0.05	0.07	0.09	0.1	0.12	0.16	0.20
$L_p - L_{p_D}$，$10\lg\frac{1}{\overline{\alpha}}$	20	15.2	13.0	11.6	10.5	10.0	9.2	8.0	7.0
$\overline{\alpha}$	0.24	0.28	0.30	0.40	0.50	0.60	0.80	0.90	1.00
$L_p - L_{p_D}$，$10\lg\frac{1}{\overline{\alpha}}$	6.2	5.5	5.2	4.0	3.0	2.2	1.0	1.00	0

在忽略空气吸声的情况下，根据计算混响时间的 Sabine 公式可知，平均吸声系数 $\overline{\alpha}$ 与混响时间 T_{60} 成反比，并且混响时间可由实验测量获得。根据 Sabine 公式和式(6.22)，便可得另一个计算噪声降低量 ΔL_p 的公式：

$$\Delta L_p = 10\lg\frac{T_1}{T_2} \tag{6.23}$$

式中，T_1 和 T_2 分别为吸声处理前后的混响时间，s。

由式(6.22)还可以看到，当室内的直达声压级保持不变时，由于壁面反射而使室内总声压级增大的量，主要取决于壁面的平均吸声系数 $\overline{\alpha}$，而与房间体积、房间内表面总面积无关。因此，单纯地提高车间的屋顶，而不改变壁面的吸声情况，并不能取得预期的降噪效果。

与自由声场相比，壁面反射可使室内总声压级有所增大，但其增大的范围有一定的限度，一般情况在 10 dB 以内。具体大小与室内的吸声条件有关，如表 6.18 所列。

表6.18 声压级增高量的几种情况

条件	壁面平均吸声系数($\overline{\alpha}$)	声压级增高量($L_p-L_{p_D}$)
最强的反射	0.01	20
未经吸声处理的车间	0.03~0.05	13~15
经过一般吸声处理的车间	0.2~0.3	5~7
经过特殊吸声处理的车间	0.5	3

经验表明，当室内未做吸声处理时，室内声压级很高，吸声处理的降噪潜力很大；但当对室内做一般的吸声处理后，减噪效果明显。如果在一般处理的基础上继续做更高一级的吸声处理，减噪效果就不那么明显了，这说明减噪效果和吸声处理程度并不成线性关系。

一般经吸声处理后，得到7~8 dB的减噪量是容易的，想获得更高的效果，所付出的代价将成倍增加。但这7~8 dB的减噪量也会使人有明显的感觉。

例6.2 某车间墙壁为抹灰墙壁，吸声系数为0.04，当进行吸声处理后，吸声系数可提高到0.25或0.5，试计算吸声处理的减噪量。

解 依式(6.22)，当把吸声系数提高到0.25时，有 $\Delta L_p=10\lg\frac{0.25}{0.04}=8$ dB。当把吸声系数提高到0.5时，则 $\Delta L_p=10\lg\frac{0.5}{0.04}=11$ dB。

6.4 吸声减噪设计

吸声处理是对噪声传播途径进行控制的常用措施之一。正确掌握吸声减噪设计的选用原则和计算步骤十分重要。设计时，应践行坚持开发与节约并重的原则。我国国家发展和改革委员会提出加快推动循环经济发展，大力推进节约降耗，提高资源利用效率，坚持“资源开发与节约并重，把节约放在首位”方针，在生产、流通和消费的各个领域，大力节能、节水、节材、节地，减少资源消耗，实现以最少的资源消耗创造最大的经济效益。

6.4.1 吸声减噪选用原则

吸声减噪技术有一定的局限性，它只能降低反射声的影响。在选择吸声降噪措施时，应注意以下六个方面。

(1) 如果原房间的平均吸声系数$\overline{\alpha}$较低，反射声较大，则选择吸声减噪措施能取得满意的效果。吸声处理前后的声级差ΔL_p由式(6.22)计算。

例如，原房间的平均吸声系数$\overline{\alpha_1}=0.10$，吸声处理后平均吸声系数$\overline{\alpha_2}=0.80$，由式(6.22)可算出吸声降噪量$L_p=9$ dB。若原房间已做了吸声处理，$\overline{\alpha_1}=0.40$，再进行吸声处理，$\overline{\alpha_2}=0.80$，则$\Delta L_p=3$ dB。可见，如果原房间已有很大的吸声量，再采取吸声措施的效果一定不会好。一般吸声处理后的吸声系数比处理前大2倍以上，吸声降噪才有效。

(2) 吸声只能降低反射声，且降低反射声的数值也有一定的限度。一般得到7~8 dB的减噪量比较容易，想获得更好的效果所付出的代价将成倍增加。因此，在要求降低7~

8 dB 反射声的条件下，选用吸声减噪措施是合适的。

（3）小房间采用吸声减噪效果好。在容积大的房间，接受者靠近声源，直达声占优势，采用吸声处理效果就差。在容积小的房间，声源辐射的直达声与从顶棚和四壁来的反射声叠加，使声级升高，采用吸声减噪效果好。经验证明，在容积小于 3000 m^3 的车间内采用吸声减噪效果好。但是，房间体积较大，顶棚较低，房间长度或宽度大于其高度的 5 倍时，采用吸声减噪也能取得好效果。拱形屋顶和有声聚焦的房间，其吸声减噪效果好。

（4）吸声材料或吸声结构应布置在噪声最强烈的地方。若房间高度低于 6 m，应将一部分或全部顶棚进行吸声处理；若房间高度大于 6 m，应在声源旁的墙壁上进行吸声处理，或在声源附近设置吸声屏或吸声体。

（5）在多声源的房间，室内各处直达声都很强，采用吸声减噪只能取得 3~4 dB 的减噪效果。因此，在纺织车间这样的厂房，采用吸声措施时减噪效果有限。

（6）选用有利于降低声源频谱峰值的吸声材料。材料要求吸声性能稳定，价格低廉，施工方便，符合卫生要求，对人无害，防火，美观，经久耐用。

6.4.2 设计步骤

把一个吵闹的车间噪声治理到允许标准以下，要遵循以下设计步骤。

（1）了解声源的特性。为此，要测定出声源的总声功率级 L_W，或者测定离声源中心一定距离处的各倍频带或 1/3 倍频带的声压级和总声压级（L_p），以及根据声源在车间内的位置确定指向性因数 Q 的值。

（2）了解房间的声学特性。除要掌握车间的几何尺寸，还应通过实测或参考有关吸声材料的吸声系数，估算出车间壁面平均吸声系数 $\overline{\alpha}$ 和相应的房间常数 R。

房间各壁面平均吸声系数可以由其定义式即 $\overline{\alpha}=\dfrac{S_1\alpha_1+S_2\alpha_2+\cdots+S_n\alpha_n}{S_1+S_2+\cdots+S_n}$ 获得，也可以通过混响时间 $T_{60}=0.161\dfrac{V}{A}$ 进行计算。其中 $A=S\overline{\alpha}$ 为室内各壁面的总吸声量。

获得壁面平均吸声系数后，房间常数可由 $R=\dfrac{S\overline{\alpha}}{1-\overline{\alpha}}$ 计算确定。

若缺乏拟控制处噪声级 L_{p_1} 的实测资料，可参考式(6.24)进行计算：

$$L_{p_1}-L_{p_D}=10\lg\frac{1}{\alpha}\quad 或\quad L_{p_1}=L_W+10\lg\left(\frac{Q}{4\pi r^2}+\frac{4}{R}\right) \tag{6.24}$$

（3）根据具体情况选定相应的噪声容许标准，由噪声级的实测数值（或计算值）和容许标准间的差值，求出需要降低的噪声 ΔL_p。应当指出的是，如果需要的噪声降低量很大，且吸声处理的能力有限，则必须采取其他相应的降噪措施。

（4）噪声降低量为 ΔL_p，$\Delta L_p=10\lg\dfrac{\overline{\alpha_2}}{\alpha_1}=10\lg\dfrac{A_2}{A_1}$，整理后可得

$$\frac{A_2}{A_1}=10^{\frac{\Delta L_p}{10}} \tag{6.25}$$

根据所需要的噪声降低量，就可求出相应的房间总吸声量 A_2，或平均吸声系数 $\overline{\alpha_2}$。然后，确定所用吸声材料的吸声系数 α_i 和相应的饰面 S_i，使房间的平均吸声系数达到 $\overline{\alpha_2}$。

如果计算出来的$\overline{\alpha_2}$过大(如大于0.5)，表明仅靠吸声处理很难达到预期目标。

(5) 根据计算出来的房间平均吸声系数$\overline{\alpha_2}$，合理地选择吸声材料或结构。有关设计手册等资料所给出的材料吸声系数是一些参考数据。如果要求精确一点，则应对样品进行实验室测定，以获得更可靠的设计数据。

(6) 选择吸声材料的安装方法及饰面层。有饰面层的多孔吸声结构是一种常用的吸声结构，要根据环境条件选用。在选用饰面层时，要注意它应具有防火、防潮、质轻、耐用、美观、好施工、有一定的吸声作用等性能。

6.4.3 应用实例

例6.3 某车间尺寸为10 m×20 m×4 m，墙壁为光滑砖墙并石灰粉刷，地面为混凝土，内有60，80，160 t冲床各两台。经测定，车间内总声级达90 dB(A)，车间内中央一点测定的噪声频率特性如图6.24所示。进行处理后，希望车间中央的噪声降低至N_{85}噪声评价曲线以下，试做吸声处理设计。

解 (1) 将N_{85}噪声评价曲线绘在图6.24上。由图可知，250 Hz以下，2000 Hz以上不必做吸声处理。

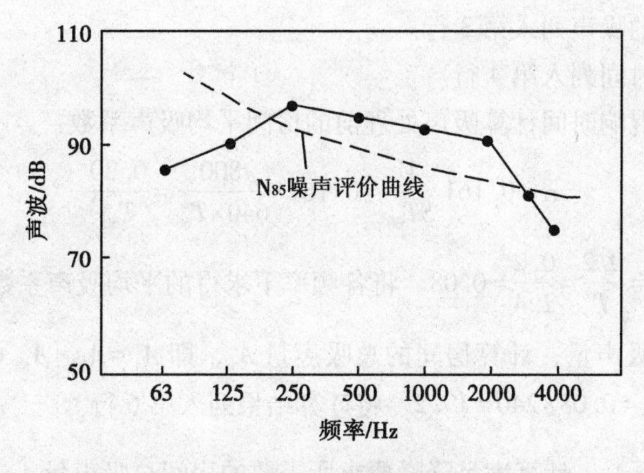

图6.24 频谱图

(2) 将有关数据记录在表6.19中。

表6.19 吸声降噪计算表

工程名称：冲床车间房间尺寸：10 m×20 m×4 m，V=800 m³，$S_{墙}$=240 m²，$S_{天}$=$S_{地}$=200 m²

控制要求：车间中央符合N_{85}噪声评价曲线

项目名称	倍频程中心频率/Hz				说明
	250	500	1000	2000	
1. 车间中央声压级	96	94	92	90	实测
2. 噪声允许标准	92	88	86	83	
3. 需要降低的噪声	4	6	6	7	
4. 处理前混响时间/s	2.4	1.7	1.6	1.6	实测
5. 处理前房间平均吸声系数$\overline{\alpha_1}$	0.08	0.12	0.13	0.125	

表6.19(续)

项目名称	倍频程中心频率/Hz				说明
	250	500	1000	2000	
6. 处理前房间吸声量 $A_{天}$	16	24	26	25	
$A_{地}$	16	24	26	25	
$A_{墙}$	19.2	28.8	31.2	30	
A_1	51.2	76.8	83.2	80	
7. 所需要的吸声量 A_2	128	305.8	331.2	400.9	选用天花板，墙壁装饰吸声结构
$A_2-A_{地}$	112	281.8	305.2	320.9	
8. 所需要的平均吸声系数 $\overline{\alpha_2}$	0.25	0.64	0.69	0.73	
9. 所选材料的吸声系数	0.35	0.85	0.85	0.86	
10. 吸声处理后的减噪量 ΔL_p	6.40	8.50	8.10	8.40	

① 记录实测倍频程声压级数据，列入表6.19第1行。

② N_{85}曲线各倍频程声压级列入第2行。

③ 将需要降低的噪声列入第3行。

④ 测得的混响时间列入第4行。

⑤ 根据测量的混响时间计算吸声处理前的房间平均吸声系数：

$$\overline{\alpha}=0.161\frac{V}{ST_{60}}=0.161\times\frac{800}{640\times T_{60}}=\frac{0.20}{T_{60}}$$

如$f=250$ Hz时，$\overline{\alpha_1}=\frac{0.2}{T}=\frac{0.2}{2.4}=0.08$。将各频率下求得的平均吸声系数列入第5行。

⑥ 由各表面的吸声量，计算房间的总吸声量A_1，即$A_1=A_{墙}+A_{地}+A_{天}$。如$A_{墙}=\overline{\alpha_1}S_{墙}$，当$f=250$ Hz时，$A_{墙}=0.08\times240=19.2$。将计算结果列入第6行。

⑦ 根据$A_2=10^{\frac{\Delta L_p}{10}}A_1$，计算满足降噪要求所需要的房间总吸声量$A_2$，以及房间总吸声量与地板吸声量之差$(A_2-A_{地})$，并将计算结果列入第7行。如当$f=250$ Hz时，$A_2=10^{\frac{4}{10}}\times512=128$，$A_2-A_{地}=128-16=112$。

⑧ 根据$\overline{\alpha_2}=\frac{A_2-A_{地}}{S_{墙}+S_{天}}$，计算所需的平均吸声系数$\overline{\alpha_2}$，并列入第8行。如当$f=250$ Hz时，$\overline{\alpha_2}=\frac{112}{200+240}\approx0.25$。

(3) 选择吸声材料。

根据所需要的平均吸声系数，查国产吸声材料吸声性能表，选用50 mm厚、密度为20 kg/m^{3}的超细玻璃棉，其性能列入表6.19第9行。

(4) 选择吸声材料的护面结构形式及饰面层。

选用如图6.11(b)所示的多孔吸声材料护面结构形式。饰面层选用矿棉板，并选用如图6.3(4)所示的钻孔图案。

（5）根据 $\Delta L_p = 10\lg \frac{\overline{\alpha_2}}{\overline{\alpha_1}}$，计算装上所选用的吸声材料后能达到的减噪量 ΔL_p。如 f = 250 Hz 时，$\Delta L_p = 10\lg \frac{0.35}{0.08} = 6.4$ dB，并将计算结果列入第 10 行。

比较第 3 行与第 10 行数值可知，吸声处理后达到的减噪量高于需要降低的噪声，达到了吸声减噪设计要求。

习 题

一、单选题

1. 材料的平均吸声系数至少大于（　　）时，才可作为吸声材料或吸声结构使用。

A. 0.01　　B. 0.02　　C. 0.2　　D. 0.6

2. 当入射声波的频率（　　）系统的固有频率时，共振更强烈。

A. 大于　　B. 小于　　C. 等于

3. 多孔吸声材料的厚度增加一倍，最大吸声频率向低频移动（　　）倍频程。

A. 2　　B. 1　　C. 0.5　　D. $\frac{1}{3}$

4. 多孔吸声材料的饰面层的穿孔率应大于（　　）。

A. 1%　　B. 5%　　C. 10%　　D. 20%

5. 噪声工程设计中，通常把穿孔板共振吸声结构的穿孔率控制在（　　）以内。

A. 1%　　B. 5%　　C. 10%　　D. 20%

6. 若吸声处理前、后室内的平均吸声系数分别为 $\overline{\alpha_1}$ 和 $\overline{\alpha_2}$，吸声处理的降噪量表达式正确的是（　　）。

A. $10\lg \frac{\overline{\alpha_2}}{\overline{\alpha_1}}$　　B. $10\lg \frac{\overline{\alpha_1}}{\overline{\alpha_2}}$　　C. $\lg \frac{\overline{\alpha_2}}{\overline{\alpha_1}}$　　D. $\frac{\overline{\alpha_2}}{\overline{\alpha_1}}$

7. 在一自由声场中，有一个声功率级为 120 dB 的声源，距离该声源 5 m 处 A 点的声压级为 60 dB。将该声源移到一个壁面平均吸声系数为 0.01 的房间内，则距离声源 5 m 处 A 点的直达声的声压级是（　　）dB。

A. 60　　B. 70　　C. 80　　D. 90

8. 在一自由声场中，有一个声功率级为 120 dB 的声源，距离该声源 5 m 处 A 点的声压级为 60 dB。将该声源移到一个壁面平均吸声系数为 0.01 的房间内，则距离声源 5 m 处 A 点的总声压级是（　　）dB。

A. 60　　B. 70　　C. 80　　D. 90

9. 一个壁面平均吸声系数为 0.01 的房间内，距离声功率级为 120 dB 的声源 5 m 处 A 点的直达声的声压级为 60 dB。如果对该房间进行吸声处理后，壁面的平均吸声系数为 0.1，则 A 点直达声的声压级是（　　）dB。

A. 60　　B. 70　　C. 80　　D. 90

10. 一个壁面平均吸声系数为 0.01 的房间内，距离声功率级为 120 dB 的声源 5 m 处 A 点的直达声的声压级为 60 dB。如果对该房间进行吸声处理后，壁面的平均吸声系数为

0.1，则 A 点的总声压级是（　　）dB。

A. 60　　B. 70　　C. 80　　D. 90

11. 如果房间的平均吸声系数为 0.1，那么与自由声场相比由于混响声存在导致的声压级的增加量为（　　）dB。

A. 0　　B. 1　　C. 10　　D. 20

12. 由于混响声的存在，室内总声压级（　　）直达声压级。

A. 低于　　B. 高于　　C. 等于

二、判断题

1. 吸声处理是利用吸声材料或吸声结构吸收反射声的。（　　）

2. 吸声处理可以降低室内的直达声。（　　）

3. 表示材料的吸声性能时，通常用 125，250，500，1000，2000，4000 Hz 六个频率下该材料的吸声系数表示。（　　）

4. 采用驻波管法测量得出的吸声系数是漫入射时的吸声系数。（　　）

5. 采用混响室法测量得出的吸声系数是垂直入射时的吸声系数。（　　）

6. 当几列波同时在同一介质中传播时，它们是各自独立地进行的，与其他波的存在与否无关。（　　）

7. 当两列波同时在同一介质中传播时，在它们相遇的区域内，每点的振动是各列波单独在该点产生的振动的合成。（　　）

8. 室内壁面放置吸声材料可以改变房间的混响时间。（　　）

9. 吸声量是吸声系数与所使用的吸声材料的面积的乘积。（　　）

10. 吸声材料按照材质可以分为无机纤维材料、泡沫塑料、有机纤维材料、建筑吸声材料等。（　　）

11. 泡沫塑料大多数是闭孔型，主要用于保温绝热及仪器包装材料，而实际用于吸声材料的仅是少数开孔型泡沫塑料制品。（　　）

12. 多孔吸声材料的空隙率是空隙体积在整个材料体积中所占的比例。（　　）

13. 多孔吸声材料的吸声效果与声音的频率有关，材料对低频声吸声效果好。（　　）

14. 多孔吸声材料的最大吸声频率与吸声材料的厚度成反比。（　　）

15. 多孔吸声材料的厚度增加，材料的吸声性能向低频方向发展，可增加对低频声的吸声效果。（　　）

16. 多孔吸声材料对高频声的吸声性能受材料厚度的影响较小。（　　）

17. 对于多孔吸声材料而言，当声波频率低于第一共振频率时，频率越小对应的吸声系数越小。（　　）

18. 多孔吸声材料进行安装时，背后空腔的深度有助于改善对低频声的吸声能力，空腔越深，对低频声的吸声越好。（　　）

19. 多孔吸声材料的含水率影响其吸声性能，含水率越高，吸声性能越差。（　　）

20. 多孔吸声材料在使用时应注意环境的温度，其所选用的饰面层应考虑管道内风速的影响。（　　）

21. 空间吸声体通常吊在天花板上，利用吸声材料的多个面进行吸声。（　　）

22. 消声室是用于测定工业产品噪声功率的地方，要求消声室的体积比待测设备的体

积大200倍以上。 ( )

23. 吸声结构与多孔吸声材料相比吸声频带一般较窄，但对低频声有较好的吸声能力。 ( )

24. 在膜共振结构的膜后空腔中填充吸声材料，可改善其吸声能力。 ( )

25. 在穿孔板后的空腔中填充多孔吸声材料，不仅能提高吸声系数，而且能使共振频率向低频方向移动。 ( )

26. 微穿孔板吸声结构的吸声性能较好，但孔易堵塞，宜适用于清洁场所。 ( )

27. 在膜共振吸声结构中，减少薄膜单位面积的质量，可以降低结构的固有频率。 ( )

28. 吸声系数是一个0与1之间的数。 ( )

29. 多孔吸声材料的吸声系数与声波的入射角无关。 ( )

30. 隔声材料一般厚重、密实；而吸声材料则要求轻质、多孔、透气性好。 ( )

31. 由于混响声的存在，室内总声压级要低于直达声压级。 ( )

32. 流阻可以表征气流通过多孔性材料的难易程度。 ( )

33. 板共振吸声原理与膜共振吸声原理不同。 ( )

34. 吸声处理只是降低室内由于混响声存在导致的声压级的增加量。 ( )

35. 混响声的存在导致室内声压级的增加量与房间尺寸有关。 ( )

36. 选择吸声材料时必须同时考虑防火、防潮、防腐蚀和防尘等工艺要求。 ( )

37. 在板共振结构的边缘(即板与龙骨架交接处)放置一些柔软材料，以及在空气层中沿龙骨框四周衬贴一些多孔性材料，吸声性能可以明显提高。 ( )

38. 对于单个共振腔的吸声结构，其共振吸声频率与腔体的形状有关。 ( )

39. 对于穿孔板共振吸声结构，减少穿孔率或缩小孔径都将使吸收峰向低频移动。 ( )

40. 穿孔板后填充吸声材料时，为增加孔颈附近的空气阻力，提高吸声性能，多孔材料应尽量靠近穿孔板。 ( )

三、简答题

1. 一种好的多孔吸声材料必须具备什么条件?

2. 简述多孔吸声材料的吸声机理。

3. 多孔吸声材料的作用有哪些?

4. 列举3个影响多孔吸声材料吸声系数的因素。

5. 列举5种常见的吸声结构的类型。

6. 多孔吸声材料的吸声系数的测量方法有哪些?

四、名词解释

1. 消声室

2. 吸声系数

五、计算题

1. 某工厂有一长、宽、高分别为24.4 m，12 m，5 m的车间，对500 Hz的声波，墙壁、天花板和地板的吸声系数分别为0.25，0.05，0.15，问:

(1) 该车间的混响时间为多少?

（2）如果在80%的墙壁表面贴上对500 Hz声波的吸声系数为0.68的吸声材料，其混响时间又应为多少？

2. 某加工车间对频率为1000 Hz的声波的平均吸声系数为0.1，为使车间的声压级从90 dB降至85 dB，则做吸声处理后的房间的平均吸声系数应为多大？

六、思考论述题

结合本章知识点，从吸声减噪材料选择的多样性角度，论述“没有调查就没有发言权”的重要性。

第7章 隔声

机械噪声的传播途径主要是空气传声和固体传声。空气传声又分为两种方式：一是空气直接传声；二是声波经空气传至结构，引起结构的振动而产生的二次空气声。声音的传播途径如图 7.1 所示。本章重点讨论隔声构件对空气传声的隔绝。

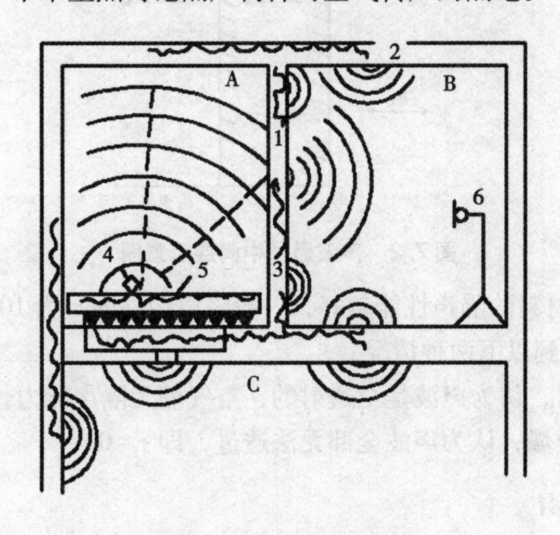

图 7.1 声音的传播途径

1，2，3—不同结构的传声路线；4—声源；5—地板；
6—接受器；A—声源室；B—接受室；C—楼下室

在实践中，人们逐渐认识到在传播途径中把噪声隔绝起来是最有效的防治噪声措施之一。隔绝声音的办法一般是把吵闹的机器设备全部密封起来，做成隔声间和隔声罩，使声源的声能辐射降低；或者在声源和接受者之间用障板屏蔽起来；或者在最吵闹的车间内开辟一个安静的环境，如建立隔声操作室、休息室，以及保护工人不受仪器设备干扰。这些统称为隔声措施。

7.1 隔声构件的隔声原理

7.1.1 声源通过中间层的情况

设有一厚度为 D、特性阻抗 $R_2=\rho_2 c_2$ 的中间层介质（Ⅱ）置于特性阻抗为 $R_1=\rho_1 c_1$ 的无限介质（Ⅰ）中，如图 7.2 所示。当一列平面波（p_i，v_i）垂直入射到中间层界面上时，一部分发生反射回到介质（Ⅰ）中，即形成反射波(p_{1r}，v_{1r})，另一部分透入中间层，记为(p_{2t}，v_{2t})。当声波(p_{2t}，v_{2t})行进到中间层的另一界面上时，由于特性阻抗的改变，又有一部分反射回中间层，记为(p_{2r}，v_{2r})；其余部分就经过中间层透射过去，记为(p_t，v_t)。由于$\rho_1 c_1$介质延伸到无限远，所以透射波(p_t，v_t)不会再发生反射。透射波(p_t，v_t)与入射波(p_i，v_i)的声强比值为I_t/I_i，称为声强透射系数τ。理论研究表明，声波通过中间层时的透射波的大小不仅与两种介质的特性阻抗R_1，R_2有关，还与中间层的厚度D及其中传播的波长之比D/λ^2有关。

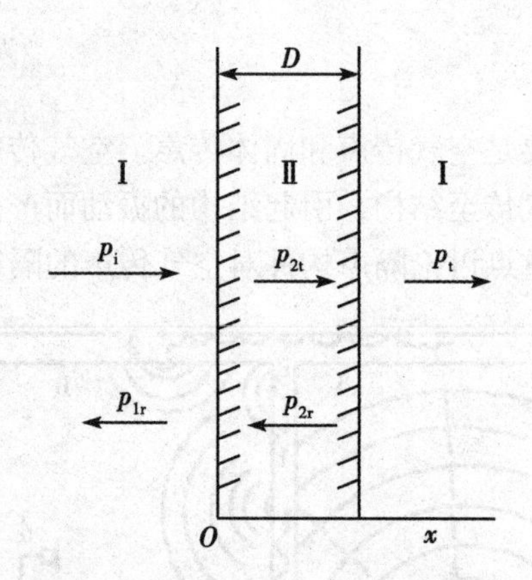

图 7.2　声波通过中间层示意图

$\tau<1$，其值越小，材料的隔声性能越好，一般隔声构件的τ为$10^{-6}\sim10^{-1}$。在噪声控制工程近似计算中，常用到以下两种情况：

① 当墙体是空气时，认为声波是全透射的，空气墙无隔声能力，即$\tau=1$；

② 对于理想的隔声墙，认为声波全部无法透过，即$\tau=0$。

7.1.2　单层墙的隔声

7.1.2.1　隔声量

在讨论墙的隔声能力时，通常不用透射系数τ。在实际工程中，常采用透射系数的倒数并取其常用对数再乘以10来表示材料的隔声能力，用符号TL表示。其定义为

$$TL=10\lg\frac{1}{\tau} \tag{7.1}$$

τ越小，TL越大，说明材料的隔声性能越好。例如，有两个隔声墙，其透射系数分别为0.01和0.001，则其隔声量分别为

$$TL_1=10\lg\frac{1}{\tau_1}=10\lg\frac{1}{0.01}=20\ \text{dB}$$

$$TL_2=10\lg\frac{1}{\tau_2}=10\lg\frac{1}{0.001}=30\ \text{dB}$$

对于一般的砖墙或其他材料的墙，其特性阻抗要比空气的特性阻抗大得多，此时，墙的隔声量可表示为

$$TL=10\lg\left[1+\left(\frac{\omega M_2}{2R_1}\right)^2\right] \tag{7.2}$$

式中，M_2——单位面积隔墙的质量，$M_2=\rho_2 D$，kg/m^2。

对于一般的重隔声墙，如砖墙等，常能满足$\frac{\omega M_2}{2R_1}\gg 1$，于是式(7.2)可简化为

$$TL=10\lg\left(\frac{\omega M_2}{2R_1}\right)^2=10\lg\left(\frac{2\pi f M_2}{2\rho_1 c_1}\right)^2 \tag{7.3}$$

因为$\rho_1 c_1=400$ Pa · s/m，代入式(7.3)得

$$TL=20\lg\frac{3.14fM_2}{400}=20\lg f+20\lg M_2-42 \tag{7.4}$$

这就是建筑声学中常用的质量作用定理。从式(7.4)中可以看出，墙对一定频率声波的隔声量，主要取决于单位面积的质量。因此，对于一定的材料，要想提高墙的隔声能力，只有通过增加墙的厚度来解决。同时，从式(7.4)中可以看出墙的隔声能力与声波的频率有关，一般来说，低频的隔声要比高频的隔声困难些。

式(7.4)是平面波垂直入射时的隔声量。如果声波是斜入射，这时墙的隔声量为

$$TL_{\theta_i}=10\lg\left(\frac{\omega M_2\cos\theta_i}{2R_1}\right)^2 \tag{7.5}$$

可见隔声量与入射角有关，$\theta_i=0$ 即垂直入射时隔声量最大。在实际的房间中，声波不可能全是垂直入射，而是从各个方向向墙壁射入，这时实际隔声量要比式(7.4)的计算结果低。实际中外墙不可能无限大，而且有弹性、阻尼和损耗，于是又有质量定律的经验公式，即

$$TL=18\lg M_2+12\lg f-25 \tag{7.6}$$

由式(7.6) 可知，当M_2不变时，f每增加 1 倍频程，TL就增加 $12\lg 2=3.6$ dB；当f不变时，M_2 增加 1 倍，TL值就增加 $18\lg 2=5.4$ dB。

工程中常用125，250，500，1000，2000，4000 Hz 6 个倍频程隔声量的算术平均值来表示材料的隔声能力，称为平均透射损失。实际工程中，也用 500 Hz 时的隔声量代表材料的平均隔声量，这时式(7.6)可写为

$$TL_{500}=18\lg M_2+8 \tag{7.7}$$

式(7.7)适用于$M_2>100$ kg/m^2 的隔墙，对于$M_2<100$ kg/m^2 的隔墙，则有

$$TL_{500}=13.5\lg M_2+13 \tag{7.8}$$

例 7.1 厚度为 15 cm、密度为 2.4 kg/dm^3 的混凝土墙，试计算噪声频率为 500 Hz 和 1000 Hz 时的隔声量。

解 混凝土墙单位面积的质量为

$$M_2=2.4\times1000\times0.15=360\ kg/m^2$$

根据式(7.6)有

$$TL_{500}=18\lg 360+12\lg 500-25=53\ dB$$

同理有

$$TL_{1000}=57\ dB$$

7.1.2.2 隔声指数

国际标准化组织 ISO/R717 推荐用隔声指数 I_a 评价构件的隔声性能，它是用标准折线确定的。隔声指数加进了主观的评定标准，能全面地反映构件隔声性能的优劣，包括某一

频带的特殊缺陷也可以看出来。因此，用隔声指数评价隔声构件比用平均隔声量能更好地表明隔声构件隔声效果的优劣。绘制如图 7.3 所示的标准折线时，折线上不同频率处的斜率分布为：100~400 Hz 时，9 dB/倍频程；400~1250 Hz 时，3 dB/倍频程；1250~3150 Hz 时，0 dB/倍频程。

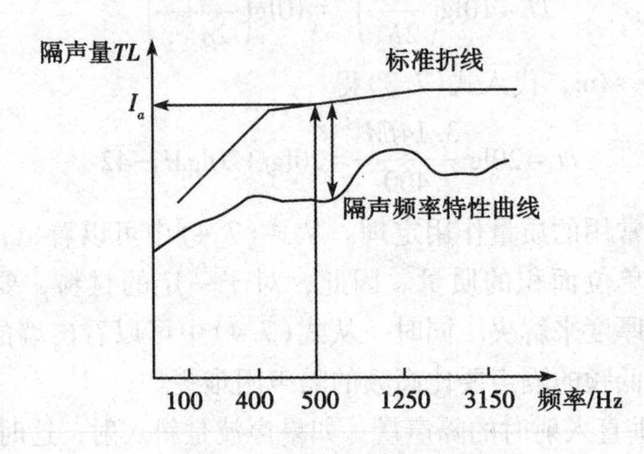

图 7.3 隔声指数计算示意图

确定隔声墙的隔声指数时，需上下移动标准折线，直至满足两个条件：

① 任一 1/3 倍频程频段的隔声量在折线下方不得超过 8 dB（1 倍频程时，不得超过 5 dB）；

② 各 1/3 倍频程频段处于折线下方的分贝数总和不大于 32 dB（1 倍频程时，不得大于 10 dB）。

满足上述两个条件后，标准折线上 500 Hz 频率处对应的纵坐标数值即隔声指数。之所以选择 500 Hz 标准折线的纵坐标数值，是因为这样得出的隔声指数值与平均隔声量（即 125，250，500，1000，2000，4000 Hz 六个频率隔声量的算术平均值）的数值比较一致。

7.1.2.3 吻合效应

墙的实际隔声量通常低于按“质量定律”所计算的隔声量值，这是因为隔声墙的隔声性能受多种因素影响，如入射波的方向、频率，隔声构件的质量，墙体的劲度和阻尼，有无孔、洞、缝隙、声桥等。共振的吻合效应对隔声结构的隔声性能影响也很大。现根据单层隔声墙与频率关系曲线说明这个问题。

从图 7.4 可以看出，单层隔声墙的传声损失随着频率的增加将出现劲度控制、阻尼控制、质量控制和吻合谷等现象。

（1）劲度控制区。

在劲度控制区内，墙体的隔声量主要由墙体的劲度和频率决定。墙体对入射声波的反应现象就像一个弹簧，隔声量与 k/f（k 为墙体的有效劲度）成正比，劲度越大则隔声越强，TL 随频率 f 的增加而下降，降低量约为每倍频程 6 dB。该区的频率范围为从零到墙体的第一个共振频率为止。

（2）阻尼控制区（共振区）。

阻尼控制区的曲线呈低谷。其中的一个共振频率影响最大，随着频率的上升而出现的频率共振现象会越来越弱甚至消失。共振影响区的宽度取决于结构形状、边界条件和结构阻尼的大小。增加结构的阻尼可以抑制共振幅度和共振区的上限，故阻尼可以提高 TL，并缩小共振区的频率范围。

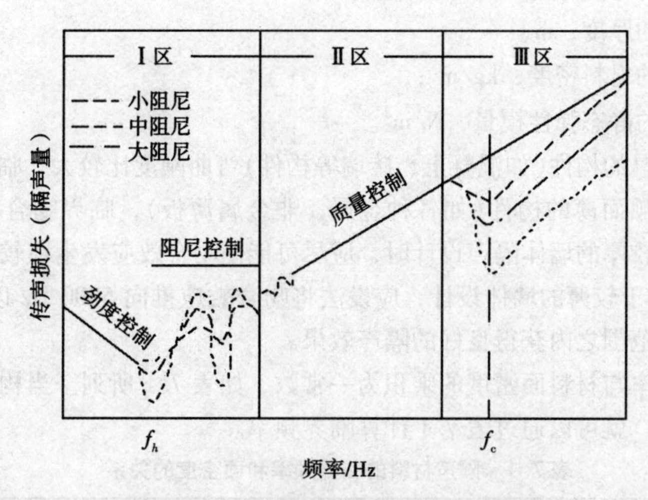

图 7.4 单层隔声墙与频率关系曲线

（3）质量控制区。

在质量控制区内，声波对墙体的作用就像一个力作用于质量块上，质量越大，墙体的振动速度越小，即隔声值 TL 越大，斜率为每倍频程 4~6 dB。

（4）吻合效应区。

所谓吻合效应区，就是当频率为 f 的声波以一定的角度斜射到结构上，一部分声能被反射和透射，一部分声能激起构件的弯曲振动，形成一组沿板面传播的弯曲波。当弯曲波的波长 λ_B 等于入射声波的波长 λ 乘以入射角度的正弦值，即 $\lambda_B = \lambda\sin\theta$ 时，弯曲波振动最大，透声也最多，这时透射的声波以几乎不变的声强朝相同方向传播，故 TL 显著下降而不再遵循质量定律，如图 7.5 所示。

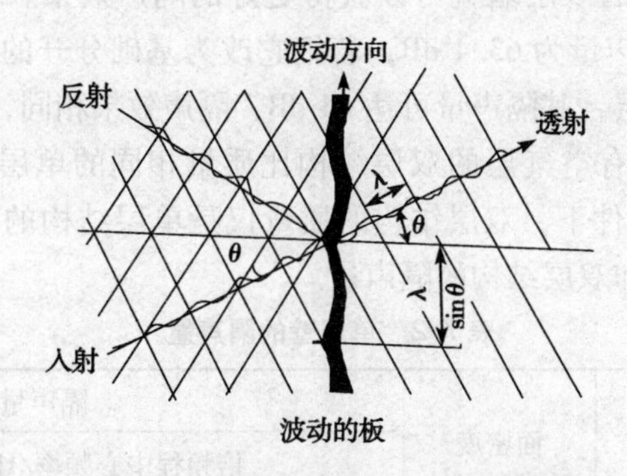

图 7.5 在无限大板上声波的入射

因为发生吻合效应的声波是入射声波的一小部分，所以吻合谷并不深，增加结构的阻尼就能改善由于吻合效应而引起的不良后果。

理论分析表明，临界吻合频率 f_c 与构件性质有如下关系：

$$f_c = 6\times10^3\sqrt{\frac{M}{B}} = \frac{2\times10^4}{D}\sqrt{\frac{\rho}{E}} \tag{7.9}$$

式中，M——构件的面密度，kg/m^2；

B——构件的弯曲刚度，即弯曲劲度，N/m；

D——构件的厚度，m；

ρ——构件的材料密度，kg/m^3；

E——材料的静态弹性模量，N/m^2。

可见，坚实而厚的构件(如混凝土、砖墙等构件)弯曲刚度比较大，临界吻合频率往往出现在低频段。柔顺而薄的构件(如各种金属、非金属薄板)，临界吻合频率出现在高频段。因此，在进行较厚的墙体隔声设计时，应尽可能使吻合效应发生在较低频率范围之内(100 Hz 以下)；对于较薄的墙体设计，应设法将吻合效应推向 5000 Hz 以上的高频范围，以求在人耳可听声范围之内获得良好的隔声效果。

设计中临界频率与材料面密度的乘积为一常数，如表 7.1 所列。当构件材质已知，即知道材料的面密度，就可以通过表 7.1 计算临界频率。

表 7.1 隔声材料的临界频率和面密度的关系

材料	(临界频率×面密度)/($Hz \cdot kg \cdot m^{-2}$)	材料	(临界频率×面密度)/($Hz \cdot kg \cdot m^{-2}$)
铅	600000	砖墙	42000
玻璃纤维板	124000	铝板	32200
钢板	97700	硬木板	30600
钢筋混凝土	44000	多层木夹板	13200

7.1.3 双层墙的隔声

由质量定律可知，如果使用相同的材料，墙的厚度增加 1 倍，隔声量只增加 6 dB。因此，为了得到 6 dB 的隔声量付出的代价将很大。但是如果将一层墙分为两层，层与层之间用空气隔开，那么这样的双层墙就可以获得更好的隔声效果。例如，一垛两面抹灰的 1000 mm 厚的四砖墙的隔声量为 63.4 dB，若把它改为基础分开的双层半砖墙，两层之间留有 100 mm 厚的空气夹层，其隔声量可达 64 dB，隔声效果相同，后者比前者节省了 3/4 的砖。实测表明，一个留有空气层的双层结构比质量相同的单层结构在隔声量上大 5～10 dB。在隔声量相同的条件下，双层结构的质量仅是单层结构的 2/3～3/4。表 7.2 和表 7.3 分别列出了一些单层和双层结构的隔声量。

表 7.2 单层壁的隔声量

隔声结构	面密度/($kg \cdot m^{-2}$)	隔声量/dB							
		倍频程中心频率/Hz						平均	指数
		125	250	500	1000	2000	4000		
1.5 mm 厚钢板	11.7	21	22	26	32	38	43	29.8	32
3.2 mm 厚钢板	25	22	29	34	35	38	39		
0.4 mm 厚铁板	2.9	4	20	24	22	33	34		
1 mm 厚铁板		17	21	25	27	33	38		

表7.2(续)

隔声结构	面密度/(kg·m^{-2})	隔声量/dB							
		倍频程中心频率/Hz						平均	指数
		125	250	500	1000	2000	4000		
1 mm 厚镀铝铁板	7.8	30	20	26	30	36	33	29.3	30
0.8 mm 厚铅板	10	22	24	29	33	40	43		
2 mm 厚铝板	5.2	16	17	23	28	32	37	25.2	27
3 mm 厚玻璃板	7.5	11	17	23	25	26	27		
6 mm 厚玻璃板	15	17	23	25	27	28	29		
12 mm 厚不碎玻璃板	14	21	23	26	32	32	37		
24 mm 厚不碎玻璃板	28	25	28	32	32	34	36		
120 mm 厚砖墙，两面粉刷各 15 mm	225	33	37	38	46	52	53	45	
240 mm 厚砖墙，两面粉刷各 15 mm	500	40	45	40	53	54	54	48	
370 mm 厚砖墙，两面粉刷各 15 mm	629	44	50	54	57	60	64	55	
130 mm 厚空心墙（两面粉刷）	187	19	22	29	35	44	44	31	
100 mm 厚加气混凝土墙（条板两面喷浆）	80	32	31	31	40	47	60	38.3	39
150 mm 厚加气混凝土墙（砌砖两面喷浆）	140	28	36	39	45	53	54	43	44
200 mm 厚加气混凝土墙（条板两面喷浆）	160	31	37	41	45	51	55	43.7	46

表7.3 双层壁的隔声量

隔声结构	面密度/(kg·m^{-2})	隔声量/dB							
		倍频程中心频率/Hz						平均	指数
		125	250	500	1000	2000	4000		
0.5 mm 厚钢板+102 mm 厚玻璃棉毡+1.5 mm 厚钢板	47	35	38	41	44	50	52	43	
1 mm 厚钢板+70 mm 后空腔+1 mm 厚钢板	15.6	20	29	36	46	60	62	41.6	40
4 mm 厚三合板+100 mm 厚空腔+4 mm 厚三合板		14	15	24	30	31	33		

表7.3(续)

隔声结构	面密度/(kg·m^{-2})	隔声量/dB							
		倍频程中心频率/Hz						平均	指数
		125	250	500	1000	2000	4000		
3 mm 厚硬质纤维板+44 mm 厚玻璃板+3 mm 厚硬质纤维板		28	29	33	35	33	31	32	
7 mm 厚硬质石膏板+45 mm 厚空腔+厚石膏板		14	19	30	39	50	53		30
60 mm 厚砖墙(表面刷粉)+60 mm 厚空腔+60 mm 厚砖墙(表面刷粉)	258	25	28	33	47	50	47	38	
240 mm 厚砖墙(表面刷粉)+100 mm 厚空腔+240 mm 厚砖墙(表面刷粉)	960	46	55	65	79	95	102	70.7	68

双层墙可视为"质量-空气-质量"的振动系统，当外来声波的频率与夹层结构的固有频率相一致时，将发生共振现象。双层墙的共振频率可表示为

$$f_r=\frac{1}{\pi}\sqrt{\frac{\rho c^2}{(M_1+M_2)b}} \tag{7.10}$$

式中，ρ——空气的密度，kg/m^3；

c——空气中的声速，m/s；

b——空气层的厚度，m；

M_1，M_2——两层结构的面密度，kg/m^2。

由式(7.10)可知，共振频率与两层结构的面质量及夹层中空气的厚度有关，而共振频率对双层墙隔声量的影响如图7.6所示。

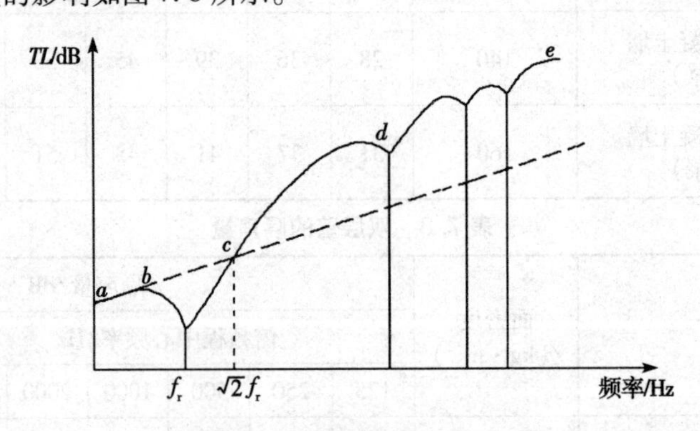

图7.6 隔声墙与频率关系曲线

(1) a—b 段。

当入射声波的频率小于 f_r（即图7.6中 a—b 段）时，双层墙的隔声量与同质量的单层墙一样(双层墙如同一个整体墙)，其隔声量可按照单层墙质量定律公式(7.2)估算，式中的 M_2 为整个双层墙的面密度。此种状态下，空气层对隔声量不起作用，这是因为较低频率的声波容易传播过去。此阶段双层墙的隔声量可表示为

$$TL \approx 10\lg\left(1+\frac{\omega^2 M_2}{R_1^2}\right) \tag{7.11}$$

(2) b—c 段。

当入射声波的频率等于 f_r 时，就要发生共振，声能透射显著增大，在隔声频率特性曲线上出现深陷的低谷，见图 7.6 中 b—c 段。低谷的深浅程度随墙体本身的阻尼大小和空气层的吸声特性而变化。此阶段双层墙的隔声量可表示为

$$TL \approx 20\lg\frac{\omega M}{R_1}+20\lg\frac{\omega M}{2R_1}kD \tag{7.12}$$

式中，D 为两墙之间的距离；$k=\frac{\omega}{c_1}$。

由质量作用定律可知，式(7.12)第一项相当于用双层墙相等的材料合并为一垛墙时的隔声量，可见分成双层墙时的隔声量有一定的提高。从式(7.12)可以看出，两墙间的距离(D)越大，隔声量越大，进一步研究表明两墙间距离有一个最佳值。

(3) c—d—e 段。

当入射声波的频率大于共振频率 f_r 的$\sqrt{2}$倍以后，双层墙的隔声量才比同质量的单层墙有明显的提高，如图 7.6 中 c—d—e 段。但在隔声量随频率上升过程中，将出现入射声波的半波长等于空气层厚度的情况，此时将发生一系列的驻波共振，其高阶共振频率为

$$f_n=\frac{nc}{2b} \tag{7.13}$$

式中，n——常数，$n=1,2,3,\cdots$；

c——空气中的声速，344 m/s；

b——空气层的厚度，m。

通常情况下 b 在厘米级范围，故最低的高阶共振频率也在 1000 Hz 以上。要减弱驻波共振带来的影响，可以在墙之间添加多孔性柔软材料，减少高频声隔声量曲线中的一系列低谷。当在空气层中悬挂和填充吸声材料时，材料的流阻特性可以阻碍空气的振动，从而减弱共振的影响，使双层墙的隔声能力提高(一般提高 5~8 dB)。从吸声材料吸收的频率来看，中高频时隔声量提高得多些，低频时隔声量提高得少些，具体提高多少需通过实际测定获得。另外，当双层结构的材质和面密度不同时，轻质层要靠近噪声源。

在实际的设计和工程中，仍可按照质量定律来计算双层墙的隔声量，但要附加一个修正项 ΔTL。

当 $M_1+M_2>100\ \mathrm{kg/m^2}$ 时

$$\overline{TL}=18\lg(M_1+M_2)+8+\Delta TL \tag{7.14}$$

当 $M_1+M_2<100\ \mathrm{kg/m^2}$ 时，由于墙的隔声量随墙的质量增大而增加的幅度变小，因此

$$\overline{TL}=13.5\lg(M_1+M_2)+13+\Delta TL \tag{7.15}$$

ΔTL 可由图 7.7 中的曲线查出来，它的大小随墙之间空气层厚度的增大而增加。当空气层达到一定的厚度时，ΔTL 将趋于稳定。实际工程中，空气层一般取 5~10 cm。

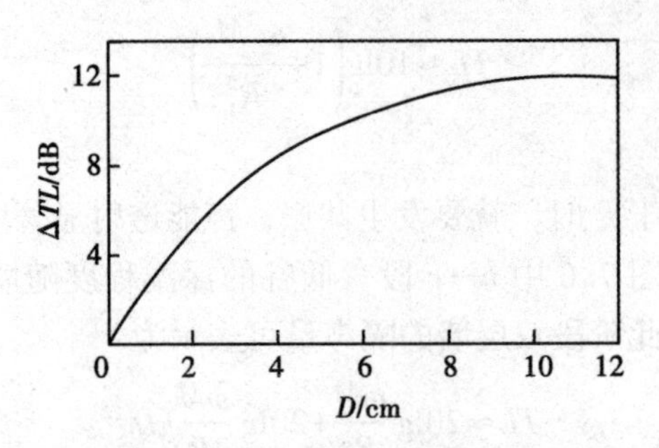

图 7.7 ΔTL 与空气层厚度的关系

双层墙能提高隔声效果，是因为声波入射到第一层墙上的时候，墙产生了“薄膜”振动，这个振动作用在墙间弹性的空气层上。空气层的弹性作用，将使振动衰减后再传给第二层墙，从而总隔声量就增大了。

理论上，多层墙可获得更高的隔声量。日本某电台播音室曾采用由轻重结构组成的四层墙。不论采用双层或多层，都必须做到基础分开、空气夹层内没有声桥。所谓声桥，是指在施工中，将砖头、碎石等丢在夹层中间，形成双层结构的刚性连接，此连接将使振动能量由一层传到另一层，中间的空气层起不到弹性的作用，导致隔声性能下降。如图 7.8 所示，有声桥的曲线 3 要比无声桥的曲线 1 的隔声量低得多，200~2000 Hz 频段的平均值从 49.5 dB 降到 40 dB，约降低了 9.5 dB。

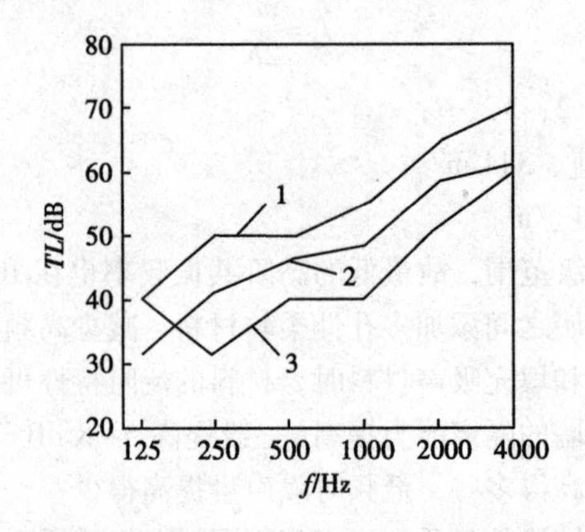

图 7.8 双层 75 mm 厚夹气混凝土墙及声桥对隔声的影响

1—无声桥；2—介于有声桥和无声桥之间；3—有声桥

一些轻质或薄板型的双层墙（如由胶合板、薄金属板、石膏板及硬塑料板等构成的双层墙体），它们的面密度一般小于 30 kg/m^2，其固有频率大多为 100~250 Hz，正好在人耳可听频率范围内，隔声效果明显变差。若要改善隔声效果，则应增加此类双层墙之间的距离 b，增加面密度 M 和涂贴阻尼材料等，以降低结构的共振频率，从而达到增强隔声效果的目的。

总而言之，双层隔声结构设计要注意以下事项。

① 双层墙的隔声量受其共振频率的影响较大，一般情况下共振频率控制在 50 Hz 以下时，双层墙隔声才能获得好的效果。

② 混凝土等较重材料组成的双层墙，其共振频率一般不会超过 15~25 Hz，对所需的隔声量影响不大。

③ 在双层墙的空气夹层中悬挂和填充多孔吸声材料，吸声材料不能填实，应为松散状。对于毯、毡状等吸声材料，宜采用悬挂式；对于松散状吸声材料，则先用玻璃棉布袋包好，再填充于墙间或在墙间预留挂钩，将吸声材料分层悬挂。当然，还要防止材料因自重而下沉。

④ 双层墙若由一层重质墙和一层轻质墙组成，空气层中又填充弹性材料时，应将轻质墙设置在高噪声一边。

⑤ 避免刚性连接。施工中不要把砖头、瓦块丢进夹层中，以免形成声桥而降低隔声量。

7.1.4 多层复合隔声结构

多层复合隔声结构的隔声原理是利用声波在不同界面上阻抗的变化反射声波，减少声能透射，从而提高隔声能力。声波在透过多层声阻抗变化界面的时候就要发生多次反射，其原理如图7.9所示。常用多层复合隔声结构如图7.10所示。

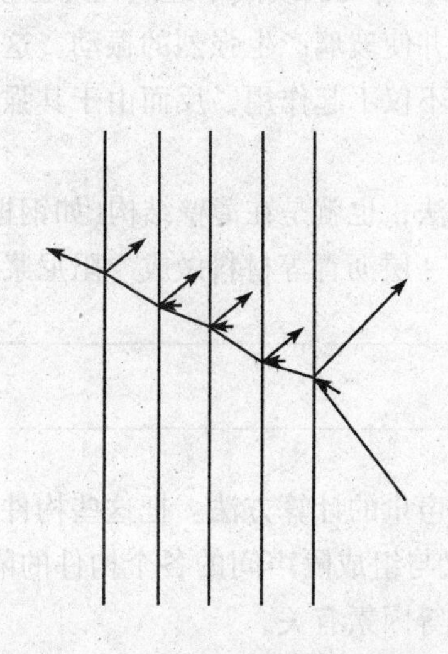

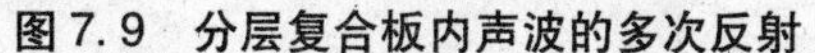

图7.9 分层复合板内声波的多次反射

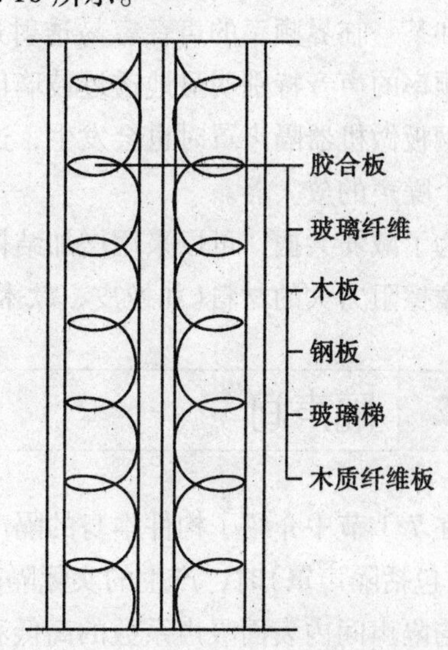

图7.10 多层复合墙结构示意图

分层复合板的隔声能力可以超过质量定律，但是必须遵守一定的组合原则。这个组合原则就是相邻两层板的声阻抗差别越大越好。例如，一层声阻抗大的钢板，与一层声阻抗小的矿棉板相邻，在这样两种材料的分界面上，声波将有比较大的反射。实践证明，按照这一原则组合分层复合板时，每一层不应过薄，分层不宜过多，一般以3~5层为佳。实践证明，简单且隔声效果较好的分层复合板，应该是在两层阻抗大的板之间夹一层50~70 mm的矿棉板(或棉毡)，这种组合叫有夹心的复合板。对于要求比较高的隔声门，可用比较重的面层板。若面层板采用金属薄板，则可在其表面涂一层阻尼胶，并贴上约束层，以减轻由声波激发而产生的振动。所谓阻尼约束层，就是在基层板上涂阻尼材料，再贴上一层薄而劲度大的板材，这个薄板称为约束层，这种组合板称为有阻尼约束层的板。

在设计多层复合隔声结构时，应注意以下问题。

① 合理地选择材料和复合次序。相邻两层板选用声阻抗相差大的材料，越大越好。

一般由三层以上不同的材料交替排列构成。

② 减小由共振频率和吻合效应引起的隔声低谷。用薄金属板作面层时，应该在薄板上涂一层阻尼漆或粘贴沥青、玻璃纤维板等材料。这样，可减弱薄板被声波激发而产生的振动。

③ 轻质多孔材料本身的隔声能力很差。当使用这种材料时，在表面做粉刷层使其孔隙密封，可提高隔声能力。

7.1.5 轻型隔声结构对“空气声”的隔绝

轻型隔声结构是指用一些薄的金属板、石膏板、木板及玻璃等做成的屏蔽结构，单位面积的质量一般小于30 kg/m^2。在机器隔声罩、通风管道和车间控制室的隔墙(墙或屋顶)中常用这些结构。这些结构的隔声量仍可按照质量定律计算，但必须考虑在某些频率下由于共振和吻合效应导致的隔声量降低。有研究结果表明，一些轻质的单层结构与密实结构不同，它具有比较高的固有频率(100~300 Hz)，容易发生共振和吻合效应，使接近固有频率和某一临界频率的声音容易透射过去。例如，当飞机或汽车经过住房上空或附近时，某些频率的声音特别明显地透过玻璃传入室内，并使玻璃产生强烈的振动。这种情况在采用薄钢板做机器隔声罩时也会发生，这时隔声罩不仅不起作用，反而由于其强烈振动而成为一个噪声的放大器。

为了减弱共振，可以采用增加结构阻尼的方法，也就是在薄壁结构(如钢板)上贴上一层内摩擦阻力大的材料(如橡皮、软木)，或涂上一层沥青等材料做成“阻尼浆”。

7.2 隔声间

在7.1节中介绍了构件本身的隔声原理与隔声量的计算方法。把这些构件组成一个隔声间(包括隔声罩)时，产生的实际隔声效果不仅与组成隔声间的各个构件的隔声量有关，而且与隔声间内表面吸声系数的高低和面积大小等因素有关。

7.2.1 隔声墙综合隔声量的计算

在隔声室的墙上、隔声罩的壁上，一般开有门和窗，以供操作者和维修者进出和观察。墙、门和窗是隔声量不同的隔声构件，它们组合在一起的隔声量既不等于墙体的隔声量，也不等于门或窗的隔声量，而是取决等于它们的综合隔声效果。带有门和窗的隔声构件的综合隔声量的计算步骤如下。

① 首先确定各构件各自的隔声量 TL_i，并按照式(7.16)计算各种构件的透射系数 τ_i；

$$\tau_i = 10^{\frac{-TL_i}{10}} \tag{7.16}$$

② 确定各构件(墙、窗、门)的面积 S_i；

③ 计算综合透射系数 $\tau_{综}$。

前面介绍过一个结构的透声性能可用透声系数 τ 来表示，这是对于1 m^2 的面积而言的。对于任意一个面积为 S(m^2)的结构，其透声量则为 $S\tau$。故根据构件的 S_i 和 τ_i，就可按照式(7.17)计算综合透射系数 $\tau_{综}$：

$$\tau_{综}=\frac{S_1\tau_1+S_2\tau_2+\cdots+S_i\tau_i}{S_1+S_2+\cdots+S_i}=\frac{\sum S_i\tau_i}{\sum S_i} \tag{7.17}$$

④ 用式(7.18)求出综合隔声量 $TL_{综}$：

$$TL_{综}=10\lg\frac{1}{\tau_{综}}=10\lg\frac{\sum S_i}{\sum S_i\tau_i} \tag{7.18}$$

例 7.2 某墙的隔声量 TL 为 20 dB，面积为 10 m^2，在这垛墙上安装有一扇隔声量为 10 dB、面积为 2 m^2 的门，求它们的综合隔声量。

解 将已知数据代入式(7.17)中，得

$$\tau_{综}=\frac{8\times10^{-\frac{20}{10}}+2\times10^{-\frac{10}{10}}}{8+2}=2.8\times10^{-2}$$

$$TL_{综}=10\lg\frac{1}{2.8\times10^{-2}}=20-4.5=15.5\ \text{dB}$$

若把例 7.2 中墙的隔声量提高到 50 dB，其他条件不变，则它们的综合透射系数变为

$$\tau_{综}=\frac{8\times10^{-\frac{50}{10}}+2\times10^{-\frac{10}{10}}}{8+2}=2\times10^{-2}$$

由此可得综合隔声量为

$$TL_{综}=10\lg\frac{1}{2\times10^{-2}}=17\ \text{dB}$$

这个数值仅仅比墙的隔声量为 20 dB 时提高了 1.5 dB。如果把门的隔声量提高到 15 dB，其他条件不变，那么它们的综合透射系数为

$$\tau_{综}=\frac{8\times10^{-\frac{20}{10}}+2\times10^{-\frac{15}{10}}}{8+2}=1.43\times10^{-2}$$

综合隔声量为

$$TL_{综}=10\lg\frac{1}{1.43\times10^{-2}}=18.4\ \text{dB}$$

上述三种情况告诉人们一条原则，就是在墙上有门和窗的时候，它们的综合隔声量主要取决于其中隔声量较低的门或窗。因此，要想提高综合隔声量，最好是提高门或窗的隔声量。如果提高墙的隔声量，结果是成本高，且收获不大。

7.2.2 隔声门窗的结构及隔声量

一般办公室和居住建筑中所用的门窗，平均隔声量为 10~20 dB。所谓隔声门窗，其平均隔声量应在 25 dB 以上。

7.2.2.1 隔声门

隔声门是常见的多层复合隔声结构。根据隔声门计权隔声量的不同，可以分为以下 5 级：

Ⅰ级：$R_w \geqslant 45$ dB；

Ⅱ级：45 dB>$R_w \geqslant 40$ dB；

Ⅲ级：40 dB>$R_w \geqslant 35$ dB；

Ⅳ级：35 dB>$R_w \geqslant 30$ dB；

Ⅴ级：30 dB>$R_w \geqslant 25$ dB。

目前，国内已有单开隔声量不小于 53 dB、双开隔声量不小于 47 dB 的优质甲级钢质防火隔声门。隔声要求高的地方，可以使用如图 7.11 所示的门斗。

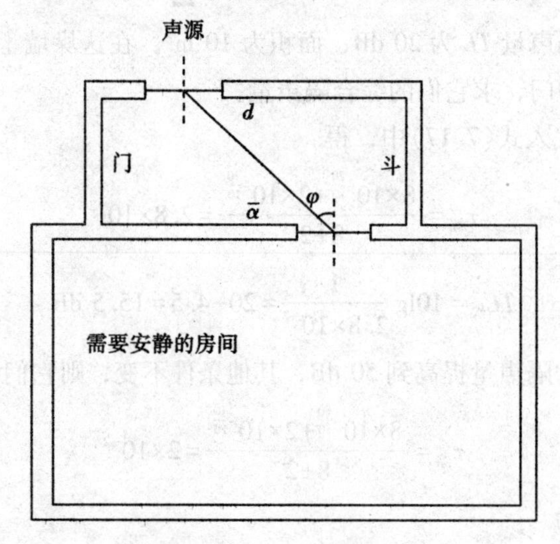

图 7.11 门斗示意图

在门斗内做吸声处理，两道门可用比较轻便的隔声门。实际上门斗就是一个室式消声器，门斗的隔声量为

$$TL = 10\lg \frac{1}{S\left(\dfrac{\cos\varphi}{2\pi d^2} + \dfrac{1-\overline{\alpha}}{A}\right)} \tag{7.19}$$

式中，S——门斗的内表面积，m^2；

$\overline{\alpha}$——门斗内壁的平均吸声系数；

A——门斗内的吸声量，m^2；

d——两门中心的距离，m；

φ——两门中心线与门法线的夹角。

由式(7.19)可知，增大 $\overline{\alpha}$，A，d，φ，将使$\left(\dfrac{\cos\varphi}{2\pi d^2} + \dfrac{1-\overline{\alpha}}{A}\right)$项减小，从而增大 TL。

门缝密闭得好坏，对门隔声效果的影响也很大。为了提高门缝的密闭性，常把门扇与门框之间做成斜的或阶梯状的，在接缝处嵌上橡皮、毛毡或泡沫乳胶等弹性材料，在门和墙的接缝处用沥青等材料填充起来。隔声门的构造见图 7.12。几种隔声门的隔声量见表 7.4。

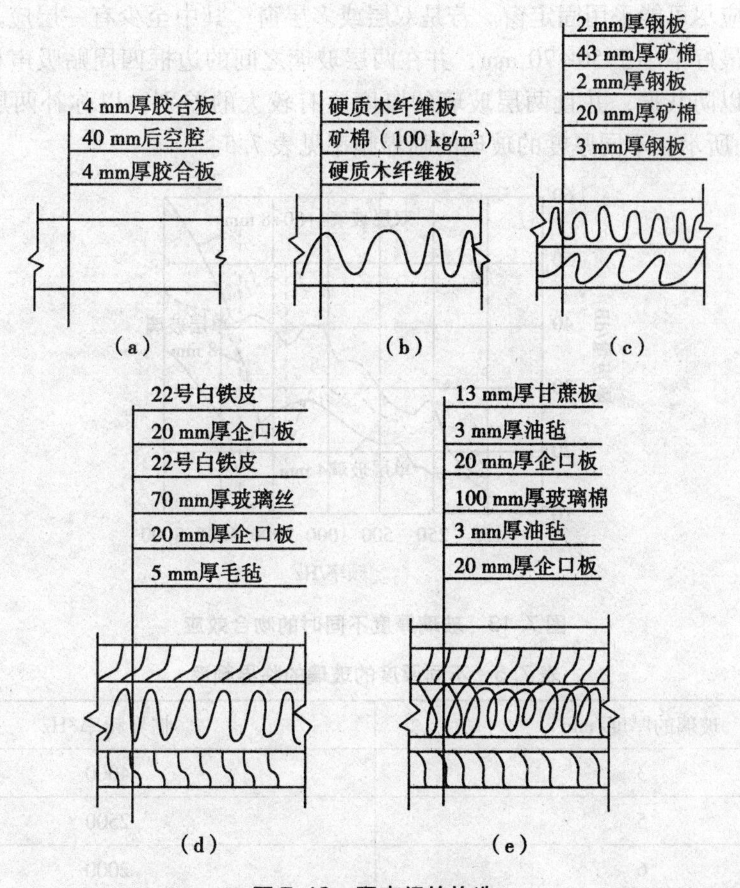

图 7.12 隔声门的构造

表 7.4 隔声门的隔声特性

序号	结构		隔声量/dB 倍频程中心频率/Hz 125	250	500	1000	2000	4000	平均
1	钢板门，厚 6 mm		25.1	26.7	31.1	36.4	31.5	—	35
2	三夹板门，厚 45 mm		13.4	15	15.2	19.6	20.6	24.5	16.8
3	2 中三夹板门上开一小孔，玻璃厚 3 mm		13.6	17	17.7	21.7	22.2	27.7	27
4	重材料门，四周用橡皮厚毛毡密封		30	30	29	25	26	—	27
5	双层门，见图 7.12(a)	有软橡皮条密封	28	28.7	32.7	35	32.8	31	31
		无软橡皮条密封	25	25	29	39.5	27	26.5	27
6	双层门，见图 7.12(b)	有软橡皮条密封	28	28.7	32.7	35	32.8	31	31
		无软橡皮条密封	25	25	29	29.5	27	26.5	27
7	双层复合门，见图 7.12(c)		38	34	44	46	50	55	44.5
8	双层复合门，见图 7.12(d)		29.6	29	29.6	51.5	35.3	43.3	32.6
9	多层复合门，见图 7.12(e)		24	24	26	29	36.5	39.5	29

7.2.2.2 隔声窗

隔声窗是指隔声量达到 25 dB 以上的民用建筑外窗，其隔声性能分级与隔声门相同。

隔声窗的关键是玻璃与窗扇、窗扇与窗框、窗框与墙之间要有良好的密封。在隔声要求高的地方，应尽可能采用固定窗。若是双层或多层窗，其中至少有一层应是固定的。玻璃之间的距离最好不小于50~70 mm，并在两层玻璃之间的边框四周贴吸声材料。两层玻璃不要平行，以防共振，并且两层玻璃的厚度要有较大的差别，以弥补两层玻璃的吻合谷，如图7.13所示。不同厚度的玻璃的临界频率见表7.5。

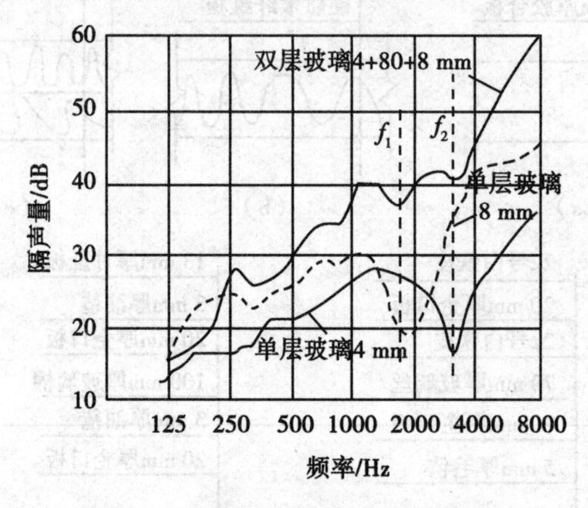

图7.13 玻璃厚度不同时的吻合效应

表7.5 不同厚度的玻璃的临界频率

玻璃的厚度/mm	临界频率/Hz
3	4000
5	2500
6	2000
10	1100

由表7.5可见，为了弥补吻合效应引起的隔声低谷，双层玻璃最好选用5 mm与10 mm或3 mm与6 mm厚的组合，这样可以完全消除吻合谷。隔声窗的隔声特性及典型结构分别见表7.6和图7.14。

表7.6 隔声窗的隔声特性

序号	结构		隔声量/dB						
			倍频程中心频率/Hz						平均
			125	250	500	1000	2000	4000	
1	单层固定窗，玻璃厚6 mm，四周橡皮密封		17	27	30	34	38	32	29.7
2	单层玻璃固定窗，见图7.14（a）		21	20	23	26.4	22.9	—	22
3	单层玻璃固定窗，橡皮卡条封边，见图7.14（b）		20	22	26	30	28	22	26
4	双层窗，见图7.14（c）	空腔厚12 mm	20	17	22	35	41	38	—
		空腔厚100 mm	21	33	39	47	50	51	28.8
		空腔厚200 mm	28	36	41	48	54	53	—

表7.6(续)

序号	结构		隔声量/dB						
			倍频程中心频率/Hz						平均
			125	250	500	1000	2000	4000	
5	双层窗：3 mm 厚玻璃，170 mm 厚空腔	无橡皮密封条	21	26	28	30	28	27	—
		有橡皮密封条	33	33	36	38	38	38	—
6	双层钢窗，见图7.14（d）	全密封(橡皮泥临时填缝)	14	35	37	43	47	53	37.5
		用 ϕ15 mm，ϕ10 mm 双乳胶条密封	18	31	29	31	35	47	30.3
		无乳胶条	9	23	19	18	16	25	18.2
7	双层木窗，见图7.14（e）	空腔厚85~115 mm，窗框周边用8~10 mm 厚玻璃棉毡	30	36	47	59	57	53	46.1
		空腔厚85~190 mm，窗框周边用8~10 mm 厚玻璃棉毡	29	34	46	57	56	53	45.7
8	三层固定窗，见图7.14（f）		37	45	42	43	47	56	45
9	见图7.14（g）		49	63	71	66	73	77	—
10	见图7.14（h）		46	67	72	75	69	71	—

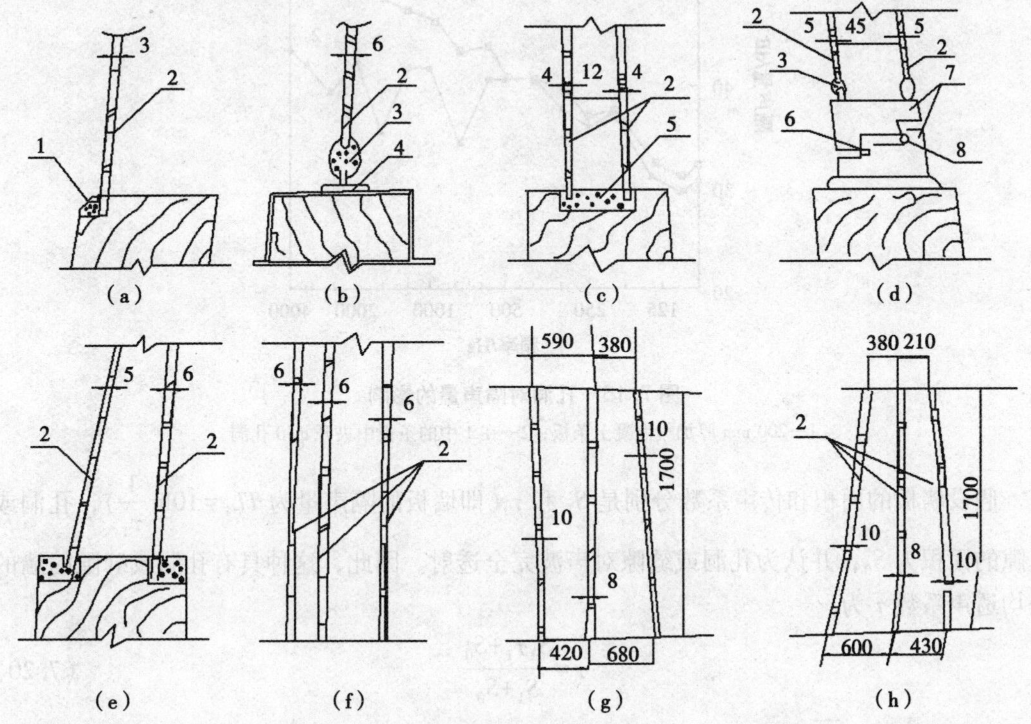

图7.14　隔声窗的典型结构（单位：mm）

1—油灰；2—玻璃；3—橡皮卡条；4—铁片；5—橡皮；6—ϕ15 乳胶条；7—角钢窗框；8—ϕ10 乳胶条

7.2.3 孔和缝隙对隔声的影响

孔和缝隙对隔声的影响与开孔面积、深度(即墙的厚度)及开孔位置等有关。当声波遇到结构上的孔隙时，如果声波的波长小于孔隙的尺寸，则全部声能可以透射过去，其孔隙的透声系数 $\tau=1$；如果声波的波长大于孔隙的尺寸，则其透射量与孔隙形状及孔隙壁深度有关，一般其透射量随深度加大而减少，长条形孔隙比同面积的圆形孔要透射得多。

孔隙常使墙或门窗之间的隔声性能显著下降。例如，一面理想的隔声墙($\tau_{墙}=0$)上面开有一个面积为墙面积 1/100 的孔洞($\tau_{孔}=1$)，结果整个墙的透射系数为

$$\tau_{综}=\frac{\tau_{墙}S_{墙}+\tau_{孔}S_{孔}}{S_{墙}+S_{孔}}=\frac{S_{孔}}{S_{总}}=\frac{1}{100}$$

因此，此时墙的总隔声值 $TL_{综}=10\lg\frac{1}{\tau_{综}}=20\ \text{dB}$。

这说明一个隔声很好的墙如有了 1/100 或 1/1000 的孔洞后，其隔声值不会超过 20~30 dB。因此，对于结构上的孔洞、缝隙必须认真密封。孔洞对混凝土墙隔声量的影响，如图 7.15 所示。由图 7.15 中可知，开孔后墙板对高频声的隔声量下降较多，主要原因是高频声波长短，更容易绕射。缝隙大小不同，对隔声量的影响也是不同的，如图 7.16 所示。

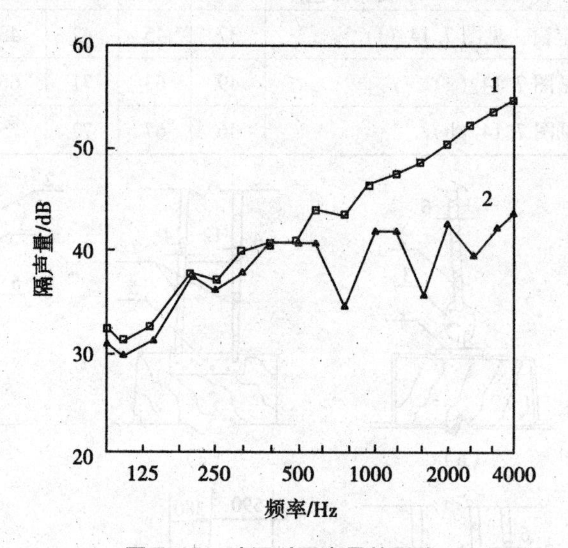

图 7.15 孔洞对隔声量的影响

1—200 mm 厚加气混凝土条板；2—在 1 中的条板中央开 $\phi 30$ 孔洞

假设墙板的面积和传声系数分别是 S_1 和 τ_1(即墙板的隔声量为 $TL_1=10\lg\frac{1}{\tau_1}$)，孔洞或缝隙的面积为 S_0，并认为孔洞或缝隙对声波完全透射。因此，这种具有孔洞或缝隙的墙的平均透声系数 $\bar{\tau}$ 为

$$\bar{\tau}=\frac{S_1\tau_1+S_0}{S_1+S_0} \tag{7.20}$$

则这种墙的隔声量 $\overline{TL}$ 为

$$\overline{TL}=10\lg\frac{1}{\bar{\tau}}=10\lg\frac{S_1+S_0}{S_1\tau_1+S_0} \tag{7.21}$$

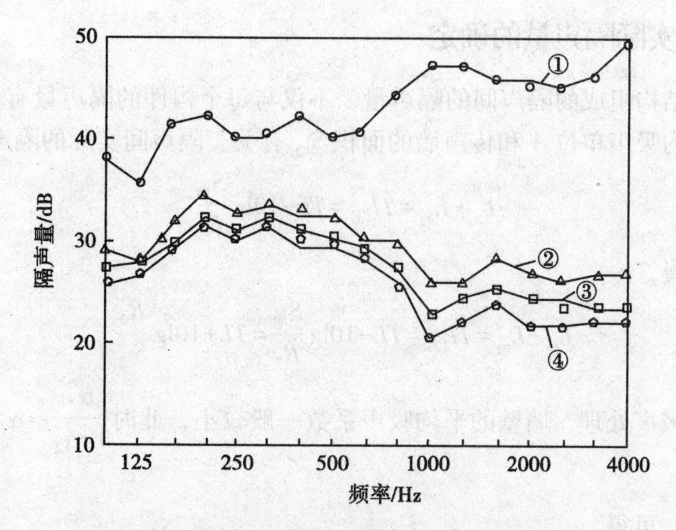

图 7.16 缝隙大小对隔声量的影响

①—150 mm 厚砖墙；②—在①墙中央开长 100 mm、宽 5 mm 的缝；
③—在①墙中央长 100 mm、宽 10 mm 的缝；④—在①墙中央开两条长 100 mm、宽 10 mm 的缝

因此，孔洞或缝隙的存在引起的墙板隔声量的下降量为

$$\Delta TL = TL_1 - \overline{TL} = 10\lg\frac{1}{\tau_1} - 10\lg\frac{S_1+S_0}{S_1\tau_1+S_0} = 10\lg\frac{1+\frac{S_0}{S_1}10^{\frac{\tau_1}{10}}}{1+\frac{S_0}{S_1}} \quad (7.22)$$

根据式(7.22)，墙板开孔面积的比例对隔声量的影响如图 7.17 所示。

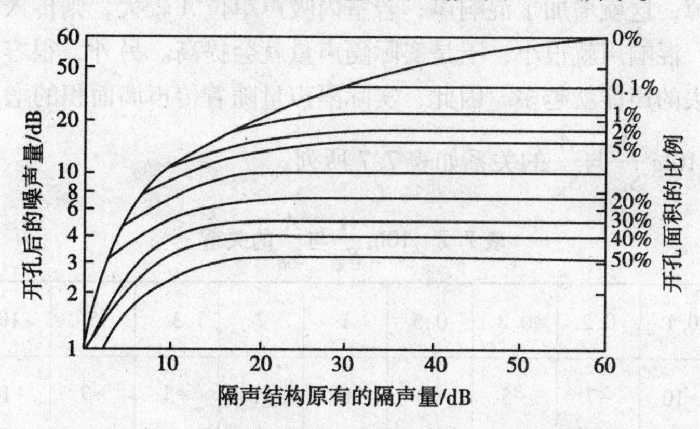

图 7.17 孔洞面积对隔声结构原有隔声量的影响

在框架结构中，填砌分隔墙时必须砌到顶，要注意砖墙和灰墙的饱满程度。混凝土墙的砂浆要捣实，严禁有蜂窝孔洞。当需要留结构孔洞时(如留孔洞为了通风)，可以安装通风消声器来弥补孔洞造成的隔声量损失。如果孔洞是为了穿电缆或管线，而且要经常维修，可以在孔洞处加一段套管，管壁要有一定的隔声量。电缆穿好之后，再用柔性吸声材料填塞内空隙，这样做可以使开孔后的墙恢复到原来的隔声水平。

7.2.4 隔声间实际隔声量的确定

由不同隔声结构组成的隔声间的隔声量，不仅与每个构件的隔声量有关，而且与隔声间内表面所具有的吸声单位 A 和传声墙的面积 $S_{墙}$ 有关。隔声间实际的隔声量可表示为

$$L_{p_1}-L_{p_2}=TL_{实}=TL-10\lg\frac{S_{墙}}{R_2} \tag{7.23}$$

进一步整理得

$$L_{p_1}-L_{p_2}=TL_{实}=TL-10\lg\frac{S_{墙}}{R_2}=TL+10\lg\frac{R_2}{S_{墙}} \tag{7.24}$$

房间若未经吸声处理，墙壁的平均吸声系数一般较小，此时$\frac{\alpha_2}{1-\alpha_2}\approx\alpha_2$，即 $R_2\approx S\,\overline{\alpha_2}=A$。

进一步整理，可得

$$TL_{实}=TL_{墙综}+10\lg\frac{A}{S_{墙}} \tag{7.25}$$

式中，A——吸声单位，m^2，$A=\alpha_1S_1+\alpha_2S_2+\cdots=\sum\alpha_iS_i=S_{总}\,\overline{\alpha}$（其中，$S_i$ 为吸声系数是 α_i 的吸声材料的面积）；

$S_{墙}$——传声墙的面积，m^2；

$TL_{墙综}$——传声墙的构件隔声量，当墙上有门、窗时，则为它们的综合隔声量。

由式(7.25)可知：吸声单位越大，实际隔声量越大；传声墙的面积越大，实际隔声量越小。这是因为声音从一面墙传入室内后，若室内吸声单位 A 较小，则声音要经过多次反射之后才被衰减掉，这就增加了混响声；若室内吸声单位 A 较大，则传入室内之后的声音很快就被衰减了，混响声就很小，于是实际隔声量就会提高。另外，很容易看到传声墙的面积越大，透过去的声能就越多。因此，实际隔声量随着传声墙面积的增大而减小。

式(7.25)中 $10\lg\frac{A}{S_{墙}}$与$\frac{A}{S_{墙}}$的关系如表 7.7 所列。

表 7.7　$10\lg\frac{A}{S_{墙}}$与$\frac{A}{S_{墙}}$的关系

$\frac{A}{S_{墙}}$	0.1	0.2	0.3	0.5	1	2	3	5	10	16	25
$10\lg\frac{A}{S_{墙}}$	−10	−7	−5	−3	0	+3	+5	+7	+10	+12	+14

由表 7.7 可知，修正项有下述三种情况：

① 房间内的总吸声单位 A 在数值上等于传声墙的面积，即$\frac{A}{S_{墙}}=1$时，$10\lg\left(\frac{A}{S_{墙}}\right)=0$，这时 $TL_{实}=TL_{墙综}$；

② 当$\frac{A}{S_{墙}}<1$时，则 $10\lg\frac{A}{S_{墙}}<0$，这时 $TL_{实}<TL_{墙综}$；

③ 当$\frac{A}{S_{墙}}>1$时，则 $10\lg\frac{A}{S_{墙}}>0$，这时 $TL_{实}>TL_{墙综}$。

把式(7.25)再分解一下，将$A=S_{总}\times\overline{\alpha}$代入式(7.25)，则求得

$$TL_{实}=TL_{墙综}+10\lg\overline{\alpha}+10\lg S_{总}-10\lg S_{墙} \tag{7.26}$$

例7.3 有一个内表面面积$S_{总}=100\ m^2$的房间，内表面为水泥砂浆抹面，平均吸声系数较小($\overline{\alpha}=0.02$)，用面积为$S_{墙}=20\ m^2$的一砖厚的墙($\overline{TL}=50$ dB)与噪声隔开，求该房间的实际隔声量。

解 首先求算A的值：

$$A=S_{总}\ \overline{\alpha}=100\times0.02=2\ m^2$$

已知$S_{墙}=20\ m^2$，故$\dfrac{A}{S_{墙}}=\dfrac{2}{20}=0.1$，查表7.7得

$$10\lg\frac{A}{S_{墙}}=-10\ dB$$

代入式(7.25)得

$$TL_{实}=TL_{墙综}+10\lg\frac{A}{S_{墙}}=50-10=40\ dB$$

这一结果说明，虽然墙的隔声量为50 dB，但隔声间的实际隔声量只有40 dB。按照上述步骤，若把房间的吸声系数$\overline{\alpha}$提高到0.4，房间的实际隔声量可提高到53 dB。因此，在建造隔声间时，为了提高隔声间的实际隔声量，除了考虑提高隔声墙、门及窗的隔声量，还应对隔声间进行吸声处理，以提高其吸声量，增大隔声间的隔声效果。

在实际噪声工程设计中，对于隔声间应注意以下问题。

① 合理确定隔声间与控制室内的允许噪声级。在高噪声车间建立隔声控制室时，根据《工业企业设计卫生标准》(GBZ 1—2010)，将室内噪声控制在60~70 dB(A)较为合适。

② 处于高噪声车间的隔声控制室，由于数面受音，因此传入室内的声能较大。在室内做墙面吸声处理，有利于实际隔声量的提高。

③ 遵循等透射量的原则来选择墙、门、窗与顶棚等隔声构件。

④ 各种管线(风管、电缆管等)通过墙体结构时，一律要加套管穿墙，并在管道四周包扎严密、封死，以免漏声。

⑤ 保证隔声控制室内空气新鲜、流通，注意通风换气。

7.3 隔声罩

隔声罩是指用一个罩子把声源罩在内部，控制声源噪声外传的一种隔声装置。某些声功率级较高的机械设备，如空压机、汽轮机、风机、球磨机、水泵、油泵、发电机、汽轮机等，如果体积较小，形状比较规整，或者虽然体积较大，但空间条件允许，均可采用隔声罩降低它们的噪声。隔声罩多由钢板和吸声材料构成。因为机器设备的噪声要透过隔声罩的所有面积向外辐射，所以这时$S_{总}=S_{墙}$，于是代入式(7.26)，得

$$TL_{实}=TL_{罩}+10\lg\overline{\alpha} \tag{7.27}$$

式(7.27)就是隔声罩实际隔声量的计算公式。因为$\overline{\alpha}$永远小于1，在式(7.27)中，$10\lg\overline{\alpha}$是负值，所以隔声罩的实际隔声量要小于构成隔声罩的那种构件的隔声量。不仅如

此，当隔声罩壁的隔声量较小，且罩内吸声系数也很小时，$TL_{实}$ 可以等于零，甚至是负值。例如，隔声罩的 $\bar{\alpha}=0.01$，$TL_{罩}=20$ dB，根据式(7.27)可得

$$TL_{实}=TL_{罩}+10\lg\bar{\alpha}=20+10\lg0.01=0\ \text{dB}$$

若 $TL_{罩}=10$ dB，则 $TL_{实}=-10$ dB，即隔声罩的实际隔声量等于−10 dB，表明它不但没有起到屏蔽机组噪声的作用，反而把机组噪声放大了，特别是隔声罩与机组有刚性连接时，这种扩大作用更为明显。

由式(7.27)可知，隔声罩内吸声材料的吸声系数对于隔声罩整体的吸声性能影响很大，如图 7.18 所示，罩内放置吸声材料后对隔声罩性能的提高非常明显。

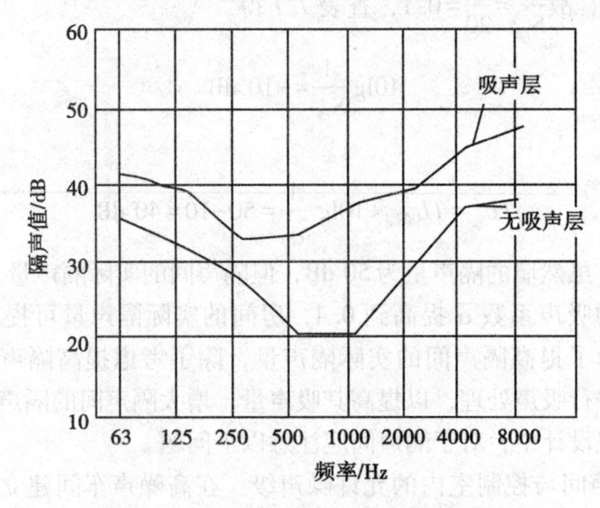

图 7.18 罩内吸声层对隔声性能的影响

7.3.1 设计隔声罩的要点

(1) 选择合适的隔声结构形式。若要求的隔声量大，施工空间比较宽敞，可采用以土建材料为主的重型隔声结构；若空间尺寸不允许，则可配置与噪声源外形相近的全封闭型隔声罩。全封闭型隔声罩又分为固定式与可拆式两种。噪声源需经常检修的，应采用可拆式的，如图 7.19 所示。对于操作工艺有特殊要求，不允许全封闭，需要的隔声量也不高的，则可采用局部隔声罩。

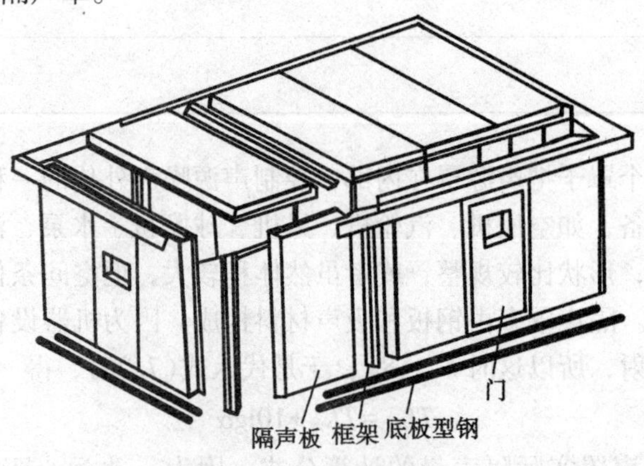

图 7.19 可拆式隔声罩

（2）隔声罩内表面要衬贴吸声系数大的吸声材料。罩内的吸声材料，要选择对各种频率的声音均能有足够高的吸声性能的材料，一般吸声系数不应低于0.5。在使用纤维状吸声材料时，为避免散落，可以在吸声材料外面罩以玻璃布或麻袋布，再用铁丝网或穿孔率大于20%的穿孔钢板加以覆盖，最后用金属压条或铅丝固定在罩壁上。

（3）罩壁材料要有足够大的隔声量。要采用具有足够大隔声量的罩壁材料，如钢板、塑料板、木板、砖和混凝土等。一般在满足隔声量的要求下，应以轻薄的结构为主。对隔声要求高的隔声罩，为减轻罩的质量，宜选用分层复合隔声结构。隔声罩壁的声学结构如图7.20所示，其一般由隔声层、阻尼层、吸声层、保护层及护面层组成。

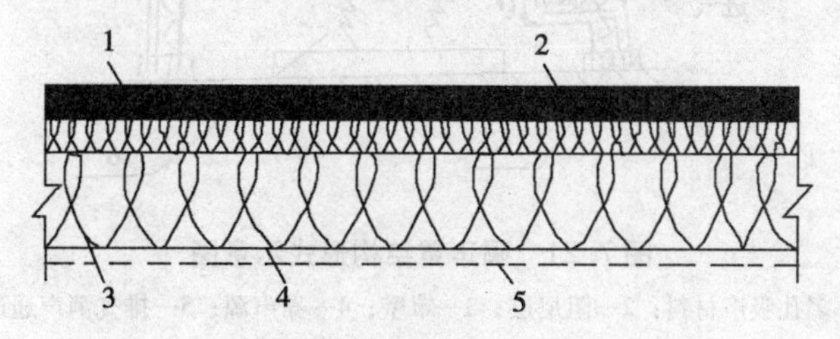

图7.20　隔声罩壁的声学结构示意图

1—隔声层；2—阻尼层；3—吸声层；4—保护层；5—护面层

（4）当采用钢板一类的轻薄结构作罩壳时，由于声波的作用，常常会引起罩壳产生共振和"吻合效应"，导致隔声性能下降。为了减弱"吻合效应"的影响，需在罩壳内贴附一定厚度的阻尼层。例如，2.5 mm厚的钢板，$M=19.2\ \mathrm{kg/m^2}$，平均隔声量为28.5 dB。当板加贴一层厚度为7.8 mm厚的沥青玻璃纤维板后，M提高到26 $\mathrm{kg/m^2}$，平均隔声量提高到36.4 dB。另外，也可在金属板面上采取加筋的办法，以控制板面振动，减少声能辐射。

（5）罩壳与地面之间加垫气胎或软材料，避免声源与隔声的金属板有刚性连接，以减少振动的传递。

（6）在罩壁上要尽量不开口或减少开口，对于必需的开孔及罩壁结构连接处的缝隙，要采取密封措施或消声措施。拼装结构要做好密封处理，在接缝处垫弹性软材料，且盖板关闭时，用专门的扣件卡紧。

（7）要密切配合生产工艺，既要有较好的减噪效果，又要满足机械设备的技术性能，如操作、进排气、降温、检修和监视等要求。根据现场情况，还可以设置进出门、观察窗、手孔、活动盖板或可移动、可组装的罩壳等措施，来接近机器、观察机器运行情况或进行操作、检修机器。图7.21给出了一个隔声罩的结构形式。

（8）当隔声罩的罩壁有管道通过时，在缝隙处用一段比风管道直径略大一些的吸声衬里管道把通风管道包围起来。吸声衬里的长度取缝隙宽度的15倍为宜，具体布置时要避免通风管道与罩体的刚性连接，同时防止缝隙漏声，如图7.22所示。

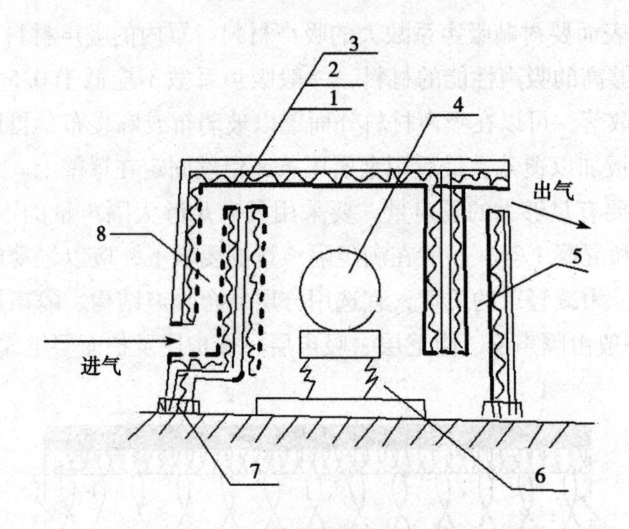

图 7.21 隔声罩结构形式示意图

1—多孔吸声材料；2—阻尼层；3—罩壁；4—噪声源；5—排气消声通道；
6—减振器；7—弹性垫；8—进风消声通道

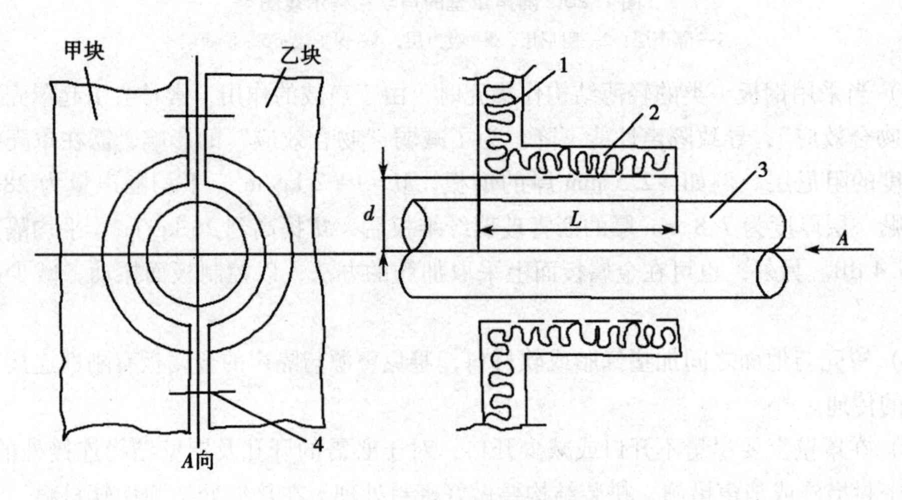

图 7.22 隔声罩与管道相接的方法

1—罩壁；2—吸声衬里；3—管道；4—连接螺栓

7.3.2 隔声罩实际隔声量的计算

实际隔声量是指机器设备在设置隔声罩前后在罩外某一位置上的声压级差，也称为插入损失。如果罩壁结构的透射系数为 $\bar{\tau}$，则式(7.1)可表示为

$$TL_{实} = 10\lg \frac{\bar{\alpha}}{\bar{\tau}} \tag{7.28}$$

一般情况下，$\bar{\tau}<\bar{\alpha}<1$，即隔声罩的插入损失为正值。当 $\bar{\alpha}=1$ 时，$TL_{实}=10\lg \frac{\bar{\alpha}}{\bar{\tau}}=10\lg \frac{1}{\bar{\tau}}$，此时插入损失与罩的综合隔声量相等，插入损失达到最大值。当 $\bar{\tau}=\bar{\alpha}$，即 $TL=10\lg \frac{\bar{\alpha}}{\bar{\tau}}$时，

插入损失为零。

全封闭隔声罩的实际隔声量可用式(7.27)计算。对于局部封闭隔声罩，其实际隔声量为

$$TL_{实}=TL_{罩}+\frac{10\lg\left(1+\frac{S_0}{S_1}\right)}{1+\frac{S_0}{S_1}10^{0.1TL}} \tag{7.29}$$

式中，$TL_{罩}$——隔声罩罩壁的隔声量，dB；

S_0——非封闭面的总面积，m^2；

S——封闭面的总面积，m^2。

7.3.3 隔声罩罩壁结构的确定

隔声罩的隔声性能主要取决于其罩壁结构。在确定罩壁结构时，可以先根据实际隔声量(即插入损失)的要求，由式(7.27)或式(7.29)计算确定所需的隔声材料及吸声材料，再根据具体情况确定具体结构；也可先根据图7.23和表7.8选用隔声罩的构造特征，再进行具体设计。

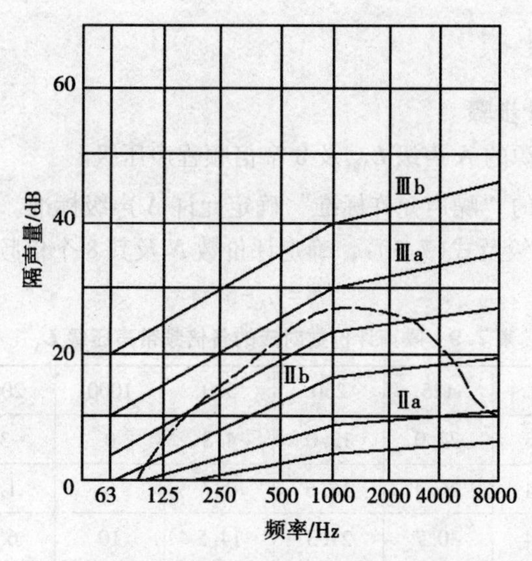

图7.23 几类隔声罩的倍频程插入的损失值

表7.8 几类隔声罩的构造特征及A声级插入的损失值

分类	隔声罩的结构	罩壁单位面积的质量/(kg·m^{-2})	密封和容许开孔面积	固体声隔绝措施	A声级插入的损失值/dB
Ⅰ	隔声毡	5~6	不需特殊密封措施，开孔面积小于10%	没有	3~10
Ⅱa	单层壳板，未设吸声内衬	5~15	开孔面积小于5%	视情况没有或只有简单弹性支承	5~25

表7.8(续)

分类	隔声罩的结构	罩壁单位面积的质量/($kg \cdot m^{-2}$)	密封和容许开孔面积	固体声隔绝措施	A声级插入的损失值/dB
Ⅱb	单层壳板，设吸声内衬	5~15	开孔采取密闭，开孔面积小于0.5%	声源处装有简单弹性支承或安装在固定底座的弹性基础上	7~25
Ⅱc	同Ⅱb	20~25	开孔采取密封，开孔面积小于0.1%	同Ⅱb	10~30
Ⅲa	双层或多层壳板，有吸声内衬	每层5~10，共约100	开孔采取密封，开孔面积小于0.01%	在声源处装有双弹性支承或在分离的基础上安装简单弹性支座	20~40
Ⅲb	同Ⅲa	每层10~15，共约400	密封要好，避免管子穿过或对穿管进行密封处理	同Ⅲa	30~50

在罩壁上若有机械设备的散热孔洞，则应安装与罩壁隔声量相当消声量的消声器，既不影响隔声罩的隔声效果，又达到通风冷却的目的。

7.3.4 隔声罩的设计

7.3.4.1 隔声罩的设计步骤

（1）列出实测噪声源的A声级 $L_{A测}$ 及8个倍频程声压级。

（2）根据工作场所的“噪声允许标准”确定允许A声级标准。

（3）根据允许A声级及式(7.30)，确定评价数 N 及其8个倍频程声压级(见表7.9)。

$$N=L_A-5 \tag{7.30}$$

表7.9 噪声评价数对应的各倍频带声压级 L_A 单位：dB(A)

N	31.5	63	125	250	500	1000	2000	4000	8000
0	55.4	35.5	22.0	12.0	4.8	0	-3.5	-6.1	-8.0
5	58.8	39.4	26.3	16.6	9.7	5	1.6	-1.0	-2.8
10	62.2	43.4	30.7	21.3	14.5	10	6.6	4.2	2.3
15	65.6	47.3	35.0	25.9	19.4	15	11.7	9.3	7.3
20	69.0	51.3	39.4	30.6	24.3	20	16.8	14.4	12.6
25	72.4	55.2	43.7	35.2	29.2	25	21.9	19.5	17.7
30	75.8	59.2	48.1	39.9	34.0	30	26.9	24.7	22.9
35	79.2	63.1	52.4	44.5	38.9	35	32.0	29.8	28.0
40	82.6	67.1	56.4	49.2	43.8	40	37.1	34.9	33.2
45	86.0	71.0	61.1	53.6	48.3	45	42.2	40.0	38.3
50	89.4	75.0	65.5	58.5	53.5	50	47.2	45.2	43.5
55	92.9	78.9	69.8	63.1	58.4	55	52.3	50.3	48.8

表7.9(续)

N	31.5	63	125	250	500	1000	2000	4000	8000
60	96.3	82.9	74.2	67.8	63.2	60	57.3	55.4	53.8
65	99.7	86.8	78.5	72.4	68.1	65	62.5	60.5	58.3
70	103.1	90.8	82.9	77.1	73	70	67.5	65.7	64.3
75	106.5	94.7	87.2	81.7	77.9	75	72.6	70.8	69.4
80	109.9	98.7	91.6	86.4	82.7	80	77.7	75.9	74.4
85	113.3	102.6	95.9	91.0	87.6	85	82.8	81.0	79.5
90	116.7	106.6	100.3	95.7	92.5	90	87.8	86.2	84.7
95	120.1	110.5	104.6	100.3	97.3	95	92.9	91.3	89.8
100	123.5	114.5	109.0	105.0	102.2	100	98.0	96.4	95.0
105	126.9	118.4	113.3	109.6	107.1	105	103.0	101.5	100.1
110	130.3	122.4	117.7	114.3	111.9	110	108.1	106.7	105.3
115	133.7	126.3	122.0	118.9	116.8	115	113.2	111.8	110.4
120	127.1	130.3	126.4	123.6	121.7	120	118.3	116.9	115.6
125	140.5	134.2	130.7	128.2	126.6	125	123.4	122.0	120.7
130	143.91	138.2	135.1	132.9	131.4	130	128.4	127.2	125.9

（4）确定隔声罩8个倍频带所需的隔声量，可按照式(7.31)计算。

$$\Delta TL_{需i}=L_{测i}-L_{Ni}+K \tag{7.31}$$

式中，$L_{测i}$——实测的8个倍频带的声压级，dB；

L_{Ni}——允许评价数对应的各倍频带声压级，dB；

K——补偿系数，$K=2\sim5$ dB。

（5）确定隔声罩内衬吸声材料的厚度，参照表7.10选取。由表7.11查得附加隔声值$10\lg\bar{\alpha}$。

表7.10 常用吸声材料的吸声系数(α_0)

材料名称	密度 /(kg·m^{-3})	厚度 /cm	各频率下的吸声系数					
			125 Hz	250 Hz	500 Hz	1000 Hz	2000 Hz	4000 Hz
超细玻璃棉	15	2.5	0.02	0.07	0.22	0.59	0.94	0.94
		5.0	0.05	0.24	0.72	0.97	0.90	0.98
		10.0	0.11	0.35	0.88	0.83	0.93	0.97
	20	5.0	0.10	0.35	0.85	0.85	0.86	0.86
	20	10.0	0.25	0.60	0.85	0.87	0.87	0.87
矿渣棉	240	6.0	0.25	0.55	0.78	0.75	0.87	0.01
	240	8.0	0.35	0.65	0.65	0.75	0.88	0.02
	150	8.0	0.30	0.84	0.93	0.78	0.93	0.94

表7.10(续)

材料名称	密度/(kg·m^{-3})	厚度/cm	各频率下的吸声系数					
			125 Hz	250 Hz	500 Hz	1000 Hz	2000 Hz	4000 Hz
工业毛毡	370	5.0	0.11	0.30	0.50	0.50	0.50	0.52
	37	7.0	0.18	0.35	0.43	0.50	0.53	0.54
聚氨酯泡沫塑料	40	4.0	0.10	0.19	0.36	0.70	0.75	0.80
	45	8.0	0.20	0.40	0.95	0.90	0.98	0.85
木丝板		2.0	0.15	0.14	0.16	0.34	0.73	0.52
		4.0	0.19	0.20	0.48	0.79	0.42	0.70
		8.0	0.25	0.53	0.82	0.68	0.84	0.59
水泥膨胀珍珠岩	350	5.0	0.16	0.46	0.64	0.48	0.56	0.56
	350	8.0	0.34	0.47	0.40	0.37	0.43	0.55
矿渣膨胀珍珠岩吸声砖		11.5	0.38	0.54	0.60	0.69	0.70	

表7.11　内壁吸声材料附加隔声值($\Delta TL=10\lg\bar{\alpha}$)

$\bar{\alpha}$	0.01	0.02	0.04	0.06	0.08	0.10	0.12	0.14	0.16	0.18
ΔTL	-20.0	-17.0	-14.0	-12.2	-11.0	-10.0	-9.2	-8.5	-8.0	-7.5
$\bar{\alpha}$	0.20	0.22	0.24	0.26	0.28	0.30	0.32	0.34	0.36	0.38
ΔTL	-6.9	-6.6	-6.2	-5.8	-5.5	-5.2	-4.9	-4.7	-4.4	-4.2
$\bar{\alpha}$	0.40	0.42	0.44	0.46	0.48	0.50	0.52	0.54	0.56	0.58
ΔTL	-4.2	-3.8	-3.6	-3.4	-3.2	-3.0	-2.8	-2.7	-2.5	-2.4
$\bar{\alpha}$	0.60	0.62	0.64	0.66	0.68	0.70	0.72	0.74	0.76	0.78
ΔTL	-2.2	-2.1	-1.9	-1.8	-1.7	-1.5	-1.4	-1.3	-1.2	-1.1
$\bar{\alpha}$	0.80	0.82	0.84	0.86	0.88	0.90	0.92	0.94	0.96	0.98
ΔTL	-1.0	-0.9	-0.8	-0.7	-0.6	-0.5	-0.4	-0.3	-0.2	-0.09

(6) 计算隔声罩壁的固有隔声量，按照式(7.32)进行计算。

$$TL'_{固i}=\Delta TL_{需i}-10\lg\bar{\alpha} \tag{7.32}$$

(7) 确定钢板的厚度。以计算的罩壁固有隔声量 $TL'_{固i}$ 为基准，从表7.12中选择出8个倍频带的隔声量 $TL_{固i}$ 都大于 $TL'_{固i}$ 的钢板的厚度。

(8) 计算隔声罩的实际隔声量，按照式(7.33)进行计算。

$$TL_{实i}=TL_{固i}+10\lg\bar{\alpha} \tag{7.33}$$

(9) 计算隔声罩外实际8个倍频带的声压级，按照式(7.34)计算。

$$TL_{外i}=L_{测i}-TL_{实i} \tag{7.34}$$

(10) 根据表7.13查出倍频程A声级计权衰减值 ΔR_i。

表7.12 罩壁固有隔声量

材料构件名称	厚度/mm	密度/(kg·m⁻³)	隔声量/dB								
			63 Hz	125 Hz	250 Hz	500 Hz	1000 Hz	2000 Hz	4000 Hz	8000 Hz	平均隔声量
钢板	1	7.85	12.5	16	18.6	23.2	27	30.5	34.2	38	26
	2	15.70	18.0	21.5	24.1	28.7	32.5	36.0	39.7	43.5	30
	3	23.55	21.0	24.5	27.1	31.7	35.5	29.0	42.7	46.5	33
	4	31.40	23.2	26.7	29.3	33.9	37.7	41.2	44.9	48.7	35
	5	39.25	25.1	28.6	31.2	35.8	39.6	43.1	46.8	50.6	37
	6	47.10	27.0	30.5	33.1	37.7	41.5	45.0	48.7	52.5	39
	7	54.95	27.8	31.3	33.9	38.5	42.3	45.8	49.5	53.3	40
	8	62.80	28.7	32.2	34.8	39.4	43.2	46.7	50.2	54.2	41
	9	70.65	29.6	33.2	35.7	40.3	44.1	47.6	51.3	55.1	42
	10	78.50	30.3	33.8	36.4	41.0	44.8	48.3	52.0	55.8	43
平板玻璃	3	8.50									24
	6	17.00									30

表7.13 声级计各计权网络的频率响应特性(衰减值：ΔR_i)

频率(倍频程)/Hz	A计权的衰减值/dB	B计权的衰减值/dB	C计权的衰减值/dB
31.5	-39.4	-17.1	-3.0
63	-26.2	-9.3	-0.8
125	-16.1	-4.2	-0.2
250	-8.6	-1.3	0.0
500	-3.2	0.3	0.0
1000	0.0	0.0	0.0
2000	+1.2	-0.1	-0.2
4000	+1.0	-0.7	-0.8
8000	-1.1	-2.9	-3.0

(11) 计算计权后声压级，查表7.13后，按照式(7.35)计算。

$$L_{\mathrm{A}_i}=L_{外i}+\Delta R_i \tag{7.35}$$

(12) 将各频率下的声压级根据式(7.36)进行分贝求和运算，得出A声级$L_{\mathrm{A}计}$：

$$L_{\mathrm{A}计}=10\lg\sum_{i=1}^{n}10^{\frac{L_{p_i}}{10}} \tag{7.36}$$

(13) 计算A声级的降低值ΔL_{A}：

$$\Delta L_{\mathrm{A}}=\Delta L_{\mathrm{A}测}-L_{\mathrm{A}计} \tag{7.37}$$

(14) 画出隔声前后的噪声频谱图。

(15) 画出隔声罩的结构图。

7.3.4.2 隔声罩设计实例

例 7.4 用精密声压计测得某型号单辊砂毛机的噪声级为 112.3 dB(A)，8 个倍频带的声压级为 76，91，97，106，111，107，99，101 dB(离砂毛机表面 1 m)。要求设计一台隔声罩，使罩体外噪声级不大于 85 dB(A)。

解 (1) 实测噪声源的 A 声级 $L_{A测}$ 及 8 个倍频带的声压级，列于表 7.14 第 1 项。

表 7.14 隔声罩设计用表

序号	计算过程变量	倍频程中心频率/Hz								备注
		63	125	250	500	1000	2000	4000	8000	
①	$L_{A测}$	76	91	97	106	111	107	99	101	实测值，112.3 dB(A)
②	L_A									允许 A 声级 85 dB(A)
③	L_{Ni}	99	92	86	83	80	78	76	74	评价数 $N=80$
④	$\Delta TL_{需i}$		1	13	25	33	31	25	29	①-③+K
⑤	$\overline{\alpha}$	0.25	0.60	0.85	0.87	0.87	0.87	0.87		超细玻璃粉：$\rho=20\ kg/m^3$ $\delta=100\ mm$
⑥	$10\lg\overline{\alpha}$	-6.0	-2.2	-0.7	-0.6	-0.6	-0.6	-0.6		
⑦	$TL'_{固_i}$		7	15.2	25.7	33.6	31.6	25.6	29.6	④-⑥
⑧	$TL_{固_i}$	18.0	21.5	24.1	28.7	32.5	36.0	39.7	43.5	查表 7.12
⑨	$TL_{实_i}$		15.5	21.9	28.0	31.9	35.4	39.1	42.9	⑧+⑥
⑩	$TL_{外_i}$		75.5	75.1	78.0	79.1	71.6	59.9	58.1	①-⑨
⑪	ΔR_i	-26.2	-16.1	-8.6	-3.2	0.0	+1.2	+1.0	-1.1	查表 7.13
⑫	L_{Ai}		59.4	66.5	74.8	79.1	72.8	60.9	57.0	⑩+⑪
⑬	81.1									⑫分贝求和
⑭	31.2									①-⑬
⑮	噪声频谱图见图 7.24									

(2) 确定允许 A 声级标准：定为 85 dB(A)，列于表 7.14 第 2 项。

(3) 计算允许 A 声级下相对应的评价数 N 及其 8 个倍频程的声压级。由式(7.30)得

$$N=L_A-5=85-5=80$$

根据 $N=80$，查噪声评价标准曲线，得出 8 个倍频程的声压级，列于表 7.14 第 3 项。

(4) 确定所需的隔声量。取 $K=2$，按照式(7.31)计算，列于表 7.14 第 4 项。

(5) 确定隔声罩的内衬吸声材料的厚度和吸声系数。查表 7.10 选用超细玻璃棉，密度为 20 kg/m^3，厚度为 100 mm。根据各倍频带的吸声系数，查表 7.11 得隔声附加值，列于表 7.14 第 5，6 项。

(6) 计算隔声罩壁的固有隔声量。按照式(7.32)计算，列于表 7.14 第 7 项。

(7) 确定钢板的厚度为 2 mm，查表 7.12 得钢板的固有隔声量 $TL_{固i}$，列于表 7.14 第 8 项。

(8) 按照式(7.33)计算隔声罩的实际隔声量，列于表 7.14 第 9 项。

(9) 确定隔声罩外实际 8 个倍频带的声压级，按照式(7.34)计算，列于表 7.14 第 10

项。

(10) 根据表7.13查出倍频程A声级计权衰减值ΔR_i，列于表7.14第11项。

(11) 按照式(7.35)计算计权后的声压级，列于表7.14第12项。

(12) 计算A声级$L_{A计}$。计权后声压级相加，列于表7.14第13项。

(13) 计算A声级降低值ΔL_A，列于表7.14第14项。

(14) 画出隔声前后噪声频谱图，如图7.24所示。

(15) 隔声罩的结构示意图见图7.25。

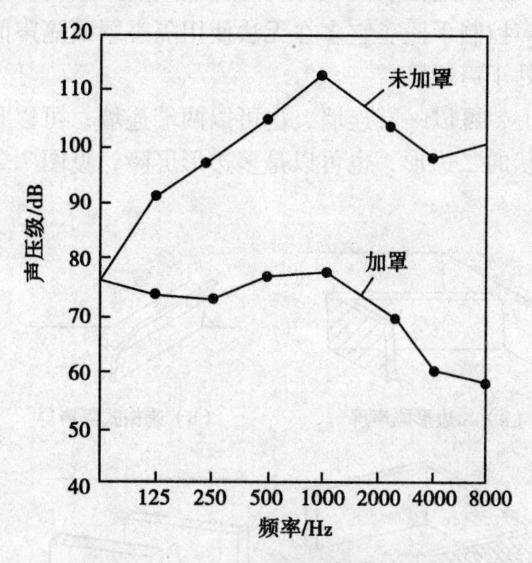

图7.24 砂毛机隔声罩频谱特性

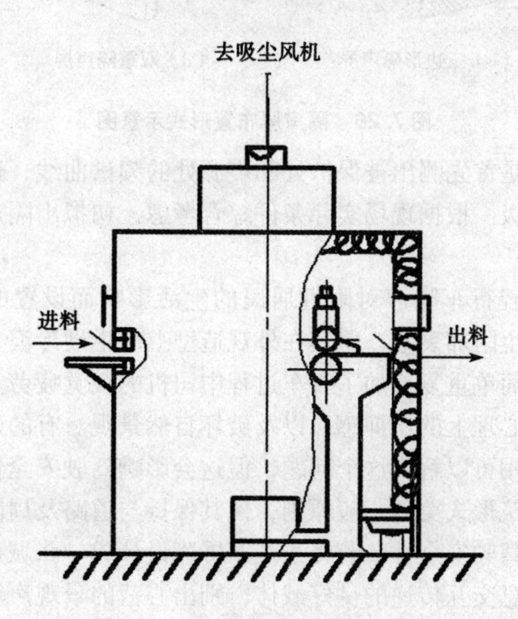

图7.25 砂毛机隔声罩结构示意图

7.4 隔声屏

声波在传播途径上如遇有墙壁或房屋之类的障碍物，就会从上面绕过，或者从墙的两侧绕过去。人们把声波遇到障碍物能绕过去的现象叫声波的绕射。高频声的声波短，容易被障碍物阻挡，易在障碍物后形成声影区；低频声的波长长，容易绕过障碍物。

隔声屏就是利用声波的上述性质而设计的一种墙式隔声结构，它是保护近声场人员免遭直达声危害的一种噪声控制手段。它多在无法使用隔声罩或隔声间等密封型隔声结构的场合下使用，使操作者处于声影区。

隔声屏在布置形式上，可以一端连墙，也可以两端连墙；可以是直立式的，也可以是遮檐式的；可以是曲折状的二边形，也可以是多边形屏障，见图 7.26。在尺寸上，隔声屏的尺寸尽可能比声源大。

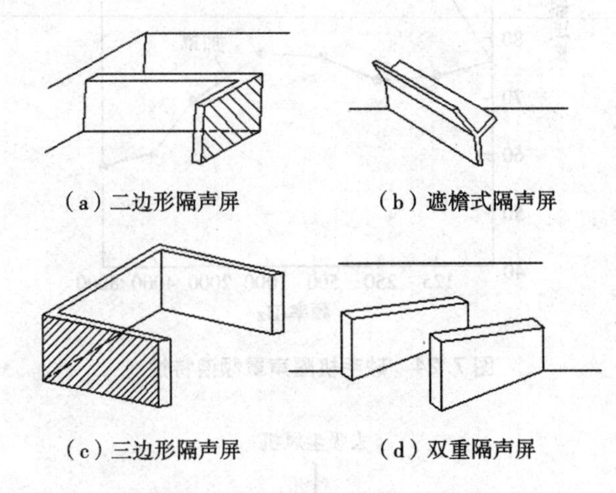

图 7.26 隔声屏布置形式示意图

隔声屏的设计程序是首先测出被保护处和声源处的频谱曲线，选定评价曲线，计算各频率下应当降低的声压级。根据现场实际条件综合考虑，初拟出隔声屏的几何尺寸，计算隔声量。

目前，大多用来减轻行车噪声对附近居民的生活影响而设置的墙式构造物——声屏障，可以让声波传播产生附加衰减，但其在外观造型上却生硬冷漠，阻隔了人与自然的视觉交流，且单调乏味的简单重复增加了行车过程中司机的视觉疲劳。建设声屏障的主要弊端是会使司乘人员产生心理上的压抑感，以及破坏自然景观。有的建设者甚至错误地认为把声屏障作为广告牌使用可以解决这个问题，但这会影响驾驶安全性。因此，声屏障的景观设计一方面要遵循建筑形式美的一般原则，使其保持与道路及周围环境的整体性和一致性；另一方面要不影响驾驶安全性。若将景观声屏障设计成一张城市名片，而高架桥上大量的车流量就是一个信息交互传递的良好载体，别出心裁的景观声屏障将会成为城市的一道亮丽风景，更是城市品牌形象推广的良好平台。

7.4.1 自由声场中隔声屏隔声量的计算

当隔声屏高为声源高度的 5 倍以上、长度为声源长度的 2~5 倍时，可把声源作为点声源，隔声屏视为无限长。在这种情况下，多用菲涅耳(Fresnel)法计算隔声屏的隔声量。

隔声屏的隔声量与其实际高度 H、声波波长 λ 及声波转向受声者的角度 θ 有关，这种关系可由图7.27和图7.28查得，也可由式(7.38)算出。

$$TL=10\lg N+13 \tag{7.38}$$

式中，N——菲涅耳数，无量纲，可用式(7.39)计算。

$$N=\frac{2}{\lambda}(A+B-d) \tag{7.39}$$

式中，λ——波长，m；

A——声源至屏顶的距离，m；

B——屏顶至接收者的距离，m；

d——声源至接收者之间的直线距离，m。

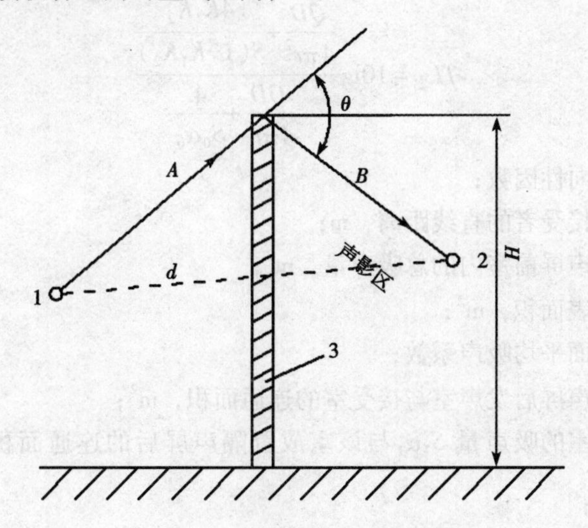

图7.27 隔声屏尺寸示意图

1—声源；2—受声者；3—隔声屏

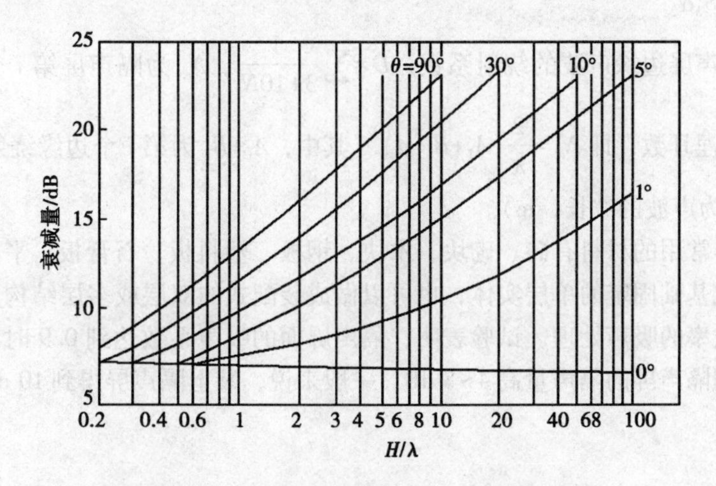

图7.28 隔声屏的隔声量与几个参数的关系

7.4.2 室内隔声屏隔声量的计算

对于室内声场，由于有墙面、地面和顶棚的反射作用，因此在室内形成了一定的混响声场。由于隔声屏只对直达声有效，而对反射声无效，因此应把室内由直达声为主的声场过渡到以反射声为主的声场的转折处分析出来，以便于估算室内隔声屏的有效范围。这个转折处用距声源的距离表示，即

$$r=0.14\sqrt{\overline{\alpha}S} \tag{7.40}$$

式中，$\overline{\alpha}$——平均吸声系数；

S——室内总表面积，m^2（空间吸声体和隔声屏的表面积也要计算在内）。

设隔声屏在室内把车间分成发声室和接受室两部分，隔声屏的实际隔声量 $TL_{实}$ 为

$$TL_{实}=10\lg\frac{\dfrac{QD}{4\pi r^2}+\dfrac{4K_1K_2}{S(1-K_1K_2)}}{\dfrac{QD}{4\pi r^2}+\dfrac{4}{S_0\alpha_0}} \tag{7.41}$$

式中，Q——声源指向性因数；

r——声源至接受者的直线距离，m；

$S_0\alpha_0$——放入隔声屏前室内的总吸声量，m^2；

S_0——室内总表面积，m^2；

α_0——室内表面平均吸声系数；

S——放入隔声屏后发声室与接受室的连通面积，m^2；

K_1——由发声室的吸声量 $S_1\alpha_1$ 与该室放置隔声屏后的连通面积 S 决定的量，$K_1=\dfrac{S}{S+S_1\alpha_1}$；

K_2——由接受室的吸声量 $S_2\alpha_2$ 与该室放置隔声屏后的连通面积 S 决定的量，$K_2=\dfrac{S}{S+S_2\alpha_2}$；

D——隔声屏边缘声波的绕射系数，$D=\sum_i\dfrac{1}{3+10N_i}$，$N_i$ 为隔声屏第 i 个边缘绕射的菲涅耳数，即 $N_i=\dfrac{2}{\lambda}(A_i+B_i-d)$（其中，$A_i+B_i$ 为第 i 个边缘绕射的路程，m；λ 为声波的波长，m）。

建造隔声屏常用的材料有砖、砌块、木块、钢板、塑料板、石膏板、平板玻璃等，在构造上可以做成基础固定的单层实体，也可以做成装配式的双层或多层结构。在朝向声源的一侧要做高效率的吸声处理。试验表明，隔声屏面的吸声系数达到 0.9 时，其隔声效果比没做吸声处理隔声屏的隔声量高 4~8 dB。一般来说，装上隔声屏得到 10 dB 的降噪效果是容易做到的。

7.5 管道隔声

弯头、阀门和变径管是管道噪声的主要声源。管道受高速气流的冲击、摩擦，机器机体振动引起管壁的振动，也都能辐射噪声。管道中产生噪声后，要透过管道壁向周围空间辐射，同时沿管道几乎无损失地传播到远处。在管道附近听到的声音，其声源可能在很远处。因此，管道是一线声源，其辐射噪声遵循线声源规律，在自由声场中声压级随距离加倍衰减量是 3 dB，而不是 6 dB。

管道噪声是工业生产和民用公共设施中常见的噪声源之一。某电厂管道噪声可高达 114 dB(A)，还有一些工厂的管道噪声也可达到损伤附近工人听力的程度。由管道透射出来的噪声比其他声源辐射出的噪声衰减慢，并且离机械设备很远处的管道仍然是一个很重要的声源。因此，对管道噪声进行控制具有重要的现实意义。

对管道噪声进行控制，主要从声源、管道振动和声辐射三方面入手。改变阀门设计，在阀门上装上消声装置，可以降低阀门产生的再生噪声；在管道与机械壳体连接处装上消声器，可以降低管道中的气流噪声；为避免管道振动传给建筑结构，可采用弹性支撑；用橡胶、帆布或帆布橡胶管把设备壳体和管道连接起来，可有效地限制设备壳体的振动传播给管道，直径 25 mm 或 40 mm 帆布橡胶管的衰减量，对 200 Hz 的声波可达 56 dB/m，对 1000 Hz 的声波可达 98 dB/m。降低管道辐射噪声最有效的方法是进行管道外壁包扎。

管道壁的隔声量可用平板单层壁质量定律计算。图 7.29 给出的是在共鸣频率以上的管道隔声量；若在共鸣频率以下，则要附加表 7.15 所列的修正值。共鸣频率是管道截面的最低共振频率，用式(7.42)计算。

$$f_{\mathrm{R}}=\frac{c_L}{\pi d} \tag{7.42}$$

式中，c_L——管壁内纵波的传播速度，m/s；

f_{R}——共振频率，Hz；

d——管径，m。

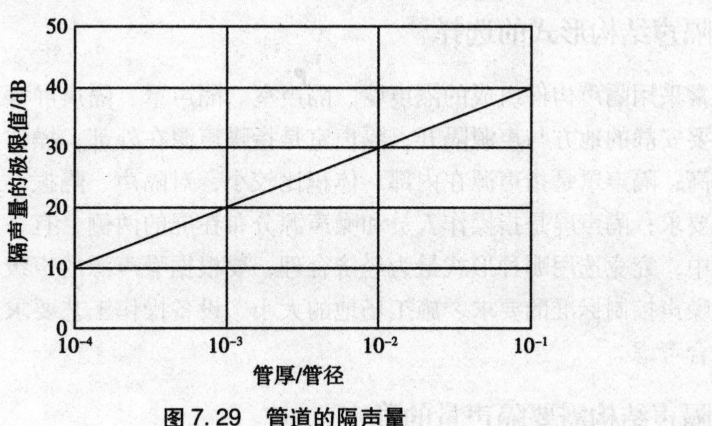

图 7.29 管道的隔声量

表 7.15 圆柱形管壁在共鸣频率以下隔声量的修正值

f/f_R	0.025	0.05	0.1	0.2	0.2	0.4	0.5	0.6	0.7
修正值/dB	−6	−5	−4	−3	−2	−2	−2	−2	−2

对于一般常压管道，管壁都较薄，隔声量都较小。一个直径为 200 mm、管壁为 2 mm 厚的管道，最大隔声量仅为 30 dB。但是若在管道外壁用刚性或柔性玻璃纤维包扎，外面再包覆一层金属或织物作防护层，就可明显地降低管道噪声，如图 7.30 所示。

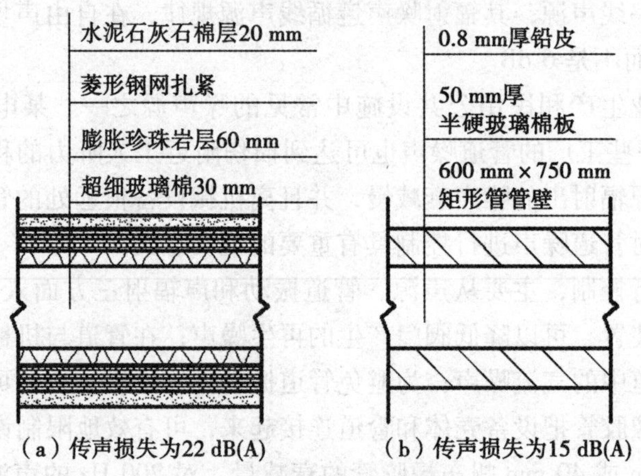

图 7.30 管道的包扎结构

管道包扎层的隔声量主要取决于包扎材料本身的隔声性能，同时要考虑隔热与散热。一般常用玻璃棉、矿渣棉等材料作为内层填料，外用不透气的膜片包扎。不透气膜片多用薄钢板、铝板、氯丁橡胶片等。

7.6 隔声工程的设计

隔声是噪声控制工程中最常用的主要技术措施之一，采用隔声措施控制噪声时，应按照以下步骤进行隔声工程设计。

7.6.1 隔声结构形式的选择

隔声常采用隔声构件组成的隔声墙、隔声室、隔声罩、隔声屏等形式。隔声墙是指用一道墙把要安静的地方与声源隔开；隔声室是指噪声源在外部，操作人员在室内，安静程度要求较高；隔声罩是指声源在内部，体积比较小，对隔声、隔振、通风散热、检修等均有一定的要求；隔声屏是指操作人员和噪声源分布在屏的两侧，有一定的局限性。在噪声控制工程中，究竟选用哪种形式最为经济合理，要根据噪声源的声级大小、频谱特性、形状尺寸、噪声控制标准的要求、施工场地的大小、设备操作工艺要求及资金状况等多方面的因素综合考虑。

7.6.2 隔声结构需要隔声量的确定

墙、天花板、门、窗等组成的隔声结构的实际隔声量不仅与构件本身的隔声性能有关，而且与隔声结构形式有关。需要隔声量是根据噪声源的状况、噪声标准要求、噪声源所处的声学环境及离开噪声源的距离等，通过计算求得的，它是选用隔声结构的基础。

(1) 单一隔声墙和隔声值班室。

如图7.31所示，在一个多噪声源的车间内，可以采用两种方法加以控制。图7.31(a)是在车间内砌筑一道隔声墙，将噪声源隔开；图7.31(b)是在车间内设置一个封闭的隔声值班室，其需要隔声量可按照式（7.43）进行估算。

$$TL_p = L_{p0} - L_p + 10\lg \frac{S}{A_q} \tag{7.43}$$

式中，TL_p——需要隔声量，dB；

L_{p0}——噪声源声压级，dB；

L_p——采取隔声措施后拟达到的声压级，dB；

S——隔声结构的透声面积，m^2；

A_q——被隔离出来的安静室内的总吸声量，m^2。

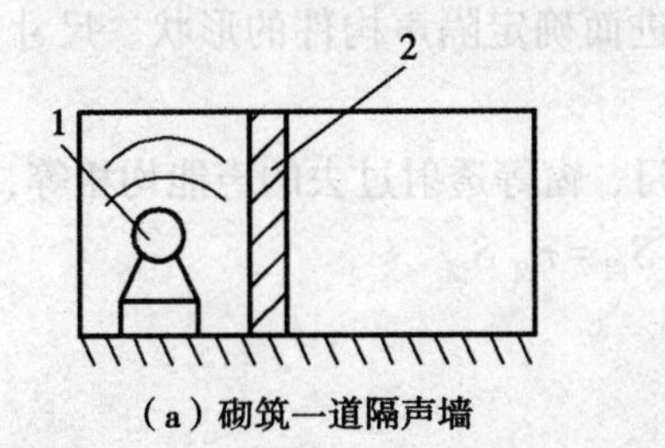

（a）砌筑一道隔声墙

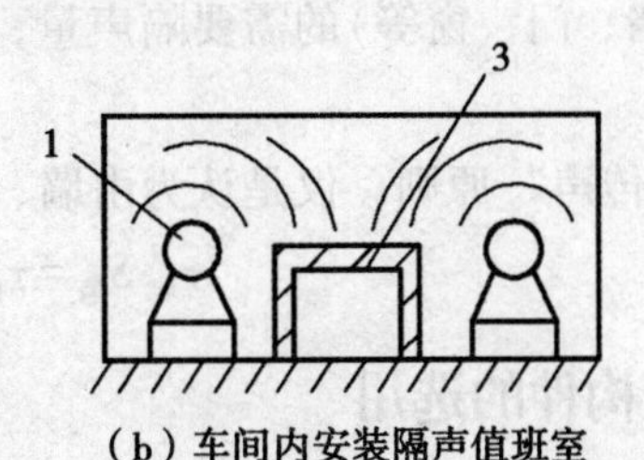

（b）车间内安装隔声值班室

图7.31 单一隔声墙与隔声值班室示意图

1—噪声源；2—隔声墙；3—隔声值班室

(2) 扩散场中(室内)设置隔声罩或隔声室。

当某一噪声源声压级特别高，对邻近环境干扰较大，则可以将其封闭在一个小空间内，即加装隔声罩，如图7.32(a)所示。有时为了在“闹中取静”，需在扩散声场中围蔽出一个安静的隔声室，如图7.32(b)所示。在这两种情况下，需要隔声量可按照式(7.44)进行估算。

$$TL_p = L_W - L_p + 10\lg \frac{4S}{A_s A_q} \tag{7.44}$$

式中，L_W——独立噪声源的声功率级，dB；

L_p——噪声控制要求达到的声压级，dB；

S——隔声罩或隔声室的透声面积，m^2；

A_s——隔声罩或隔声室的吸声量，m^2，$A_s = S_s \overline{\alpha_s}$(其中，$S_s$ 为隔声罩或隔声室内表面面积，m^2；$\overline{\alpha_s}$为隔声罩或隔声室内表面平均吸声系数)；

A_q——大房间(扩散场或半散场)的吸声量，m^2，$A_q = S_q \overline{\alpha_q}$，(其中，$S_q$ 为大房间内表面面积，m^2；$\overline{\alpha_q}$为大房间内表面的平均吸声系数)。

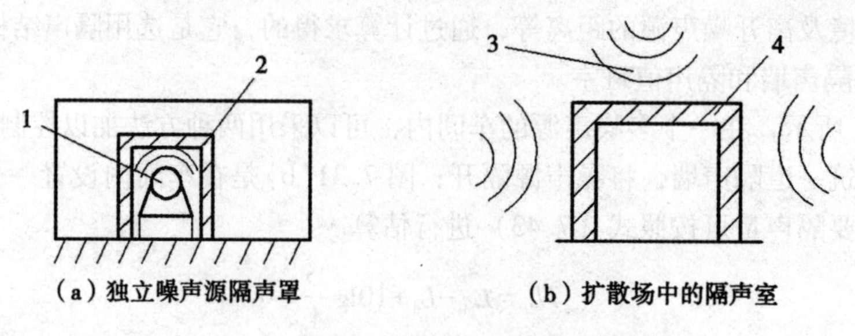

图 7.32 扩散场中隔声罩和隔声室示意图

1—噪声源；2—隔声墙；3—扩散场；4—隔声室

7.6.3 各隔声构件需要隔声量的计算

各类隔声结构的需要隔声量确定之后，应按照“等传声”原则，合理地选定和分配各隔声构件(如墙、门、窗等)的需要隔声量，进而确定隔声构件的形状、尺寸、所用材料、安装方式等。

所谓“等传声”原则，仅是认为由墙、门、窗等透射过去的声能均相等，即

$$\tau_{墙} S_{墙}=\tau_{门} S_{门}=\tau_{窗} S_{窗} \tag{7.45}$$

7.6.4 隔声构件的选用

隔声室、隔声罩、隔声屏等隔声结构，通常由一个或几个基本隔声构件组成。常用的隔声构件包括单层墙、双层墙、隔声门、隔声窗(或通风消声窗)等。选用隔声构件应遵循以下原则。

① 构件的隔声量要略大于计算所得的需要隔声量，一般应大于 5 dB 左右。

② 应按照“等传声”原则选择墙、门、窗及天花板等隔声构件，选用隔声构件时，应避免墙板与门窗的隔声量相差太大。

③ 用式(7.46)~式(7.48)核算所选隔声构件的共振频率和临界频率，防止发生构件共振和避免产生吻合效应，以致影响隔声构件的隔声性能。

对于单层墙板的隔声构件，可用式(7.46)计算其共振频率。

$$f_{m \cdot n}=0.45c_{\mathrm{p}}D\left[\left(\frac{m}{a}\right)^2+\left(\frac{n}{b}\right)^2\right] \tag{7.46}$$

式中，$f_{m \cdot n}$——墙板的 $m \cdot n$ 阶固有共振频率，Hz；

c_{p}——墙板中的纵波速度，m/s，见表 7.16；

D——墙板的厚度，m；

a，b——墙板的长和宽，m；

m，n——任意正整数。

表 7.16 墙板中的纵波速度

墙板材料	胶合板	有机玻璃	硅酸盐玻璃	玻璃、塑料	铝镁合金	钢
纵波速度 $(c_{\mathrm{p}})/(\mathrm{m \cdot s^{-1}})$	2.1×10^3	1.9×10^3	4×10^3	3.5×10^3	5.1×10^3	5.2×10^3

临界频率 f_{c} 可用式(7.47)进行计算：

$$f_c = 6\times10^3\sqrt{\frac{M}{B}} = \frac{2\times10^4}{D}\sqrt{\frac{\rho}{E}} \tag{7.47}$$

式中，M——构件的面密度，kg/m²；

B——构件的弯曲劲度，N/m；

D——构件的厚度，m；

ρ——构件材料的密度，kg/m³；

E——构件的静态弹性模量，N/m²。

几种常用材料的有关物理参数列于表7.17中。

表7.17 几种常用材料的有关物理参数

材料名称	$E/(\mathrm{N\cdot m^{-2}})$	$\rho/(\mathrm{kg\cdot m^{-3}})$
铝	7.2×10^{10}	2.7×10^{2}
钢	2.0×10^{11}	7.8×10^{3}
铸铁	9.0×10^{10}	7.8×10^{3}
铅	1.7×10^{10}	1.13×10^{4}
砖	2.5×10^{10}	1.8×10^{3}
玻璃	4.3×10^{10}	2.4×10^{3}
混凝土	2.5×10^{10}	2.6×10^{3}
胶合板	3.7×10^{9}	5.0×10^{2}

双层隔声结构的共振频率 f_0 可由式(7.48)进行计算。

$$f_0 = 600\sqrt{\frac{m_1+m_2}{m_1 m_2 D}} \tag{7.48}$$

式中，m_1，m_2——双层结构的面密度，kg/m²；

D——双层结构的空气层的厚度，cm。

④尽量选用质轻、隔声量高的隔声构件。若用钢板隔声，则钢板厚度一般为1~3 mm，内侧应敷设阻尼层和进行吸声处理，可采用厚度在50 mm以上的多孔性吸声材料，其平均吸声系数应大于0.50。

⑤隔声室或罩内有机器运行，值班室内有人工作或休息，应对隔声室或隔声罩进行通风换气。隔声室内有热源时，其换气量 L 可按照式(7.49)进行计算。

$$L = \frac{Q}{c_p\rho\Delta t} \tag{7.49}$$

式中，Q——机器的放热量，kJ/h；

c_p——空气的比热容，kJ/(kg·℃)，一般取 $c_p = 0.24$；

ρ——空气的密度，kg/m³，一般取 $\rho = 1.2$；

Δt——隔声罩内外温差，℃。

有时也用经验式(7.50)来估算换气量 L：

$$L = nV \tag{7.50}$$

式中，n——换气次数，经验数值 $n = 30\sim120$ 次/h；

V——隔声室的容积，m³。

在噪声工程设计中，隔声室或隔声罩内热源(如风机、电机)冷却的方法如图7.33所示。冷却方法主要包括自然通风冷却、外加风机冷却、罩内负压吸风和罩内空气循环通风冷却。

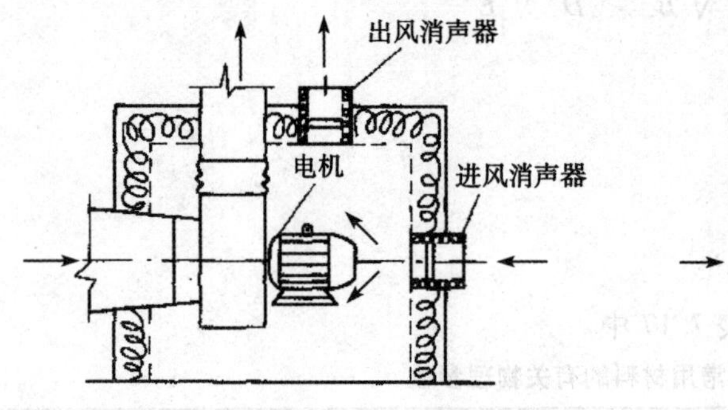

（a）自然通风冷却

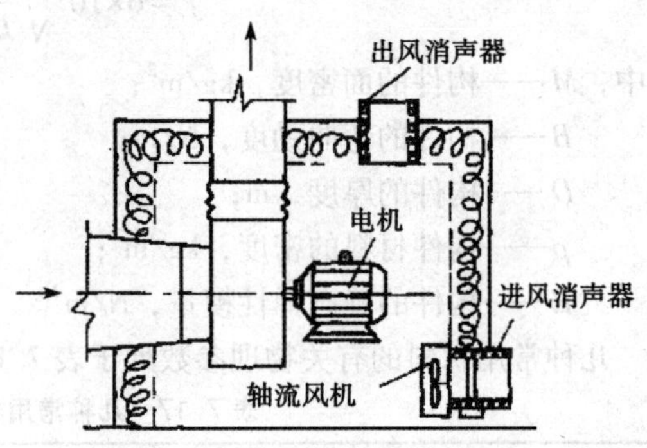

（b）外加风机冷却

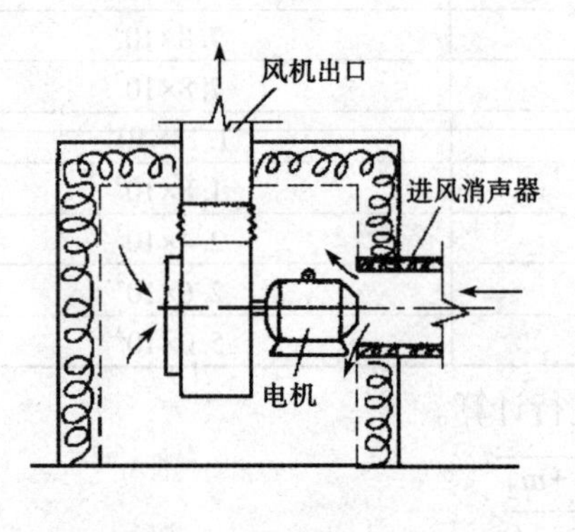

（c）罩内负压吸风

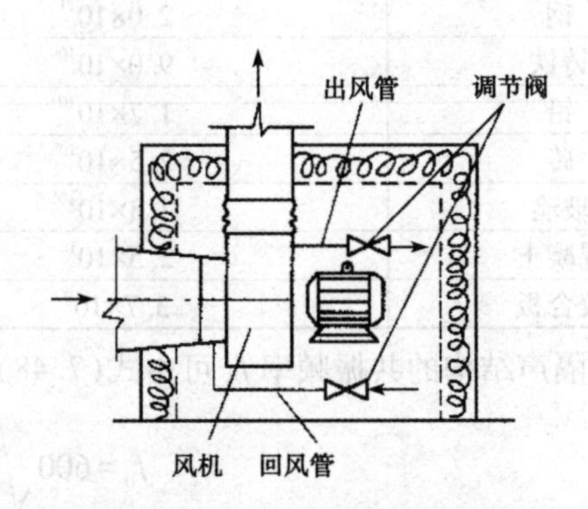

（d）罩内空气循环通风冷却

图 7.33 冷却方法

⑥所选用的隔声构件应坚固耐用、质优价廉，对于可拆式隔声构件，应拆装方便，多次装拆不易损坏。

例 7.5 在一个 12 m×5 m×4 m 的车间内有三个声源，这三个声源都安置在车间一侧，声源噪声频谱特性列入表 7.18。现做降噪声设计，为工人创造一个符合曲线的工作场所。

表 7.18 隔声墙隔声量计算表

序号	项目名称	倍频程中心频率/Hz							A 声级/dB	备注
		125	250	500	1000	2000	4000	8000		
1	L_{p_0}	86	90	96	96	98	94	62	102	噪声源频谱特性
2	L_N	83	77	73	70	67	65	64	75	N_{70} 曲线
3	$\overline{\alpha}$	0.01	0.01	0.02	0.02	0.02	0.03			水泥砂浆壁面的吸声系数
4	$A_q=S_q\overline{\alpha}$	1.84	1.84	3.68	3.68	3.68	5.52			总吸声量

表7.18(续)

序号	项目名称	倍频程中心频率/Hz							A声级/dB	备注
		125	250	500	1000	2000	4000	8000		
5	$10\lg\frac{S}{A_q}$	10.4	10.4	7.4	7.4	7.4	5.6			
6	$TL_{结需}$	13.4	23.4	30.4	33.4	38.4	34.6			
7	$TL_{墙需}$	17.4	27.4	34.4	37.4	42.4	38.6			
8	$TL_{墙选}$	33	37	38	46	52	53			
9	$TL_{门需}$	7.16	17.16	24.2	27.16	32.16	28.36			$S=20\ m^2$ $S_q=184\ m^2$
10	$TL_{门选}$	29.6	29	29.6	51.5	35.3	43.3			
11	$TL_{窗需}$	6.88	16.9	23.9	26.88	31.88	28.08			
12	$TL_{窗选}$	17	27	30	34	38	32			
13	$TL_{结综}$	27.82	34.98	37.22	39.40	42.47	41.68			
14	$TL_{实}$	17.5	24.6	30.0	32	35	36			

解 要求的减噪量较大，拟采用隔声措施为工人创造一个符合 N_{70} 曲线的工作场所。

(1) 隔声结构形式的选择。

该车间内声源较大，使用隔声罩较为麻烦，且声源又处在车间一侧，故采用在车间内砌筑一道隔墙，将声源和需要安静的地方隔开的隔声结构形式较为合理。墙的面积为 5×4=20 m²，在墙上装了一个 0.8×2=1.6 m²的门和一个 1.0×1.5=1.5 m²的观察窗，如图7.34所示。

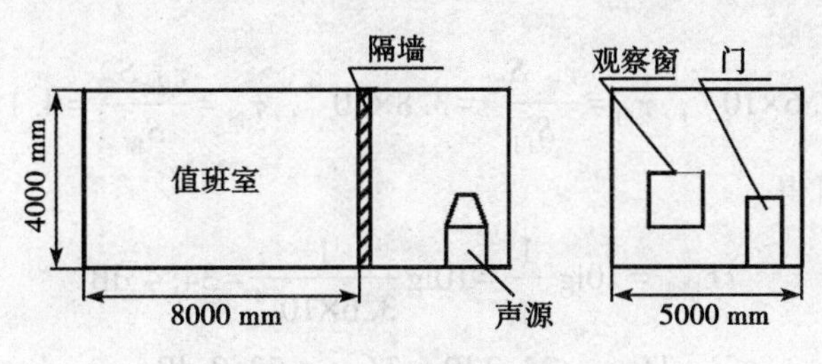

图7.34 隔声墙示意图

(2) 隔声结构需要隔声量的计算。

计算程序及数据列入表7.18中。

① 表内序号1为声源频谱特性。

② 序号2为从噪声评价曲线上查得的拟达到的声压级标准。

③ 序号3为值班室内表面的吸声系数。

④ 序号4为值班室内总的吸声量，其计算方法为

$$A_q=S_q\overline{\alpha}$$

式中，S_q 为值班室内表面积，$S_q=5\times8\times2+4\times8\times2+4\times5\times2=184\ m^2$。

$f=125$ Hz 时，$A_q=S_q\overline{\alpha}=184\times0.01=1.84\ m^2$；

$f=500$ Hz 时，$A_q=184\times0.02=3.68\ m^2$。

依次将各频率f下的A_q计算出，并列入序号4一行中。

⑤ 序号5为计算出的$10\lg\dfrac{S}{A_q}$(式中，S为隔声结构的透声面积)的值，$S=20\ m^2$。代入已知数据计算出$\lg\dfrac{S}{A_q}$，列入序号5一行中。如$f=500$ Hz时，$10\lg\dfrac{S}{A_q}=10\lg\dfrac{20}{3.68}=7.4$ dB。

⑥ 计算隔声结构的需要隔声量$TL_{结需}$：

$$TL_{结需}=L_{p0}-L_N+10\lg\frac{S}{A_q}$$

依上式计算出各频率下的$TL_{结需}$，列入序号6一行中。如$F=2000$ Hz时，$TL_{结需}=98-67+7.4=38.4$ dB。

(3) 计算隔墙、门、窗的需要隔声量$TL_{门需}$，$TL_{窗需}$，$TL_{墙需}$。

序号6一行是隔声结构对各频率声波的综合隔声量，即$TL_{综}=TL_{结需}$。因此，可根据“等传声”原则计算各构件的需要隔声量。

例如：已知$f=500$ Hz时，$TL_{综}=TL_{结需}=30.4$ dB，试求隔墙、门和窗各自的需要隔声量。

由式(7.18)可知，

$$TL_{综}=10\lg\frac{S_{结构}}{\tau_{墙}S_{墙}+\tau_{门}S_{门}+\tau_{窗}S_{窗}}=30.4\ \text{dB}$$

按“等传声”原则，$\tau_{墙}S_{墙}=\tau_{门}S_{门}=\tau_{窗}S_{窗}$，则

$$TL_{综}=10\lg\frac{20}{3\tau_{墙}\times(20-1.6-1.5)}=10\lg\frac{20}{50.7\tau_{墙}}=30.4\ \text{dB}$$

由上式可求出

$$\tau_{墙}=3.6\times10^{-4}，\tau_{门}=\frac{\tau_{墙}S_{墙}}{S_{门}}=3.8\times10^{-3}，\tau_{窗}=\frac{\tau_{墙}S_{墙}}{S_{窗}}=4.1\times10^{-3}$$

再由式(7.18)可得

$$TL_{墙需}=10\lg\frac{1}{\tau_{墙}}=10\lg\frac{1}{3.6\times10^{-4}}=34.4\ \text{dB}$$

$$TL_{门需}=24.2\text{dB}，TL_{窗需}=23.9\ \text{dB}$$

其他频率下的$TL_{墙需}$，$TL_{门需}$，$TL_{窗需}$仍按照上述方法计算，其结果分别列入序号7，9，11行中。

(4) 选择隔声构件。

据构件的隔声量应大于计算出的需要隔声量5 dB的原则，隔声墙选用1/2砖墙。该墙倍频程中心频率下的隔声量($TL_{墙选}$)列入序号8一行中。

同理，隔声门选用多层门，门的隔声量$TL_{门选}$列入序号10一行中。

隔声窗选用单层玻璃窗，玻璃厚6 mm，四周用橡皮密封，窗的隔声量$TL_{窗选}$列入序号12一行中。

(5) 隔声结构综合隔声量的计算。

依$TL_{综}=10\lg\dfrac{S}{\tau_{墙}S_{墙}+\tau_{门}S_{门}+\tau_{窗}S_{窗}}$算出各频率下隔声结构的综合隔声量$TL_{综}$，列入序

号13一行中。

(6) 依式(7.25)计算出隔声间的实际隔声量 $TL_{实}$，列入序号14一行中。

(7) 验算所建隔声墙的隔声性能是否满足设计要求。

将声源频谱特性、N_{70}曲线绘入图7.35中。值班室内实际达到的噪声频谱曲线可由声源频谱和隔声间实际隔声量的差值表示，也画入图7.35中。由图7.35可见，值班室实际达到的噪声频谱处在N_{70}曲线之下，说明达到了设计要求。

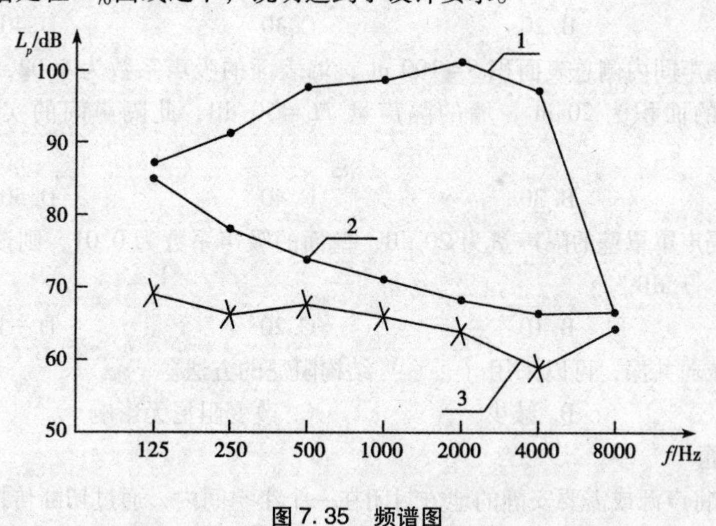

图7.35 频谱图

1—噪声源频谱；2—N_{70}曲线；3—值班室实际达到的频谱

习 题

一、单选题

1. 在隔声设计中，空气的透射系数为（ ）。

A. 0 B. 1 C. 10 D. 0.2

2. 在隔声设计中，空气的隔声量为（ ）。

A. 0 B. 1 C. 10 D. 0.2

3. 关于隔声构件隔声量的定义式，正确的是（ ）。

A. $10\lg\frac{1}{\tau}$ B. $10\lg\tau$ C. $\lg\tau$ D. τ

4. 国际标准化组织 ISO/R717 推荐用（ ）评价构件的隔声性能。

A. 隔声量 B. 透射系数 C. 吸声系数 D. 隔声指数

5. 确定隔声指数时选择（ ）Hz时的标准折线的纵坐标数值。

A. 1000 B. 50 C. 250 D. 500

6. 为了便于计算，一般取（ ）Hz时墙的隔声量作为墙的平均隔声量。

A. 500 B. 1000 C. 2000 D. 100

7. 若墙的厚度为15 cm，密度为2400 kg/m^3，则墙的面密度为（ ）kg/m^2。

A. 300 B. 360 C. 240 D. 180

8. 隔声门按照隔声量的大小，一般分为（　　）级。

A. 2　　B. 3　　C. 4　　D. 5

9. 隔声量达到（　　）dB 以上的民用建筑外窗称为隔声窗。

A. 20　　B. 25　　C. 30　　D. 35

10. 若一隔声构件上孔洞的面积为墙面积的 1/100，那么其隔声量不会超过（　　）dB。

A. 10　　B. 20　　C. 30　　D. 40

11. 有一隔声间内侧总表面积 $S=100\ m^2$，墙表面的吸声系数为 0.02，噪声源与隔声间混凝土隔墙的面积为 20 m^2，墙的隔声量 $TL=50$ dB，此隔声间的实际隔声量应为（　　）dB。

A. 20　　B. 30　　C. 40　　D. 50

12. 若一隔声罩罩壁的隔声量为 20 dB，壁面的吸声系数为 0.01，则该隔声罩实际的隔声量为（　　）dB。

A. 0　　B. 10　　C. 20　　D. −10

13. 为了减弱共振，可以采用（　　）结构阻尼的方法。

A. 增加　　B. 减少　　C. 改变阻尼无影响

二、判断题

1. 隔声是将声源或需要安静的地方封闭在一个小空间内，通过切断传播途径，隔绝声音。（　　）

2. 透射系数描述了隔声构件的透射本领，也描述了隔声本领，是为无规则入射时，各入射角度透射系数的平均值。（　　）

3. 对于理想的隔声构件，完全不透声时，其透射系数为 1。（　　）

4. 对于单层墙而言，垂直入射时的隔声量大于漫入射的隔声量。（　　）

5. 由于多种因素的影响，隔声墙实际的隔声量一般低于质量作用定律的计算值。（　　）

6. 在劲度控制区，构件的隔声量随劲度的增加而变大，随频率的增加而降低。（　　）

7. 在质量控制区，构件的质量越大，隔声能力越强。（　　）

8. 根据质量作用定律，高频声较易被隔绝。（　　）

9. 根据质量作用定律，墙体的单位面积质量越大，隔绝声源能力越强。（　　）

10. 双层墙的隔声量一般比同样耗材量的单层墙的隔声性能要好。（　　）

11. 对于双层墙而言，声桥的存在将导致其隔声性能下降。（　　）

12. 在双层墙之间，填充吸声材料有助于提高其隔声性能。（　　）

13. 双层墙若由一层重质墙和一层轻质墙组成，应将轻质墙设置在高噪声一边。（　　）

14. 选择多层复合墙时，相邻两层板选用声阻抗相差大的材料，越大越好。（　　）

15. 隔声门的隔声原理与多层复合墙的隔声原理相同。（　　）

16. 轻型结构隔声性能较低的原因是轻型材料导致固有频率较高，使接近其固有频率的声波传递过去。（　　）

17. 当隔声构件存在孔洞时，该构件对高频声的隔声性能下降较大。 ( )

18. 一般情况下，缝隙对隔声构件隔声性能的影响较孔洞严重。 ( )

19. 隔声构件的厚度越小，孔洞或缝隙对其隔声性能的影响越大。 ( )

20. 若隔声构件自身的隔声能力越强，构件上的孔洞或缝隙对其隔声性能的影响就越大。 ( )

21. 孔洞或缝隙所在位置对墙体隔声量的影响不同，一般孔洞或缝隙在墙体中央对隔声性能的影响最小。 ( )

22. 设计隔声窗时，为避免吻合效应，一般两层玻璃不要平行，厚度要有较大差别。 ( )

23. 隔声间实际隔声量与传声墙面积 S、安静房间吸声量 A 有关。 ( )

24. 隔声罩罩壁的隔声量按照质量作用定律进行计算。 ( )

25. 为提高隔声罩的隔声性能，一般罩内粘贴吸声系数大的吸声材料。 ( )

26. 对于隔声罩，插入损失和隔声量是一回事。 ( )

27. 隔声罩有时非但不能隔声，反而起到放大噪声的作用。 ( )

28. 当隔声罩的壁面平均吸声系数为1时，插入损失达到的最大值与罩自身的隔声量相等。 ( )

29. 当隔声罩的壁面平均吸声系数与透射系数相等时，插入损失为零。 ( )

30. 对于隔声屏，由于低频声的波长较长，屏后声影区相对高频声较小。 ( )

31. “等传声”原则认为，隔声结构上各构件透射过去的声能是相等的。 ( )

32. 计算构件的隔声能力时，除利用质量作用定律，还可采用透射系数进行计算。 ( )

33. 共振和吻合效应对隔声结构的影响不大。 ( )

34. 增加结构的阻尼可以改善隔声构件由于吻合效应引起的不良后果。 ( )

35. 隔声罩的罩壁上若设置机械设备的散热孔洞，为维持其原罩壁的隔声量，可安装与罩壁隔声量相等消声量的消声器。 ( )

三、简答题

1. 简述什么是吻合效应。
2. 简述多层复合墙的隔声原理。
3. 常见的隔声结构有哪些？
4. 常见的隔声构件有哪些？
5. 列举3个影响隔声构件隔声量的因素。
6. 简述隔声墙综合隔声量的计算步骤。
7. 列举3个隔声罩隔声性能的方法。
8. 隔声罩的插入损失和隔声量的区别是什么？
9. 列举4种隔声罩内温度冷却的方法。
10. 列举4个设计隔声窗需要注意的事项。

四、计算题

1. 厚度15 cm、密度为2.4 kg/dm^3的混凝土墙，试计算噪声频率为500 Hz和1000 Hz时的隔声量。

2. 已知：墙的面积 $S_{墙}=10\ m^2$，墙的隔声量 $TL_{墙}=20\ dB$；在墙上挖了一个窗户，窗户的面积 $S_{窗}=2\ m^2$，窗户的隔声量 $TL_{窗}=10\ dB$。

（1）求 $TL_{综}$；

（2）若 $TL_{墙}$ 提高 50 dB，求 $TL_{综}$；

（3）若 $TL_{窗}$ 提高 15 dB，求 $TL_{综}$。

3. 采用 3 mm 厚的钢板制成一机械隔声罩，钢板的平均吸声系数 $\alpha_m=0.1$，若罩内的声波为 1000 Hz（钢板的密度 $\rho=7800\ kg/m^3$），求：

（1）该隔声罩的隔声量；

（2）若想把罩的隔声量提高到 34 dB，则罩内应贴吸声系数为多少的吸声材料？

4. 要求某机器的隔声罩对 1000 Hz 的声波具有 30 dB 的实际隔声量，罩的平均透射系数为 2×10^{-4}，试问：

（1）该罩内壁所衬贴的吸声材料的平均吸声系数取多大合适？

（2）因机器散热要求，在罩壁上开两个（一个进冷风、一个进热风）占全罩面积 1%的孔，此时隔声罩的实际隔声量将降低多少？为改善其隔声效果，应采取何种措施？

五、思考论述题

结合本章知识点，阐述工程伦理对噪声工程设计的意义。

第8章　消声器

消声器是用于通风管道中，借助于消声技术，在保证气流通过的同时，使噪声降低的一种装置。凡是以气流噪声为主的噪声控制问题，均可通过在进、排气口安装消声器来降低噪声。消声器广泛地应用在通风机、鼓风机、压缩机、内燃机和各种高速气流排放的噪声控制中，它可使这些机器进出口噪声降低 20~50 dB。

8.1　消声器的评价指标

消声器可分为阻性、抗性和阻抗复合式消声器。评价消声器的性能，应综合考虑声学、空气动力学和结构性能等要求，归纳起来有三项：足够的消声量；较低的通风阻力；结构简单，性能稳定。另外，消声器应具有较好的结构刚性，不得受激振而辐射再生噪声。

8.1.1　消声量

8.1.1.1　透射损失

消声器的消声量通常以透射损失来衡量，即入射于消声器的声功率 W_1 与透过消声器的声功率 W_2 之比的常用对数乘以 10，即

$$TL=\Delta L_W=10\lg\frac{W_1}{W_2}=L_{W1}-L_{W2} \tag{8.1}$$

式中，TL——透射损失，dB；

L_{W1}——入射声功率级，dB；

L_{W2}——透过声功率级。

声功率级一般不能直接测量，而是通过测量声压级来计算透射损失。透射损失测定方法见图 8.1，其换算公式为

$$L_{W1}=\bar{L}_{p1}+10\lg s_1 \tag{8.2}$$

$$L_{W2}=\bar{L}_{p2}+10\lg s_2 \tag{8.3}$$

式中，$\bar{L}_{p1}$，$\bar{L}_{p2}$——分别为消声器进气、出气口处平均声压级，dB；

s_1，s_2——分别为消声器进气、出气口处的横断面积，m^2。

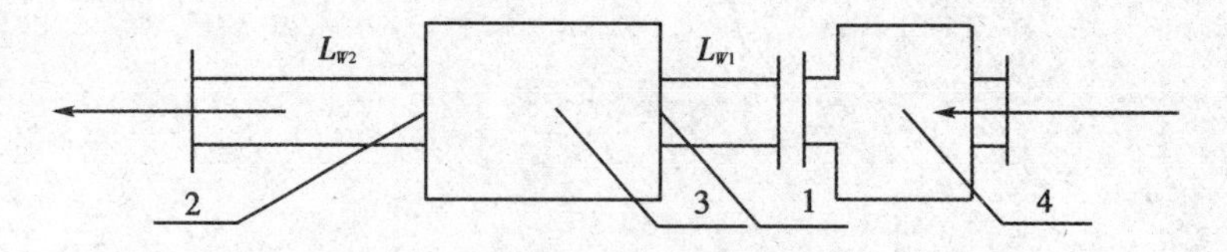

图 8.1 透射损失测量示意图

1，2—测点；3—消声器；4—声源

8.1.1.2 插入损失

在距设备一定距离的一点或数点处，分别测出有无消声器两种情况的平均声级，两者的差值即插入损失。对于高温、高流速对传声器有侵蚀作用的情况，以及在壁面不允许开孔的机械设备，都可以采用插入损失测量方法。插入损失测量方法是厂矿企业现场最常用的一种测量方法，具体如图 8.2 所示。

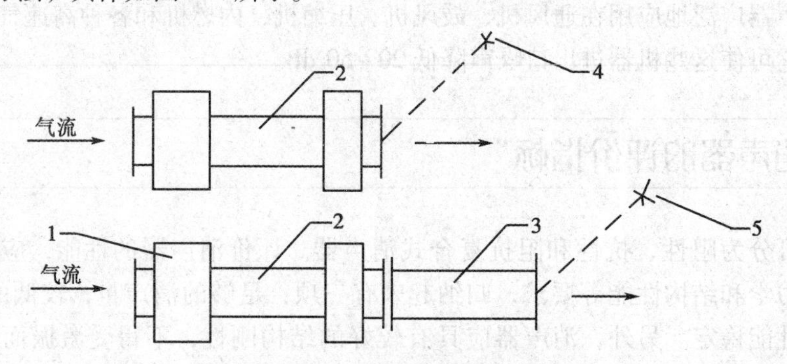

图 8.2 插入损失测量方法示意图

1—声源；2—排气管；3—消声器；4—测点；5—测点

消声量的计算公式如下：

$$\Delta L_p = L_{p1} - L_{p2} \tag{8.4}$$

式中，L_{p1}——未接消声器前在测点 4 测得的声压级，dB；

L_{p2}——接入消声器后在测点 5 测得的声压级，dB。

8.1.1.3 声压级差法

声压级差法又称两端差法，是指在消声器进口端面测得的平均声压级$\overline{L_{p1}}$和在消声器出口端面测得的平均声压级之差：

$$\Delta L_p = \overline{L}_{p1} - \overline{L}_{p2} \tag{8.5}$$

这种方法易受环境的影响而产生较大的误差，现场很少使用。

消声器的透射损失、插入损失和消声器进口与出口声压级差的数值越大，消声效果越好。但由于评价方法不同，有时所得结果不同，因此在说明消声器的消声量时，应说明是采用何种测量方法。

评价消声器的消声高低，只用总声级或 A 声级的降低量是不够的，还必须了解消声器的频谱特性，即在各个频率或频带的消声量。因此，要分别测出各对应频带下的透射损失、插入损失或声压级差。消声器所消声的有效频带范围越宽，同时消声量越高，则消声效果越好。

8.1.2　阻力损失

消声器的空气动力性能用阻力损失来评价。消声器的阻力等于消声器入口和出口断面压力差。某些机械(如发电机、空调机、扇风机等)如果只考虑消声器的消声性能而忽略空气动力性能，消声器就可能直接影响空气动力设备的功率损耗或输出能量，有时甚至不能工作。

消声器的阻力损失主要用阻力系数表示。阻力系数的大小与消声器内壁面的摩擦、转弯、管道断面突变等因素有关。在不同风速下测出消声器的动压 H_v 和阻力损失，则消声器的平均阻力系数 $\bar{\zeta}$ 可由式(8.6)求得：

$$\bar{\zeta}=\frac{\Delta \bar{H}_{12}}{\overline{H_v}} \tag{8.6}$$

式中，$\Delta \bar{H}_{12}$——消声器入口和出口断面上的平均压差，Pa；

$\overline{H_v}$——测点断面上的平均动压，Pa。

8.1.3　机械性能

一个消声器具有了好的消声性能和空气动力性能后，还必须具有以下优良性能：

(1) 结构简单、安装方便、便于维修，经济耐用；

(2) 它的断面、长度、重量适于现场应用；

(3) 消声器在长期使用中，其消声和空气动力性能不受内部流通空气的温湿度及所含油污、粉尘的影响，可以经常保持稳定的消声性能；

(4) 有的消声器还要有抗腐蚀的能力。

8.2　阻性消声器

阻性消声器借助装置在管壁上的吸声材料或吸声结构的吸声作用，当气流和噪声通过消声器时，噪声随距离增加而衰减，即将声能吸收而转化为热能，达到消声目的。可见，这种消声器的消声量主要取决于所用吸声层的吸声系数和消声器长度。该消声器的消声性能类似于电路中的电阻消耗电能，因此称为阻性消声器。

阻性消声器对高频声消声效果好，消声量大，消声频带宽，制作简单，性能稳定，多年来一直是消声器中最主要的类型，国内外消声器定型系列产品绝大多数属于这一类型。它广泛应用于罗茨鼓风机、叶片鼓风机、轴流风机、离心式分机、空压机等的进、排气消声。阻性消声器的缺点是对低频声消声效果差，不适宜在高温、油污、粉尘等环境下使用。

8.2.1　阻性消声器的种类

阻性消声器的种类有很多，按照气流通道的几何形状可分为圆筒式消声器、片式消声器、蜂窝状消声器、室式消声器、折板式消声器、正弦波形消声器和菱形消声器，如图

8.3 所示。

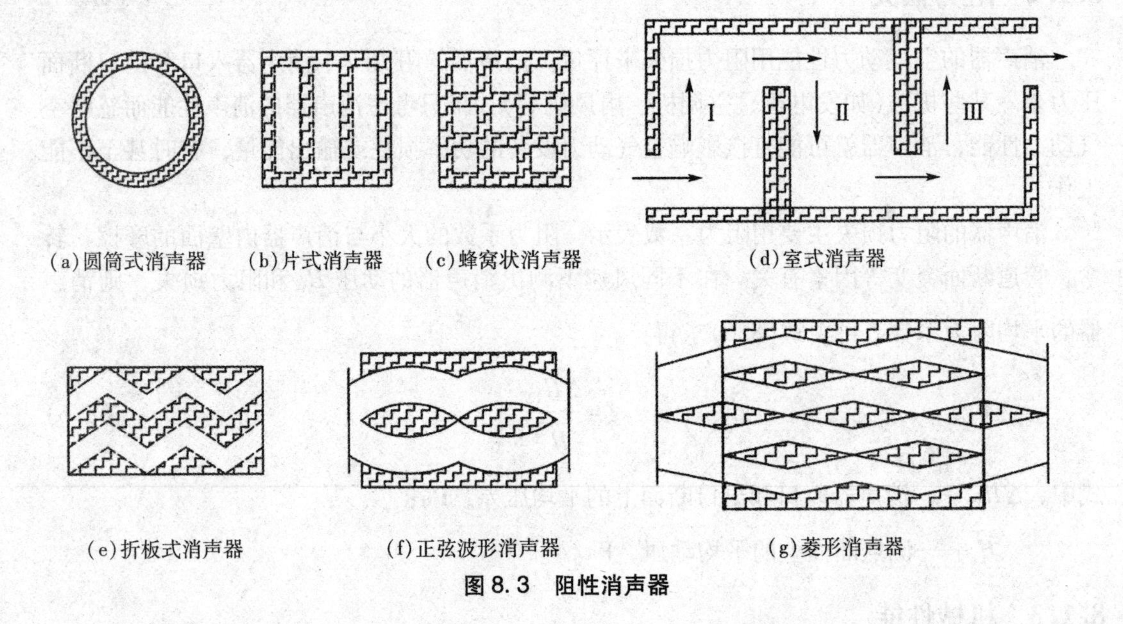

(a)圆筒式消声器 (b)片式消声器 (c)蜂窝状消声器 (d)室式消声器

(e)折板式消声器 (f)正弦波形消声器 (g)菱形消声器

图 8.3 阻性消声器

8.2.2 阻性消声器的消声原理

阻性消声器是利用声阻进行消声的，因此在推导消声值的计算公式时，仅仅考虑声阻的作用，而忽略声抗的影响。

当声波通过衬贴有多孔吸声材料的管道时，声波将激发多孔材料中无数小孔内空气分子的振动，其中一部分声能用于克服摩擦阻力和黏滞力，而变为热能。一般来说，阻性消声器吸声频带较宽，有良好的中高频消声性能，特别是对刺耳的高频噪声有突出的消声作用；它对低频噪声消声性能差，但只要适当地增加吸声材料的厚度和密度，低中频消声性能也会大大改善。

当声波的频率高至一定限度时，由于相应的波长与消声器通道直径（或宽度）相比较短，声波形成声束在通道中几乎像光波一样直线地通过，而与吸声材料表面接触很少，消声量便大为降低。将吸声系数降到 0.5 时的频率定义为上限截止频率，以符号 $f_{上限}$ 表示，并由式（8.7）计算：

$$f_{上限}=1.85\frac{c}{d} \tag{8.7}$$

式中，$f_{上限}$——消声器的上限截止效率，Hz；

c——声速，在常温下为 344m/s；

d——通道截面几何尺寸，圆形为直径，方形为边长，狭矩形为宽度。

在消声器中，对于一定厚度和密度的吸声材料，当频率低至一定限度时，由于声波太长，吸声性能显著下降；当吸声系数降至 0.5 以下时，该相应的频率称为下限频率；对于给定的吸声材料，此频率可按照式(8.8)计算：

$$f_{下限}=\frac{c}{12D} \tag{8.8}$$

式中，$f_{下限}$——消声器的下限截止频率，Hz；

c——声速，在常下为 344 m/s；

D——吸声材料厚度，m。

阻性消声器的消声范围是在上限截止频率 $f_{上限}$ 以下和下限截止频率 $f_{下限}$ 以上的宽广范围内。

8.2.3 消声量的计算

设一平面波在一个管壁衬贴吸声材料的等断面管道中传播，当管中传播声波在波长比管断面尺寸(对长方形管道，a 为长边，$\lambda>\frac{a}{2}$；对半径为 a 的圆管道，$\lambda>0.3a$)，由于管壁的吸声作用，声波的声能将随着在管道中的传播而衰减。当衬贴材料的吸声系数不太高时，则由声波理论可推导出声波经长度为 L 的管道后，其声级的衰减量为

$$\Delta L_p=10\lg\frac{I_0}{I_L}=4.34\frac{\sigma P_0}{S}L \tag{8.9}$$

式中，ΔL_p——声级衰减量，dB；

I_L——管道长为 L 处声强，W/m^2；

I_0——管道长为零处声强，W/m^2；

S——管道断面，m^2；

L——管道长度，m；

P_0——管道周长，m；

σ——吸声材料的阻抗参数，$\sigma=\frac{1-\sqrt{1-\alpha}}{1+\sqrt{1+\alpha}}$；

α——吸声系数。

由式(8.9)可见，消声器的消声量 ΔL_p 与吸声材料的声学性能、管道周长、断面面积及管道长度等因素有关。材料的吸声系数和管道周长乘积 σP_0 与管道断面积 S 之比越大，管道越长，ΔL_p 就越大。同样断面的管道，P_0/S 的比值以长方形最大，方形次之，圆形最小。因此，对断面较大的管道常在管道纵向插入几片消声片(片长沿管轴)将一个通道分隔成多个通道，以增加周长和减小断面积，消声量得到明显提高，但是通风阻力也相应增大。由式(8.8)可知，为了改善消声器对低频的消声效果，吸声体可制作得厚一些，但这又会导致体积增大，给安装带来困难。因此，消声器的声学特性和空气动力特性与消声器的结构形式有着密切的关系，在设计时要综合考虑各种因素，正确处理增大消声量与减小通风阻力之间的矛盾。

式(8.9)是在假定管内传播的波是平面波，吸声材料的吸声系数也不大的情况下导出的，但由此得出的声级衰减量与几个参数的关系却具有普遍意义。式(8.9)中，σ 值涉及吸声材料的许多物理参数，在一般情况下，很难正确地确定 σ 值，因此，精确地计算出消声器的消声量也不容易。下面只介绍估算直通道阻性消声器消声量的一般经验公式。

8.2.3.1 Sabine 公式

$$\Delta L_p=1.03\,(\overline{\alpha})^{1.4}\frac{P_0}{S} \tag{8.10}$$

式中，P_0——衬垫材料管道截面的周长，m；

S——通道净截面面积，m^2；

$\bar{\alpha}$——衬垫材料的近于无规入射的平均吸声系数。

8.2.3.2 别洛夫公式

$$\Delta L_p = \varphi(\alpha_0)\frac{P_0}{S} \tag{8.11}$$

式中，α_0——正入射声系数，α_0与$\varphi(\alpha_0)$的关系见表8.1。

表8.1 α_0与$\varphi(\alpha_0)$的关系

α_0	0.05	0.10	0.15	0.20	0.25	0.30	0.40	0.45	0.50	0.55	0.61~1.0
$\varphi(\alpha_0)$	0.05	0.11	0.17	0.24	0.31	0.47	0.55	0.64	0.75	0.86	1~1.5

式(8.10)和式(8.11)只适用于平面波的频率很低，且管壁衬贴的材料吸声系数不太高的情况下。

为了便于计算，在上限截止频率以下，可使用下面形式的Sabine公式：

$$\Delta L_p = 0.815k\frac{P_0}{S}L \tag{8.12}$$

式中，ΔL_p——没有气流时的消声量，dB；

L——消声器的长度，m；

k——无规入射的吸声系数α_T的函数。

一般吸声材料表上的吸声系数，如未特别说明，都是指垂直吸声系数α_0。按照式(8.12)计算时，应按照α_0、α_T与k的关系查出k值进行计算，见表8.2。

表8.2 α_0、α_T与k的转化关系

α_0	0.1	0.2	0.3	0.4	0.5	0.6	0.7	0.8
α_T	0.15	0.3	0.48	0.6	0.74	0.83	0.92	0.98
k	0.11	0.22	0.40	0.60	0.74	0.80	1.2	1.2

上述公式都是在没有气流的条件下，根据声波在管中传播理论，并结合大量的实践推导出来的半经验公式，实测的消声值都略低于理论计算值。气流速度不仅能降低消声器的消声量，而且能产生再生噪声。由于气流的存在，消声器的消声值为

$$\Delta L_p' = \Delta L_p\,(1+M)^{-2} \tag{8.13}$$

式中，$\Delta L_p'$——有气流存在时的消声量，dB；

ΔL_p——无气流流动时的消声量，dB；

M——马赫数，$M=\frac{V}{C}$；

V——气流速度，m/s；

c——声速，m/s。

当气流速度为30~40 m/s时，由于气流引起的声传播规律的改变，气流速度对阻性消声器消声值的影响变化在20%左右。对于低速气流来说，这个影响是不大的。

8.2.4　不同阻性消声器的特性及应用条件

8.2.4.1　管式消声器

图 8.4(a)是最简单的阻式消声器，在管壁上衬贴一定厚度的吸声材料就构成了这种管式消声器，其断面既可以是圆形的，也可以是方形或矩形的。这种消声器的优点是结构简单，气流阻力小，对中高频噪声有一定的消声量。为了保证一定的消声量，直管式消声器的直径 D 一般不大于 300 mm，若来气管道直径大于 300 mm 而小于 500 mm，则可选用如图 8.4(c)所示的双圆筒式消声器。为了增加消声器的低频消声效果，既可以增加吸声材料的厚度，也可以在吸声材料背后设置一定厚度的空腔，如图 8.4(b)所示。设计管式消声器时，可用式(8.12)估算消声器的消声量。

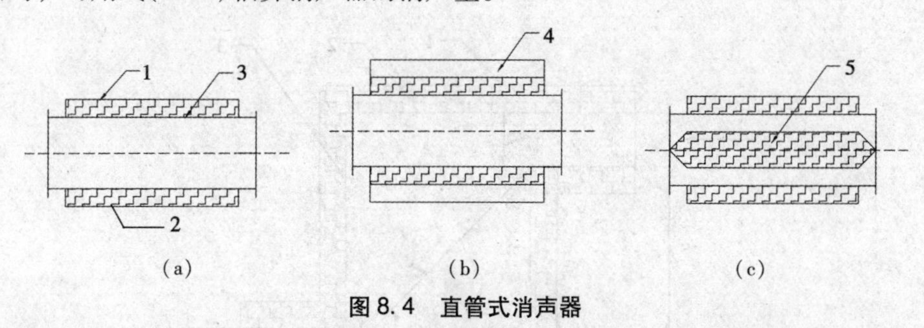

图 8.4　直管式消声器

1—外壁；2—吸声材料；3—穿孔面板；4—空腔；5—吸声蕊管

8.2.4.2　片式消声器

当气流流量较大需要较大断面的消声器时，为使气流通道断面周长与断面之比增加，可在直管内插入板状吸声片，将大断面分隔成几个小断面，如图 8.3(b)所示。当片式消声器每个通道的结构尺寸相同时，只要计算出单个通道的消声量，即得到该消声器的消声量。

8.2.4.3　折板式消声器

折板式消声器如图 8.3(e)所示，它是片式消声器的变型。这种消声器可以增加声波在消声器中传播的路程，使声波更多地接触吸声材料，增加消声性能。特别是对中高频声波，这种消声器能增加传播途径中的反射次数，这就大大提高对中高频噪声的消声效果。隔板的弯折，使消声量有所提高，相应的通风阻力也有所增加，因此，为了不过大地增加阻力损失，曲折度以不透光为佳。

8.2.4.4　正弦波形消声器

为了减少通风阻力，而把折板式消声器改造成如图 8.3(f)所示的正弦波形消声器。由于消声片的厚度有较大变化，不仅使它具有折板式消声器的优点，而且能增加对低频噪声的吸收，同时由于消声片弯折平滑而大大降低通风阻力。

8.2.4.5　室式消声器

在室内壁面上衬贴吸声材料就形成了室式消声器，如图 8.3(d)所示。当声波进入消声室后，在室内经多次反射而被吸声材料吸收，又由于风流从进口至室内，又从室内至出风口，风流进入Ⅱ室后又进入Ⅲ室，最后由排风口排走，截面发生六次突变，多次断面变化也能使声波损失声能。因此室式消声器消声量大，消声频带宽；缺点是通风阻力较大，消声器体积大，适于低速进排风消声。一室消声器的消声量按照式(8.14)计算：

$$\Delta L_p = -10\lg\left[S\left(\frac{\cos\theta}{2\pi D^2}+\frac{1-\overline{\alpha}}{S_m\overline{\alpha}}\right)\right]$$

$$L^2 = a^2+(h-D)^2 \tag{8.14}$$

$$\cos\theta=\frac{a}{L}$$

式中，S——进风口或出风口的面积，m^2；

S_m——为室内吸声衬贴表面面积，m^2；

$\overline{\alpha}$——吸声材料平均吸声系数；

L——进风口至出风口的距离，见图8.5。

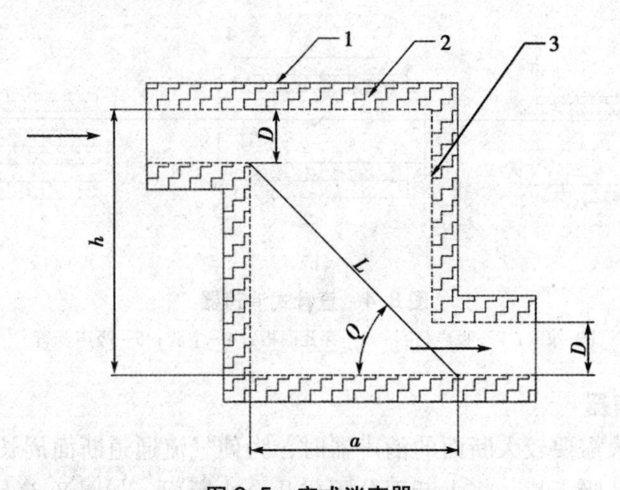

图8.5 室式消声器

1—外壁；2—吸声材料；3—穿孔面板

从式(8.14)中也可以看出室式消声器的消声原理。式中，$\frac{\cos\theta}{2\pi D^2}$是进口到出口的直达声，$\cos\theta$相当于指向性因素，$\frac{1-\overline{\alpha}}{S_m\overline{\alpha}}$为房间常数的倒数；$\frac{\cos\theta}{2\pi D^2}$为声波随距离的衰减，$\frac{1-\overline{\alpha}}{S_m\overline{\alpha}}$为混响声的衰减；进口相当声源，出口为接收点。室式消声器也叫迷宫式消声器，在不考虑断面突变所造成的能量损失条件下，如果各室结构尺寸相同，那么其总消声量为用式(8.14)算出的消声量与房间数的乘积。

8.2.4.6 消声弯头

管道内气流转弯时要使用弯头，若在弯头内壁面上衬贴一定厚度的多孔吸声材料，则此弯头就有了明显的消声效果。一般衬贴材料面要延伸到两弯折面距离的2~4倍，或者更长一些。如图8.6所示，弯头消声效果还与弯曲度有关。例如，30°折角弯头的插入损失约为90°折角弯头的1/3，180°折角弯头的插入损失约为90°折角弯头的1.5倍。图8.7为衬垫弯头折角180°前后声压级差与衬贴材料吸声系数的关系图，图中L为弯头衬有吸声材料段的中心轴线长度，a为在弯折两边所衬垫吸声材料表面之间的距离，N为L/a的值。

片式、圆筒式、菱形、正弦波形四种消声器，它们的空气动力性能好、阻损小，适用于低中压空调通风机、高压通风机、鼓风机和压缩机等气动设备。折板式、蜂窝式消声

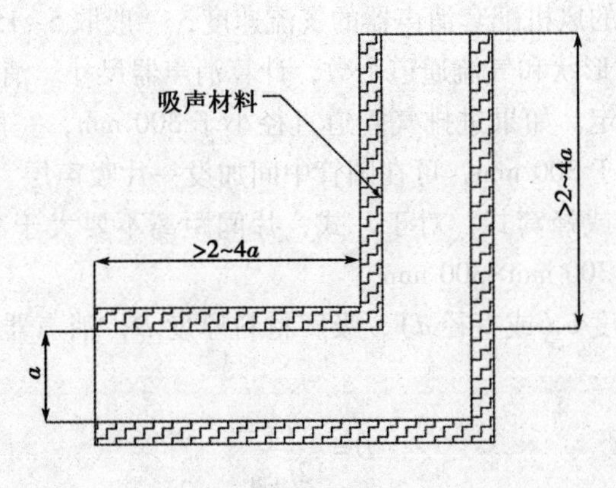

图 8.6　消声弯头

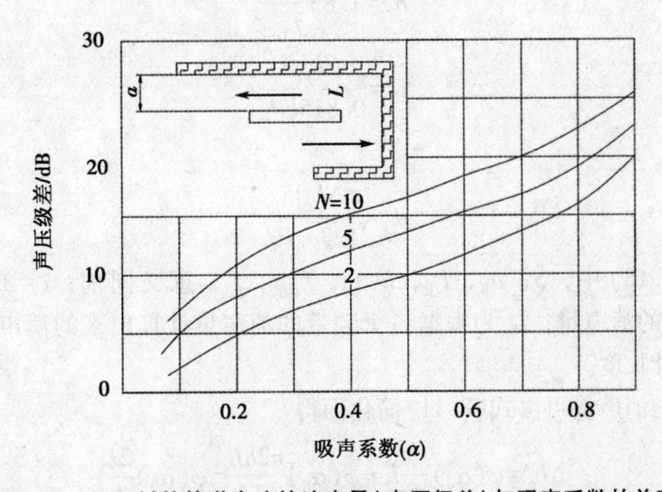

图 8.7　180°衬垫管道弯头的消声量（声压级差）与吸声系数的关系

器，它们在相同速度和体积的情况下，具有较高的消声值，但阻损较大，可用于高压通风机、鼓风机、压缩机等气动设备，或排气放空装置等。

室式消声器对低中频噪声有较高的消声值，仅用于气流速度特别低的情况，当吸声材料选用吸声砖时，常采用此种形式的消声器。

8.2.5　阻性消声器设计方法与步骤

风机消声多采用阻性消声器，现以风机用阻性消声器为例，说明其设计方法及步骤。

（1）根据风机 A 声级、《工业企业噪声卫生标准》（试行草案）、环境噪声标准和实际条件，合理地确定消声量 ΔL_p；由风机的倍频程声压级和 A 声级消声量，推算出各倍频程的消声量。

（2）选定消声器的上、下限截止频率。根据计算的 8 个中心频率消声量的大小，合理地选定消声器的上、下限截止频率。选取原则为在上、下限截止频率之间，各频带要有足够的消声量。

（3）根据下限截止频率，选定吸声材料的厚度和密度；根据上限截止频率，选定气流通道的宽度。

（4）选定消声器允许的气流速度。对于工业用的通风机配套消声器的气流速度，一般取 15~25 m/s；建筑用的风机配套消声器的气流速度，一般取 5~15 m/s。

(5) 选定消声器的形状和气流通道个数，计算消声器尺寸。消声器型式的选择主要根据气流通道截面尺寸确定。如果进排气管道直径小于 300 mm，一般经验认为可选用单通道直管式。如果管径大于 300 mm，可在圆管中间加设一片吸声层。如果管径大于 500 mm 时，就要考虑设计片式或蜂窝式：对于片式，片间距离不要大于 250 mm；对于蜂窝式，每个蜂窝尺寸不要大于 300 mm×300 mm。

消声器气流通道宽度 b_2(或直径 d)，吸声材料厚度 D，消声器长度 L，分别由以下公式确定。

$$D=\frac{c}{12f_{下限}} \tag{8.15}$$

$$b_2=1.85\frac{c}{f_{上限}} \tag{8.16}$$

$$L_i=\frac{\Delta L_{pi}S}{0.815kP_0} \tag{8.17}$$

或

$$L_i=\frac{\Delta L_{pi}S}{1.3a_0P_0} \tag{8.18}$$

式(8.15)~式(8.18)中，S，a_0，P_0，k，c，$f_{下限}$，$f_{上限}$ 意义同前；$i=1, 2, 3, \cdots, 8$；ΔL_{pi} 为第 i 个频带的消声量；L_i 为根据各个频带的消声量计算出来的消声器长度，取最大者为消声器的设计长度。

片式消声器的消声量可由式(8.11)简化而得

$$\Delta L_p=\varphi(\alpha_0)\frac{P_0}{S}L\approx\varphi(\alpha_0)\frac{n2hL}{nhb}=\varphi(\alpha_0)\frac{2L}{b} \tag{8.19}$$

式中，h——气流通道的高度，m；

b——气流通道的宽度，m；

n——气流通道的个数。

(6) 合理选择吸声材料及其护面。所选吸声材料的吸声系数要满足风机各倍频程的消声量的需要，经济耐用。在特殊条件(如高温、高湿、腐蚀性气体和气流中含尘条件)下，要考虑耐热、防潮、防腐蚀和吸声材料不被堵塞等方面的问题。为了防止吸声材料不被气流吹跑，还要合理地选用吸声材料的护面，玻璃布、穿孔板或铁丝网等均可用作护面。

(7) 根据上述各参数及选用的筒壁材料绘出施工图。

对于微穿孔板消声器和吸声砖消声器，若已知吸声结构的性能，也可按照阻性消声器的设计方法进行设计。

例 8.1 某工厂的空压机在运转时，从直径 (d) 为 150 mm 的管道中辐射出的噪声列入表 8.3 中，试设计一台消声器，使空压机辐射出的噪声符合 N_{85} 曲线。

解 (1) 将有关数据记录在表 8.3 中。

表 8.3　阻性消声器设计计算用表

序号	项目名称	倍频中心频率/Hz						说明
		125	250	500	1000	2000	4000	
1	空压机频谱	80	92	96	101	105	93	实测
2	噪声允许标准(N_{85})曲线	97	93	89	85	83	80	在 N_{85} 曲线查找
3	需要降低的噪声/dB	0	0	7	16	22	13	
4	吸声材料吸声系数	0.06	0.16	0.68	0.98	0.93	0.90	
5	消声器长度			0.30	0.48	0.70	0.43	

① 将空压机频谱特性实测值列入表 8.3 第一行。

② 将 N_{85} 各频程声压级列入表 8.3 第二行。

③ 将需要降低的噪声列入表 8.3 第三行。

(2) 选定消声器的类型。

据空压机频谱图，知其噪声以中高频为主，且空压机排风管直径 $d=150$ mm，因此可选用直径为 150 mm 的直管式的消声器。

(3) 确定消声器的其他尺寸。

① 吸声材料的厚度 D。由消声器的下限截止频率 $f_{下限}=\dfrac{c}{12D}$ 可得出确定吸声材料厚度 D 的公式，由表 8.3 可知，$f_{下限}=500$ Hz，则 $D=\dfrac{c}{12f_{下限}}=\dfrac{344}{12\times500}=57$ mm，故取 60 mm。

② 选吸声材料。选超细玻璃棉，将其吸声系数列入表 8.3 第 4 行。

③ 计算消声器长度 L。选用比较常用的经验公式，依 $\Delta L_p=1.3\alpha_0\dfrac{P_0}{S}L$ 得

$$L=\frac{\Delta L_p}{1.3\alpha_0}\frac{P_0}{A}$$

$$A=\frac{\pi d^2}{4}=0.018\ \text{m}^2$$

$$P_0=\pi d=0.47\ \text{m}$$

$f=500$ Hz 时，$\Delta L_p=7$ dB，

$$L_{500}=\frac{7}{1.3\times0.68\times\dfrac{0.47}{0.018}}=0.30\ \text{m}$$

依此计算出 L_{1000}，L_{2000}，L_{4000}，列入表 8.3 第 5 行，取 $L=0.70$ m。

④ 计算消声器上限截止频率 $f_{上限}$：

$$f_{上限}=1.85\frac{c}{d}=1.85\times\frac{344}{0.15}=4243\ \text{Hz}$$

$f_{上限}>4000$ Hz，合乎要求。

⑤ 消声器示意图见图 8.8。

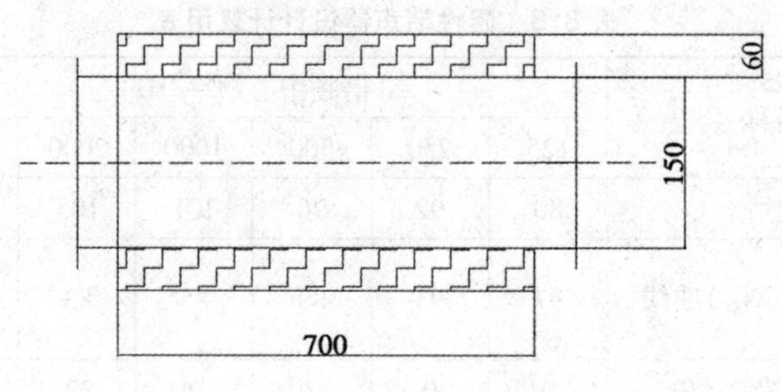

图 8.8 例 8.1 示意图

8.2.6 阻性消声器应用实例

轴流式局扇噪声大。目前，普遍使用的 11 kW 轴流式局扇的噪声级可达 105~110 dB(A)，影响工人的听觉，容易造成事故。

湘潭锰矿采用多孔吸声材料聚氨酯泡沫塑料板试制局扇消声器。这种吸声材料具有多孔、柔软、容易剪割、质轻、安装和搬移方便、廉价、吸声系数较大等优点。

消声器用 1.00~1.25 mm 厚的薄铁板做外壳，用 10 mm×10 mm 的菱形铁丝网将泡沫塑料板夹附在外壳内壁。全套消声器分两节：①进风口消声节，为圆柱形壳体，内衬 30 mm 厚的聚氨酯泡沫塑料；②出风口消声节，为圆锥形壳体，内衬 30 mm 厚的聚氨酯泡沫塑料。消声器与局扇组装见图 8.9。

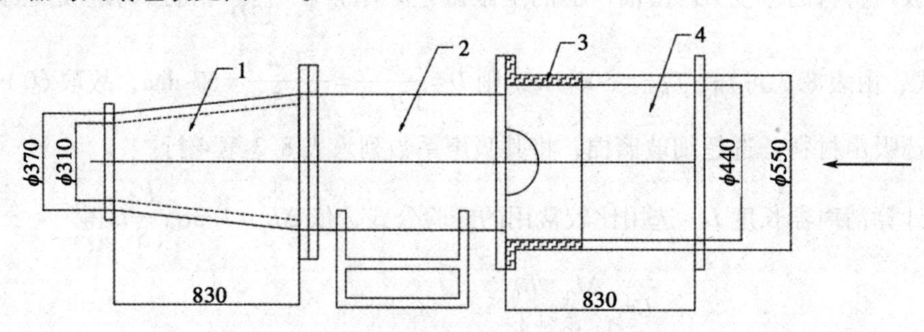

图 8.9 消声器与局扇组装

1—出风口消声器；2—局扇；3—吸声材料；4—进风口消声节

这种结构的消声器体积较小，轻便，制作工艺简单，消声效果较好，成本较低，也不必经常清洗，使用一年多消声效果仍较好，消声量为 25 dB(A)。

赤马山矿的通风方式为抽风式，排风口的噪声达 100 dB(A)以上。设计者设计的阻性消声器的结构是在风硐内砌筑吸声墙，即采用片式消声结构，如图 8.10 所示。墙间距为 0.25~0.36 m，墙厚 0.19 m，筑墙的材料为矿渣膨胀岩吸声砖，墙间风速为 5.65~12.35 m/s，阻塞比为 0.3~0.4。该矿两个风井的排风口都采用了这种消风结构。西风井噪声由 103.5 dB(A)降低到 78 dB(A)，东风井噪声由 113 dB(A)降低到 80 dB(A)。该消声器的通风阻力只有 20~50 Pa。

铜绿山矿的南风井也采用了这种消声结构，同样取得了良好的效果。

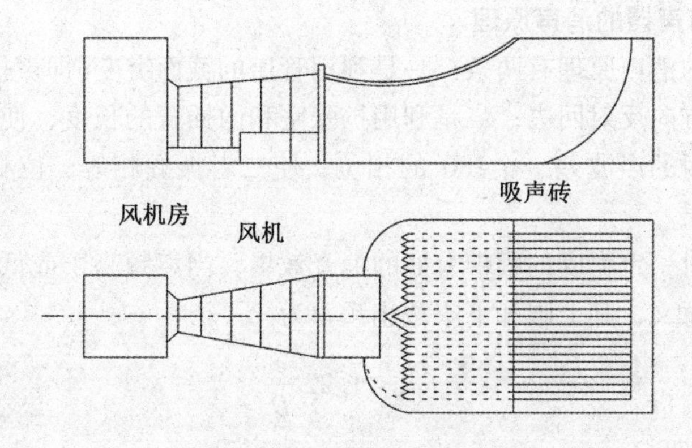

图8.10　主扇排风口消声结构

8.3 抗性消声器

抗性消声器借助管道截面的突然扩张或收缩，或者旁接共振腔，使沿管道传播的噪声在断面突变处向声源反射回去，达到消声的目的。它构造简单、耐高温、耐气体侵蚀和冲击。

抗性消声器按照其消声原理可分为三种：一是扩张室消声器；二是共鸣型消声器；三是干涉消声器。

8.3.1　扩张室消声器

8.3.1.1　扩张室消声器的种类

按照气流通道的结构形式，扩张室消声器可分为如图8.11所示的五种基本类型。

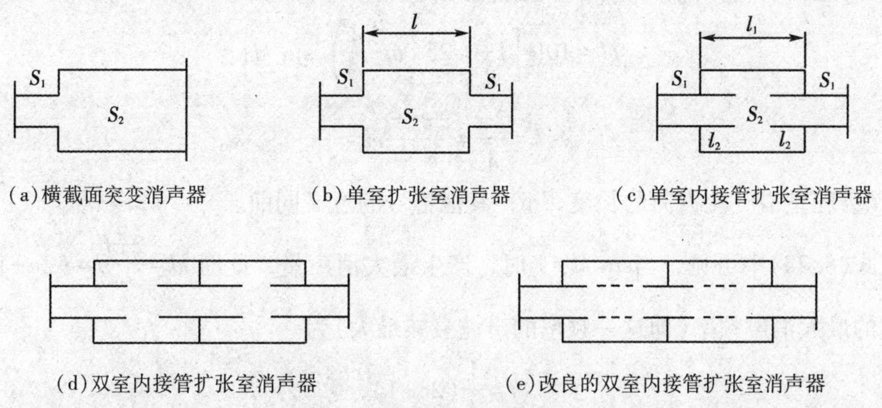

图8.11　扩张室消声器

扩张室消声器是管和室的组合，当选择较大扩张比和经多段扩张时，其消声量可增大到30 dB以上。中低频时，其有效频带较宽，消声效果好，但对高频消声效果差。由于该消声器截面突变较多，其阻力损失比共鸣型消声器大。此种消声器多用于汽车、拖拉机的发动机的排气系统和管径小的进排气系统。

8.3.1.2 扩张室消声器的消声原理

扩张室消声器的消声原理有两条：一是利用管道的截面突变(即声抗的变化)使沿管道传播的声波向声源方向反射回去；二是利用扩张室和内插管的长度，使向前传播的波和遇到管子不同界面反射的声波差一个180°的相位，使二者振幅相等、位相相反、相互干涉，从而达到理想的效果。

扩张室消声器对一定宽度的频带有好的消音效果，当声频高于或低于某一值时，该消声器将失去消声的意义，其上限和下限截止频率为

$$f_{上限}=1.22\frac{c}{D} \tag{8.20}$$

式中，D——扩张室外径，m。

对于横截面突变：

$$f_{下限}=0.4\frac{c}{\sqrt{S_2}} \tag{8.21}$$

式中，S_2——粗管道的横截面积，m^2。

对于单室扩张室消声器：

$$f_{下限}=\frac{c}{2\pi}\frac{\sqrt{S_1}}{lV} \tag{8.22}$$

式中，S_1——细管道横断面面积，m^2；

l——扩张室长度，m；

V——扩张室体积，m^3。

8.3.1.3 计算消声值

扩张室消声器消声值的计算公式十分复杂，这里仅介绍图8.12所示的单室扩张室消声器的计算公式，它的消声量常以透射损失表示：

$$TL=10\lg\left[1+0.25\left(m-\frac{1}{m}\right)^2\sin^2 kl\right] \tag{8.23}$$

$$k=\frac{2\pi}{\lambda}=\frac{2\pi f}{c},\quad m=\frac{S_2}{S_1}$$

式中，l 为腔室沿气流方向的长度，m；其他符号的意义同前。

从式(8.23)中可见，当$\sin^2 kl=1$时，产生最大消声量，此时 $kl=\frac{2\pi f}{c}l=(2n+1)\frac{\pi}{2}$，因此相应的最大消声频率(即这一频率的声波衰减最大)为

$$f=\frac{1}{4}(2n+1)\frac{c}{l} \tag{8.24}$$

$$l=\frac{1}{4}(2n+1)\frac{c}{f}=\frac{1}{4}(2n+1)\lambda \tag{8.25}$$

当 $\sin^2 kl=0$ 时，$kl=n\pi$，$TL=0$，消声量最小，其最小消声频率(即这一频率的声全部通过)为

$$kl=n\pi=\frac{2\pi}{\lambda}l=\frac{2\pi f}{c}l \tag{8.26}$$

$$f=\frac{nc}{2l} \tag{8.27}$$

$$l=\frac{nc}{2f}=n\frac{\lambda}{2} \tag{8.28}$$

式中，c 为风速；$n=0$，1，2，…，为正整数。

由式(8.25)和式(8.26)可以看出，当扩张室长 l 为波长 1/4 的奇数倍时，消声量最大；l 为 1/2 波长的整数倍时，消声量为零。其原因是，当 $l=\lambda/4$ 或其奇数倍时，扩张室中的反射波 p_1 和 p_2 反相，使扩张室入口声阻抗非常小，进气管中声波几乎全被反射；而在 $l=l=\lambda/2$ 或其倍数时，p_1 与 p_2 同相，使扩张室入口声阻抗与进气管匹配，声能全部通过，故消声量为零。

图 8.12 为扩张比固定，扩张腔长度增大时，消声量的变化曲线。该图是根据式(8.22)画出的。如果 m 和 l 已知，那么可由图 8.12 直接查出各频率的透射损失。

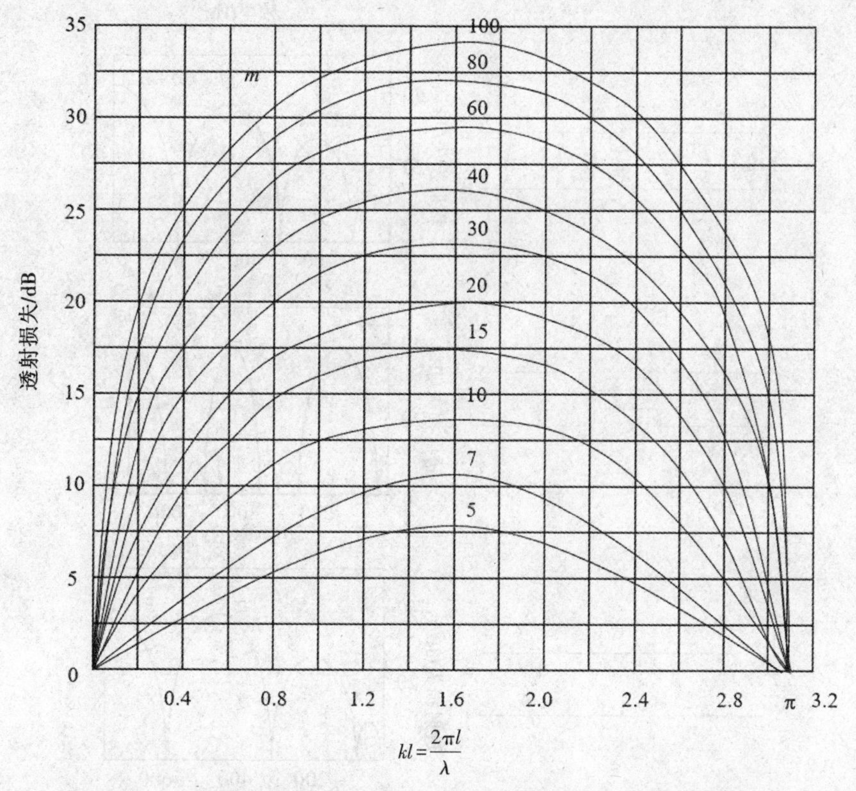

图 8.12　单腔式消声器膨胀化比 m 和腔长 l 在不同频率时的透射损失

例如，求一腔长 $l=17$ cm、膨胀比 $m=15$ 的单腔消声器对 500 Hz 频率声音的透射损失，先算出 $kl=\frac{2\pi fl}{c}=1.55$，再在图 8.12 的横坐标 1.55 处作垂直线交 $m=15$ 曲线，从交点引水平线交于左边纵坐标上 17.5 dB，即该消声器对该频率的透射损失。

图 8.13 给出了几种有实际尺寸消声器的构造形式及其透射损失。

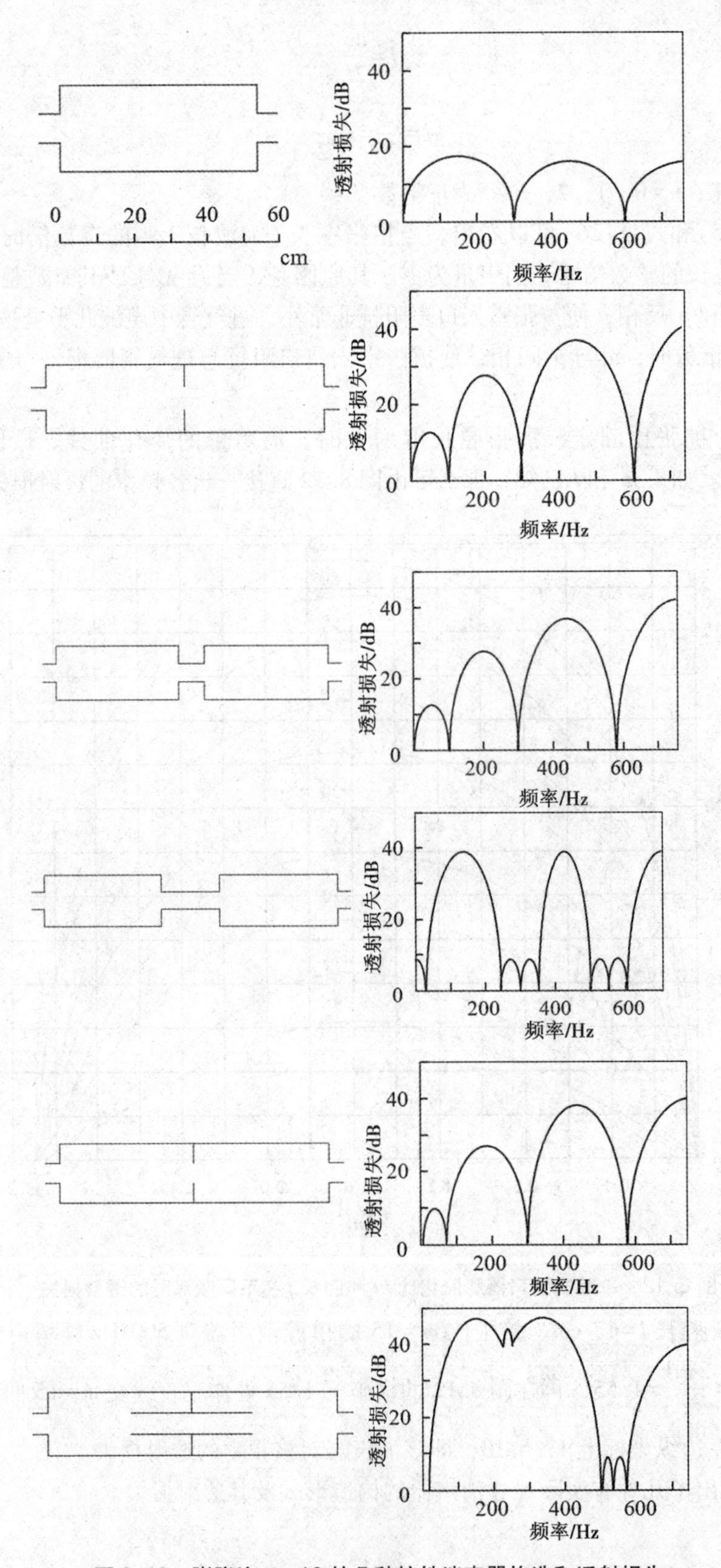

图 8. 13 膨胀比 $m=16$ 的几种抗性消声器构造和透射损失

8. 3. 1. 4　不同扩张室消声器的特性与应用

扩张室消声器主要用于消除中频率噪声，若管道较小，也可以消除中高频噪声。图 8. 11(a)(b)所示的消声器由于阻损大、效果差，实际很少单独使用。常用的是图 8. 11(d)所示的形式，这种消声器阻损小、效果好。扩张室消声器单独使用时，主要用于消除内燃机、柴油机等细管辐射的噪声，对于通风管道的噪声，扩张室消声器一般与阻性消声器组成宽频带复合消声器。

由图 8. 12 和图 8. 13 可知，扩张室消声器的消声量受以下两个因素影响。

（1）扩张比的影响。

当扩张比很小时，最大消声量也很小；当扩张比较大时，消声量也随之增加。在实际工程中，一般取 $9<m<16$，最大不超过 20，最小不小于 5。

（2）扩张室长度的影响。

扩张室消声器不像阻性消声器那样，越长其消声量越大。如图 8. 12 可见，当 $l=0$ 时，其消声量也为零；当 l 增加时，其消声量也增加，但当 l 增加到一定值时，再增加扩张室的长度 l，其消声量反而减小，一直到零。消声量达到最大值的长度为 1/4 波长的奇数倍。消声量等于零的长度为 1/2 波长的倍数。因为长度 l 是由频率决定的(消声量最大时，$l=c/4f=\lambda/4$)，所以若一个固定的消声器的长度已经固定，那么它对某个频率有最大的消声量，而对某个频率的消声量又等于零，这就是单腔扩张室的一个缺点。为了消除不消声的通过频率，应串联两节或多节构造形式不同或尺寸不一样的消声器，使其极小值互相错开，以使消声量随频率变化时有比较平稳的特性。图 8. 14 所示是采用内插管的办法来消除不消声的通过频率，在扩张室进口和出口处分别插入长为 $l/2$ 和 $l/4$ 的两根小管，使向前传播的声波遇到管子不同界面与反射的声波相差 180°的相位，二者振幅相等、相位相反、相互干涉，达到消声的目的。

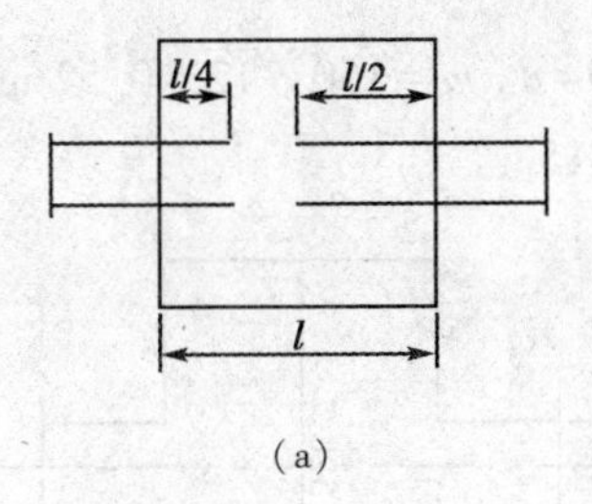

(a)

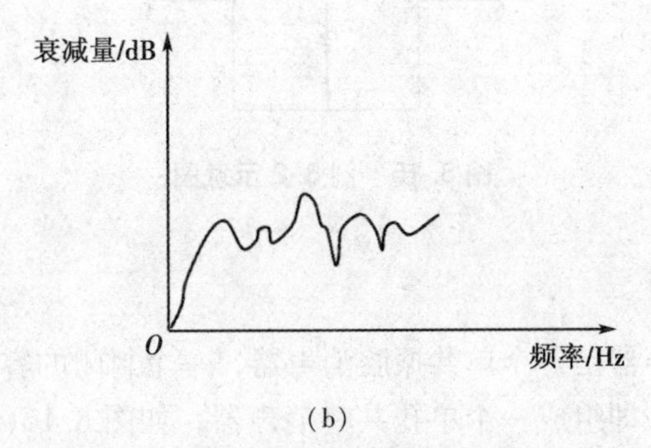

(b)

图 8. 14　带插管的扩张室消声器消声性能

几节构造形式不同或尺寸不一样的消声器串联起来，使它们的通过频率错开，如前一断面具有的最大消声频率正是最后一断面的通过频率，这样就可以获得较宽的消声音频，从而克服扩张室消声器消声频带窄的缺点。

例 8.2 某一风机在 250 Hz 有一峰值噪声 $L_p=105$ dB，试设计一个扩张室消声器装在风机出风口上，要求消声器在 250 Hz 上将 $L_p=105$ dB 降至 90 dB（风机排风管直径为 $d=150$ mm）。

解 （1）确定消声器需要的消声量。

$f=250$ Hz 时，$\Delta L_p=105-90=15$ dB。

（2）确定消声器的长度 L。

$L=\frac{\lambda}{4}=\frac{1}{4}\frac{c}{f}$时，消声器消声量 ΔL_p最大，故

$$L=\frac{1}{4}\times\frac{344}{250}=0.344 \text{ m}$$

（3）在图 8.12 上查 $\Delta L_p=15$ dB 时，需要的扩张比 m，先算出 $kl=\frac{2\pi fL}{c}=\frac{2\pi\times250\times0.344}{344}=1.57$，再在图 8.12 的横坐标 1.57 处作垂直线，然后在纵坐标 15 dB 处作横坐标的平行线，此二线的交点即扩张比 m，查得 $m=1$。

$$m=\frac{\frac{\pi}{4}D^2}{\frac{\pi}{4}d^2}=\frac{D^2}{d^2}=12$$

（4）计算消声器的直径 D。

$$D=d\sqrt{m}=150\sqrt{12}=0.52 \text{ m}$$

扩张室消声器示意图见图 8.15。

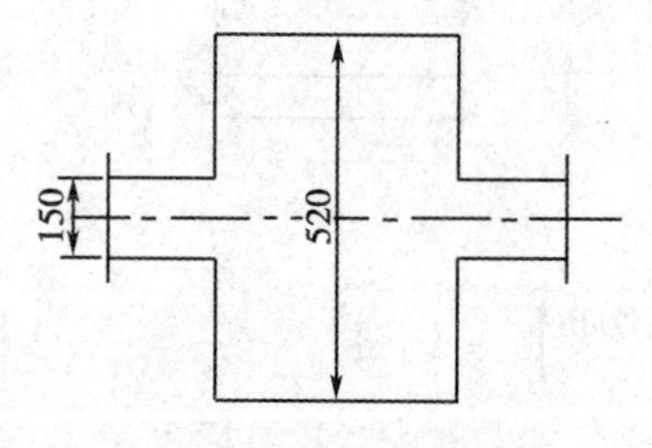

图 8.15　例 8.2 示意图

8.3.2 共鸣型消声器

最简单的共鸣型消声器是一个单共振腔消声器，一个封闭的容器（即共振腔）通过一个导管与气流通道相通，即组成一个单孔共鸣消声器，如图 8.16(a)所示，一个封闭的容积通过开在气流通道上的多个小孔与气流通道相通，就组成多孔共鸣型消声器，如图 8.16(b)所示。单孔共鸣型消声器作用不大，一般常用多孔共鸣型消声器。

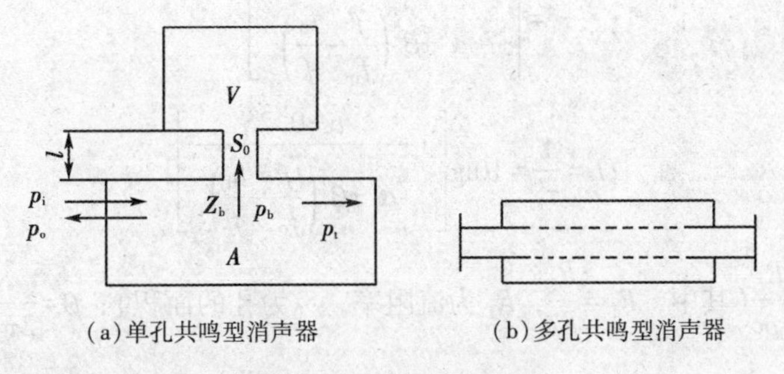

(a)单孔共鸣型消声器　　(b)多孔共鸣型消声器

图8.16　共鸣型消声器

8.3.2.1　单孔共鸣型消声器的原理

设有一平面声波传入消声器，入射声波的声压为 p_i，当入射波传至声阻抗为 Z_b 的共振腔的孔口时要产生三种波：一为反射波，声压为 p_r；二为沿消声器通道继续前进透射波，声压为 p_t；三为传至共振腔的声波，声压为 p_b，见图8.16(a)。各个声压的表示式为

$$\begin{cases}p_i=p_i\cos(wt-kx)\\p_r=p_r\cos(wt+kx)\\p_b=p_b\cos(wt-ky)\\p_t=p_t\cos(wt-kx)\end{cases}\tag{8.29}$$

设在 A 点，$x=0$，$y=0$，并在此点声压连续，在 A 点各方向声压相等，设 p_0 为 A 点左侧总声压，则有

$$p_0=p_i+p_r=p_b=p_t\tag{8.30}$$

设左边总体积速度为 u_0，由体积速度连续原理得

$$u_0=u_i+u_r=u_t+u_b\tag{8.31}$$

声道中，声阻抗为$\dfrac{\rho c}{S}$，S 为通道的断面面积，又据 $p=p=\rho_0c_0u$，则 $u_i=\dfrac{Sp_i}{\rho c}$；$u_r=\dfrac{Sp_r}{\rho c}$；$u_t=\dfrac{Sp_t}{\rho c}$；$u_b=\dfrac{Sp_b}{Z_b}$，代入式(8.31)，得

$$S(p_i-p_r)=\left(\frac{p_i}{Z_b}+\frac{Sp_i}{\rho c}\right)\rho c\tag{8.32}$$

因声压透射系数 $\tau_p=\dfrac{p_t}{p_i}$，声压透射系数又和声强透射系数 τ_I 有 $\tau_i=|\tau_p|^2$ 的关系，则由式(8.30)和式(8.31)可得出

$$\tau_I=|\tau_p|^2=\left|\frac{\dfrac{2S}{\rho c}}{\dfrac{1}{Z_b}+\dfrac{2S}{\rho c}}\right|^2\tag{8.33}$$

整理变换式(8.33)，可得到声强透射系数和传声损失各为

$$\tau_{\mathrm{I}}=\left[1+\frac{\alpha+0.2S}{\alpha^2+\beta^2\left(\frac{f}{f_0}-\frac{f_0}{f}\right)^2}\right]^{-1} \tag{8.34}$$

$$TL=\frac{1}{\tau_{\mathrm{I}}}=10\lg\left[1+\frac{\alpha+0.2S}{\alpha^2+\beta^2\left(\frac{f}{f_0}-\frac{f_0}{f}\right)^2}\right] \tag{8.35}$$

式中，$\alpha=\frac{SR_{\mathrm{b}}}{\rho c}=\frac{SR_{\mathrm{f}}}{S_0\rho c}$（其中，$R_{\mathrm{b}}=\frac{R_{\mathrm{f}}}{S_0}$，$R_{\mathrm{f}}$ 为流阻率，S_0为孔的面积）；$\beta=\frac{Sc}{2\pi f_0 V}=\frac{S}{\sqrt{GV}}$（其中，$S$ 为气流通道的面积，m^2；V 为空腔体积，m^3；G 为传导率，$G=\frac{S_0}{l_0+\frac{\pi}{4}d}$，$d$ 为空的当量直径）；f_0为共振频率；$f_0=\frac{c}{2\pi}\sqrt{\frac{G}{V}}$，$f$ 为声波扰动频率。

不考虑共振器的声阻影响，式(8.35)可变为

$$TL=10\lg\left\{1+\left[\frac{\sqrt{GV}}{2S\left(\frac{f}{f_0}-\frac{f_0}{f}\right)}\right]^2\right\} \tag{8.36}$$

从式(8.36)中可以看出，f 越接近f_0，消声量 TL 越大；当$f=f_0$时，发生共振，消声器消声量可趋于无限大。实际上，孔径有流阻，TL 不可能无限大。式(8.36)也可用图 8.17 表示，由此图可方便地查出消声量 TL。从图 8.17 中可以看出，$\frac{\sqrt{GV}}{2S}$越小，消声频带越窄。增大$\frac{\sqrt{GV}}{2S}$，可增宽消声频带。适当增加流阻，如在孔径上蒙一层细孔织物或在腔内填上吸声材料，也可增加消声频宽，但消声量的峰值要有所下降。

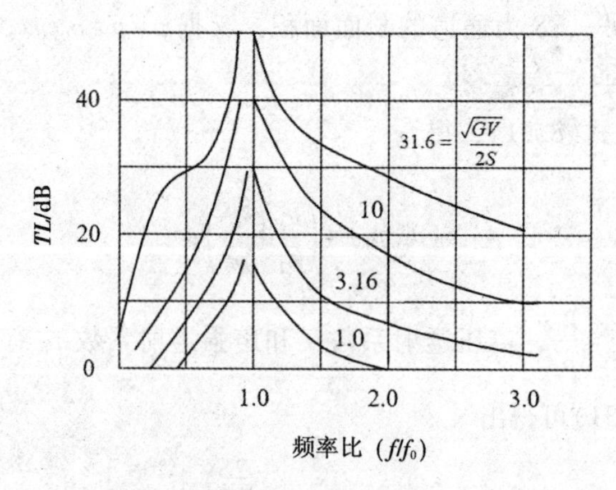

图 8.17 共振消声器的消声量 TL 和频率比(f/f_0)的关系

8.3.2.2　共鸣型消声器的特点与应用条件

共鸣型消声器的消声频带较窄，它适用于降低有突出峰值的低频(350 Hz 以下)噪声。在噪声控制技术中，它常与阻性消声器组成复合式消声器。为了扩大共鸣型消声器的消声频率范围，既可以把具有不同共振频率的共振腔串联组合起来，也可以在共振腔内部增加一些声阻较大的多孔材料。

8.3.3　干涉消声器

干涉消声器是利用声波干涉原理设计的。如图 8.18 所示，在长为 L 的主管上，接多条长度为 1/2 波长或 1/2 波长奇数倍的旁接管，声波在主管和旁接管的终点汇合处，由于相位相反，声能相互抵消，因此能达到消声的目的。

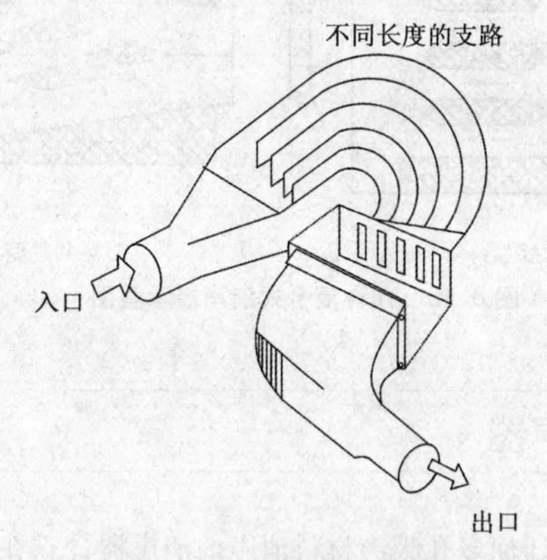

图 8.18　多旁路干涉消声器

这种消声器频率范围很窄，只在噪声音调显著并且音调稳定不变时应用，消声效果较好。

8.4　阻抗复合式消声器

阻性或抗性消声器的消声频率均有一定的范围，阻性消声器消除中高频噪声效果好，抗性消声器消除中低频噪声效果好。为了增宽消声范围，把阻性消声器与抗性消声器组合起来，便可达到消声器对宽频带噪声消声。此类消声器称为阻抗复合式消声器。两种或多种消声器的组合方式多数是串联组合，也有并联组合。并联组合就是在同一消声器内每一通道的两边，采用不同类型的消声器。图 8.19 所示为几种复合式消声器。阻抗复合式消声器的消声机制更为复杂，但简单地说，其消声机制就是阻性与抗性消声器消声机制的综合。因此，其消声值的计算可按照阻性与抗性消声器分别计算，然后将消声值相加，则得复合式消声器的总消声值。

在噪声控制工程中，阻抗复合消声器应用很广，对一个高声强的宽频带的噪声，一般都是用阻抗复合式消声器进行控制的。

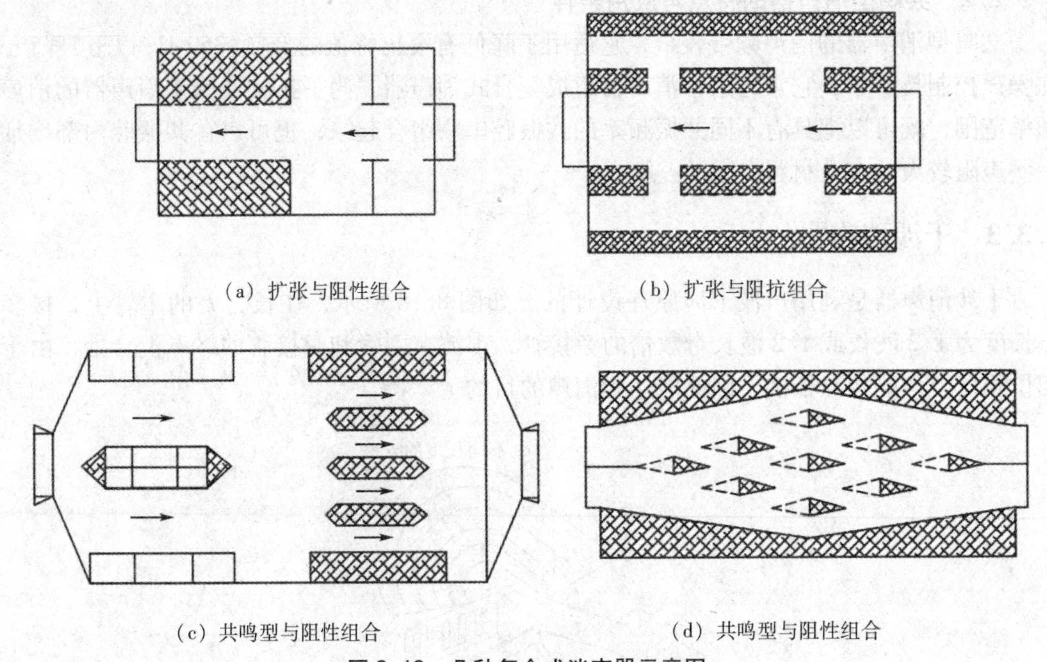
(a) 扩张与阻性组合
(b) 扩张与阻抗组合
(c) 共鸣型与阻性组合
(d) 共鸣型与阻性组合

图 8.19 几种复合式消声器示意图

8.5 微穿孔板消声器

微穿孔板消声器是不用任何多孔吸声材料消声的消声器，它在薄的金属板上钻很多像针眼的小孔以达到消声目的，是近年来研制的一种新型消声器。

微穿孔板消声器所采用的微穿孔板结构是一种具有阻和抗的元件，因此它也具有阻抗复合式消声器的特点，从而有较宽的消声频带，也属于阻抗复合式消声器的一种。

在厚度小于 1 mm 的金属板上，穿上大量直径小于 1 mm 的微孔，孔心距为孔径的 5~8 倍，把这种薄板固定在消声器内，与器壁留有一定距离，形成空腔，空腔厚 10~24 mm，即构成了微穿孔板吸声结构，如图 8.20 所示。

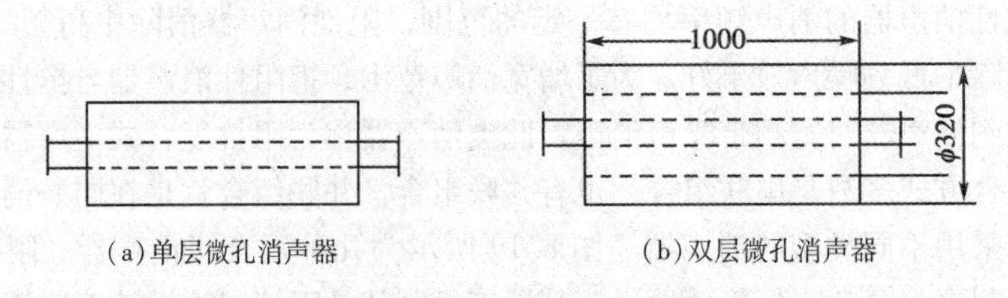

(a)单层微孔消声器
(b)双层微孔消声器

图 8.20 微穿孔板消声器

8.5.1 微穿孔板消声器的消声原理

微穿孔板消声器的消声原理可从以下三方面解释。

(1) 微孔能提高吸声系数。声波在传播过程中，其能量损失主要依赖于空气在微孔中的摩擦损失。吸声结构的声阻越大，摩擦损失越大。声阻又与孔径的平方成反比，微穿孔板的孔径已减小到1 mm以下，因此与一般穿孔板相比，声阻大大增加，从而提高了吸声系数。

（2）低的穿孔率能增加吸声频带宽度。与一般的穿孔板（穿孔率为20%～25%）相比，微穿孔板的穿孔率（1%～3%）大大减小，穿孔率变小，使声阻与声质量的比值增大，吸声频带增宽。

（3）板后空腔深度能控制吸声峰的位置。吸声结构有一个或几个共振频率，共振频率的高低，就是最大吸收峰的位置，板后空腔深度越大，共振频率越低。因此，控制空腔的深度，就可控制吸声峰的位置。

若采用穿孔率不同的双层微孔消声器，使两层共振频率错开，可使消声器在宽的频率范围内获得较好的消声效果。

8.5.2 消声量的计算

当声波波长大于共振腔的尺寸时，可用计算共鸣型消声器消声量的公式计算微孔板消声器的消声量，共振频率为

$$f_0=\frac{c}{2\pi}\sqrt{\frac{p}{t'D}} \tag{8.37}$$

式中，t'——有效厚度，$t=t_0+0.8d+1/3pD$；

t_0——板厚；

d——孔径；

p——板的穿孔率；

D——板后空腔的厚度。

在中频噪声中，可用阻性消声器的计算公式计算它的消声量，利用它的吸声系数求得公式中的消声系数。

图8.20(b)所示的微孔消声器与图8.4(a)所示直管阻性消声器的尺寸相同，气流通道直径为120 mm，长2 m（两节），后者以超细玻璃棉为吸声材料，在气流速度$u=20$～120 m/s条件下，经过试验，取得了两种消声器消声量的计算公式。

微穿孔板消声器的消声量：

$$TL=75-34\lg u \quad 120\geqslant u\geqslant 20 \tag{8.38}$$

直管式玻璃棉消声器消声量：

$$TL=102-54\lg u \quad 120\geqslant u\geqslant 20 \tag{8.39}$$

由式(8.38)和式(8.39)可见，随着气流速度的增加，直管阻性消声器比微穿孔板消声器消声量减少得快。

微穿孔板消声器设计严格，构造简单，吸收频带宽，阻损小，耐高温，不怕水蒸气和油雾的侵蚀。但由于加工复杂，成本较高，一般在医疗卫生、空调系统、高速高温气流，或有水或水蒸气的介质等特殊条件下应用。

以上所述各类消声器具有不同的优缺点与应用范围。其主要缺点是对较高风速的气流都有较大的阻力损失，消声量都有不同程度的下降。作为消除中高频噪声的阻性消声器，

由于内部填充多孔吸声材料，不耐高温，也不适于在有水蒸气、油污、粉尘的环境中应用，随着使用时间的延长，它的消声性能逐渐减弱，使用寿命较短。抗性消声器虽然有阻性消声器的那些缺点，但它体积较大、高频性能差。因此，国内外声学工作者一直在研究频带宽、体积小、消声量大，并且能应用于各种环境的消声器。金属微穿孔板消声器是一个能用于各种环境的较好的消声器，是近年来的一项科研成果。

8.6 放空排气消声器

近几年研制的诸如扩容降速型、节流降压型、小孔喷注、多孔扩散等消声器，有效地控制了放空排气噪声。

8.6.1 扩容降速型消声器

在亚声速中，喷流消声的强度与流速的八次方成正比。扩大排气口截面，降低喷流速度，在扩容降速的基础上，后续一定的吸声结构，可减噪 30~40 dB(A)；但此种消声器体积大，用钢材多。扩容降速型消声器如图 8.21 所示。

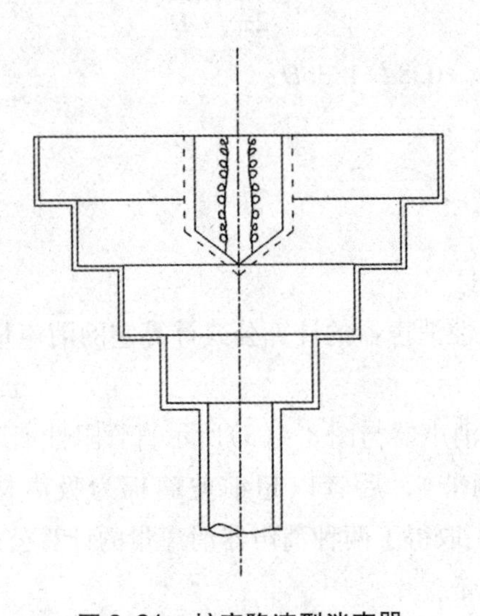

图 8.21 扩容降速型消声器

8.6.2 节流降压型消声器

当排气口气流速度达到声速时，排气口处于空气动力学上的临界状态，称为阻塞喷口。阻塞使流速为声速，噪声比率随喷注压力(指滞止压力)的增高而增大。工业上的排气放空多是阻塞情况，此时的排气口喷流噪声功率取经验式：

$$W=K_1D^2\frac{(p-p_a)^3}{pp_a^3} \tag{8.40}$$

式中，p——喷注滞止压力(绝对压力)，Pa；

p_a——环境压力(绝对压力)，通常为大气压力，Pa；

D——喷口直径，mm；

K_1——常数。

可见，减小喷注滞止压力与大气压力之间的压力差，可以降噪。把原来由排气口直接放空，改为通过多层节流降压装置，把压力逐渐降下来再排放，即由压力突变排空，改为压力渐变排空。把一个总的大压降分散到若干个局部结构承担，变成许多小的压降。由式(8.40)可知，许多小的压降辐射的噪声远小于一个大降压辐射的噪声，此即其降噪原理。

节流降压消声器各级压力降的关系为

$$p_n = p_s q^n \tag{8.41}$$

式中 p_n——第 n 级节流板后的压力，Pa；

p_s——节流板前的压力，Pa；

n——节流板级数；

q——压强比，即某节流板后压力与板前压力之比。

压强比一般情况下取常数，即 $q=\dfrac{p_2}{p_1}=\dfrac{p_3}{p_2}=\cdots=\dfrac{p_n}{(p_n-1)}<1$。表 8.4 给出了几种气体临界状态下的压强及节流面积的计算公式，据计算出的面积可确定孔径、孔距和孔数。

表 8.4 几种气体临界状态下的压强比及节流面积

气体	压强比(q)	节流面积(S)/cm
空气(包括 O_2，N_2)	0.528	$S=13.0\mu G\sqrt{V_1 P_1}$
过热蒸汽	0.546	$S=13.4\mu G\sqrt{V_1 P_1}$
饱和蒸汽	0.577	$S=14.0\mu G\sqrt{V_1 P_1}$

注：μ——断面修正系数，$\mu=1.2\sim2.0$；

G——排放气体流量，t/h；

V_1——节流前气体比容，m^3/kg；

P_1——节流前气体压力，kg/cm^2。

图 8.22 展示了两种不同结构形式的多级节流减压放空排气消声器。

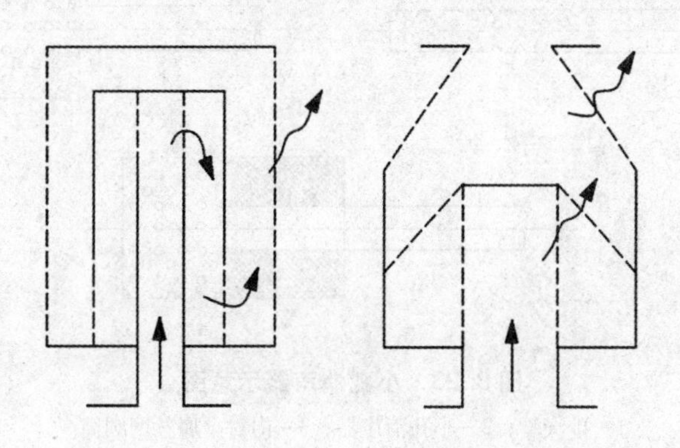

(a)三级孔管迷路节流　　(b)三级孔管锥管节流

图 8.22 两种节流减压排气消声器

8.6.3 小孔喷注消声器

小孔喷注消声器主要是利用小孔升频效应来达到降低可听声目的的。小孔升频效应的表示公式如下：

$$f_m = Sr\frac{u}{D} \tag{8.42}$$

式中，f_m——排气噪声的峰值频率，Hz；

Sr——斯特劳哈尔数，取0.2；

u——排气速度，m/s；

D——排气管口径。

式(8.42)说明，排气速度越快，排气管径越细，产生噪声的峰值频率就越高，其声越尖锐刺耳。如果使排气孔小到一定值(如达毫米级)，喷流排气噪声将移到人耳不敏感的特高频范围内。根据这种原理，如果用许多小孔代替一个大排气管口，那么可以达到降低可听声的目的。小孔喷注消声器的消声值可用式(8.43)计算：

$$\Delta L_p = -10\lg\left(\frac{4}{3\pi}x_A^3\right) \tag{8.43}$$

式中，d为小孔直径，mm；$x_A = 0.165\dfrac{d}{d_0}$；$d_0 = 1$ mm。

若$d \leqslant 1$ mm，则$x_A \ll 1$，忽略高级小量，则式（8.43）可变为

$$\Delta L_p = 27.5 - 30\lg d \tag{8.44}$$

由此可见，在小孔范围内，孔径减半，可使消声量提高9 dB。但孔径过小，易于堵塞，加工也困难，一般小孔直径为2~3 mm较合适。

上面已经论述了小孔喷注消声器的消声原理，下面介绍其设计方法。

小孔消声器分为膨胀(节流降压)小孔消声器和不膨胀小孔消声器两种。前者管径加大，后者管径与气管直径相等，如图8.23所示。

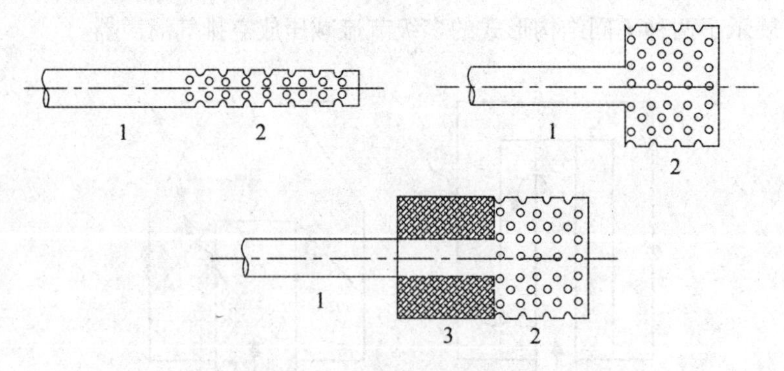

图8.23 小孔消声器示意图

1—排气管；2—小孔消声器；3—内衬金属丝网圆筒

孔越小，降噪量越大，但加工困难，且易堵塞。常取孔径为1~3 mm。

8.6.3.1 喷口的出口面积

当喷注的滞止压力p与环境压力p_a之比值R为

$$R=\frac{p}{p_a}\geqslant\left(\frac{k+1}{2}\right)^{\frac{k}{k-1}} \tag{8.45}$$

时，喷口处于阻塞状态。式(8.45)中，k 为喷注气体的比热比。

理想收缩喷口阻塞流的质量流量 G 为

$$G=\frac{apA_e}{\sqrt{T}} \tag{8.46}$$

其中，

$$a=\frac{k}{\sqrt{c_p(k-1)}}\left(\frac{2}{k+1}\right)^{\frac{k+1}{2(k-1)}} \tag{8.47}$$

式(8.46)和式(8.47)中，T——喷注滞止温度，K；

A_e——喷口的有效面积，m^2；

k——气体的比热比，见表 8.5；

c_p——气体的定压比热，见表 8.5。

表 8.5　常见气体比热比和定压比热

$k=1.4$		$k=1.333$	
气体	$c_p/(kJ\cdot kg^{-1}\cdot K^{-1})$	气体	$c_p/(kJ\cdot kg^{-1}\cdot K^{-1})$
空气	1.006	CO_2	0.808
N_2	1.041	H_2O 过热	1.921
O_2	0.9117	燃气	1.150
H_2	14.425		

式(8.41)中，G，P，T，a 已知，故可求得小孔消声器喷口的有效面积 A_e。

8.6.3.2　小孔消声器的孔群几何总面积及小孔数

出口孔流与管流的有效面积总是小于几何面积，排气管的有效面积 A_1 与排气管的几何面积 A_t 的关系为

$$A_1=0.92A_t$$

小孔的有效面积 A_3 与小孔的几何面积 A 的关系为

$$A_3=0.62A$$

A_e/A_1 与 A_3/A_1 的关系由图 8.24 确定。由 A_t 求 A_1，由 A_e/A_1 查图 8.24 得 A_3/A_1，由 A_3 反求 A。A 就是小孔的总几何面积。

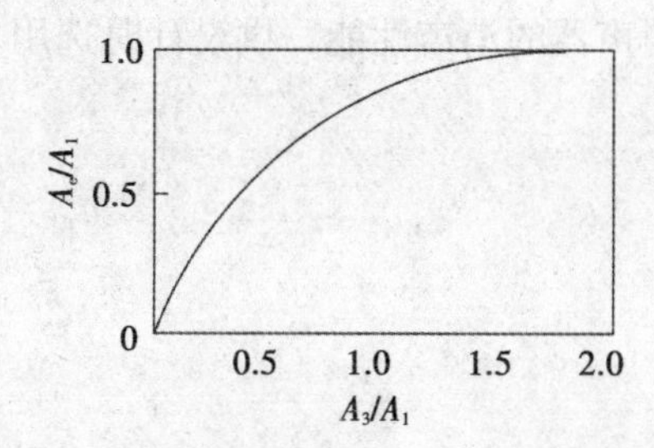

图 8.24　喷口的出口面积与小孔总有效面积的关系

根据实际条件选取孔径，即可得总孔数。考虑到小孔锈蚀、局部堵塞等原因，为保证排气安全，实际的小孔效应比计算的多，如可增加1倍。

实验证明，节流降压于小孔喷注复合消声器的消声值可达35~40 dB。小孔喷注($D \leq$ 4 mm)确有移频作用：空管排放时的噪声峰值为1~2 kHz；当小孔喷注孔径$D=2$ mm时，峰值频率移到4 kHz；当小孔喷注孔径$D=1$ mm时，峰值频率进一步升到8~16 kHz。

现场实验还表明，单层2 mm的小孔可消声16~21 dB(A)；单层1 mm的小孔可消声20~28 dB(A)。

8.6.4 多孔扩散消声器

多孔扩散消声器是根据气流通过多孔装置扩散后速度及驻点压力都会降低的原理而设计的。它多用多孔陶瓷、烧结金属、多层金属网等材料制成。这些材料本身还具有阻性材料的吸声作用。多孔扩散消声器的消声量可达30~50 dB(A)。图8.25给出了几种多孔扩散消声器的结构。

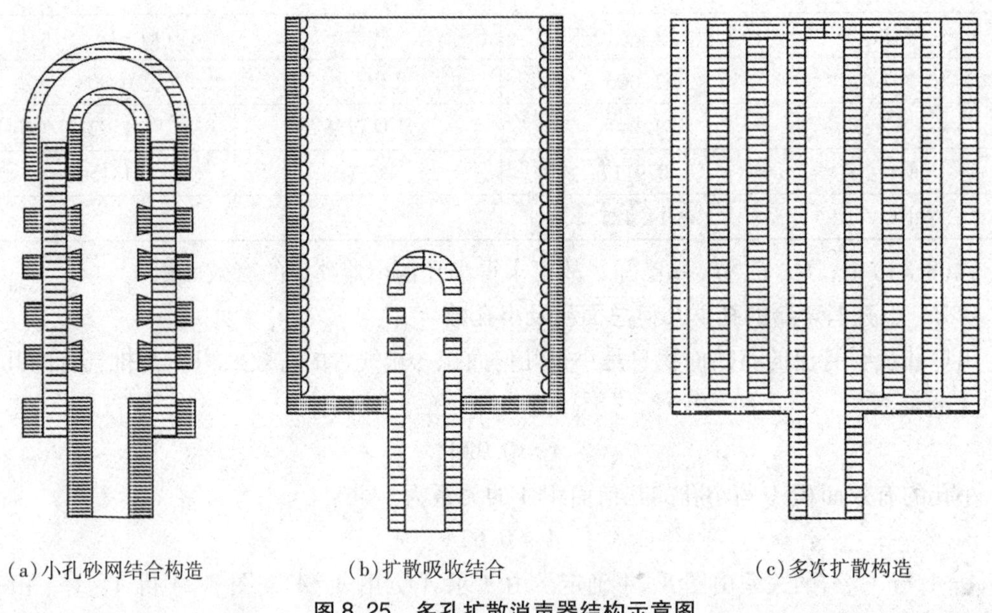

(a)小孔砂网结合构造　(b)扩散吸收结合　(c)多次扩散构造

图8.25 多孔扩散消声器结构示意图

表8.6给出了部分国产消声器的消声性能，供设计时选用参考。

表 8.6　国产消声器消声性能

类别	型号	用途	适用流量范围/($m^3 \cdot h^{-1}$)	消声量(ΔL_p)/dB(A)
阻性消声器	D 型(折板式) ZHZ-55 型(直管式) ZY 型(圆筒式) ZP 型(阻片式) Z_1型(改良折板式) Z_2型(圆管加芯式)	用于罗茨叶式鼓风机及高压离心式风机进、排气消声	75~15000 1680~6720 60~15000 7800~88200 75~12000 75~12000	≥30 > 25 20~25 20~30 > 20 > 20
	XZ-02 型	用于低压离心式风机进、排气消声	1330~11690	> 20
	XZ-03 型	用于高、中压离心风机进、排气消声	620~48800	20~25
	ZDL 型	用于中、低压离心风机进、排气消声	1000~350000	15~40
抗性消声器	CP 型(开孔扩压和迷路式)	用于柴油机排气消声	ϕ70~ϕ300	≥30
	CUK 型(多级扩容减压式)	用于锅炉排气放空消声	适用于锅炉容量为 1~65 t/h 出口压力为 40~350 N/cm²	—
阻抗复合式消声器	F 型	用于高压离心通风机进排气及封闭式机房进风口消声	2000~50000	≥25
	K 型(阻性和迷路抗性) KZK 型 J 型	用于空压机进气口消声	180~6000 90~15000 60~3600	20~25 > 30 20~25
	T701-6 型	用于空调采暖通风系统中的中、低压风机消声	2000~60000	低频 10~15 中频 15~25 高频 25~30
	P 型	用于锅炉排汽消声	适用压力为 10 ~ 1800 N/cm²	30~40

习　题

一、简答题

1. 何谓消声器？用它降低哪类噪声？
2. 一种消声器的优劣用哪些评价指标进行评价？
3. 一般把消声器分成哪几大类？说明它们各自的优缺点及适用条件。
4. 说明阻性消声器的消声原理和影响消声器消声量的因素。
5. 阻性消声器分几类？说明它们各自具有的特点和适用条件。
6. 抗性消声器分几类？说明它们各自的消声原理、特点和适用条件。
7. 说明微穿孔板消声器的消声原理。
8. 微穿孔板消声器是怎样构成的？为什么说它是阻抗复合消声器？
9. 微穿孔板消声器有哪些优缺点？
10. 通常采取哪些措施来降低放空排气噪声？简单说明其消声原理。
11. 简述选用或设计消声器的程序。

二、计算题

1. 如图 8.26 所示阻性消声器，若要求消声量为 30 dB，试问消声器的长度为多少才能满足要求？该消声器的上、下限截止频率为多少？

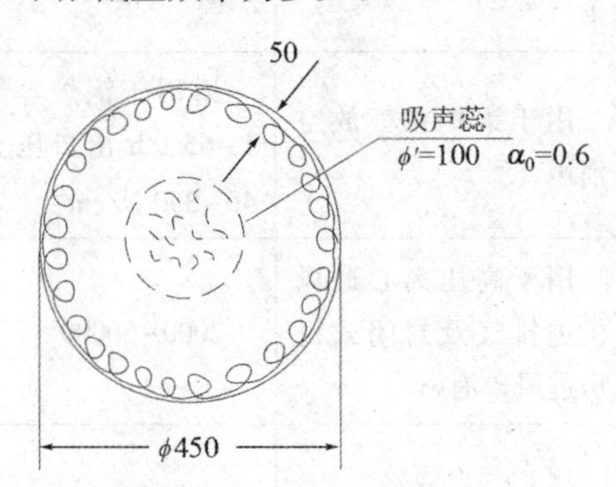

图 8.26　直管式消声器

2. 表 8.7 所列为一轴流风机入风口噪声频谱，试设计一个消声器安装在风机口处，使噪声降低为 N_{80} 曲线(风机入风口直径为 300 mm)。

表 8.7　风机入风口频谱

项目	倍频程中心频率/Hz						
	125	250	500	1000	2000	4000	8000
风机频谱/dB	93	96	108	103	101	93	80

3. 设一空压机在 150 Hz 有一噪声峰值，试设计一个扩张室消声器装在空压机进气口上(空压机进气口直径为 200 mm)，要求消声器在 150 Hz 上最少有 20 dB 的消声量。

三、思考论述题

结合本章知识，从消声器的作用角度，论述科技成果转化的重要性。

习题答案

第1章 绪 论

一、判断题

1. ✓ 2. ✓

二、简答题

1.（1）从生理与心理学角度，凡是不希望听到的声音，即噪声。

（2）在物理学上，由不同声强与不同频率的声波无规则组成的声音。

2. 在物理本质上，乐声的波形特点和频率特性均具有一定的规律性，而噪声则杂乱无章，没有规律性。

3. 噪声更侧重于从心理和心理角度描述声音，噪音则侧重于从物理角度描述。

三、思考论述题

答：本题论述要点为，噪声控制既是实现人民美好生活的一方面，也是建设实现美丽中国的一部分。

第2章 噪声控制的声学基础

一、单选题

1. A 2. D 3. A 4. A 5. A 6. B 7. C 8. D 9. A 10. A 11. D 12. A 13. A 14. A 15. B 16. D 17. C 18. B

二、判断题

1. ✓ 2. × 3. ✓ 4. ✓ 5. ✓ 6. ✓ 7. × 8. ✓ 9. × 10. ✓ 11. ✓ 12. ✓ 13. ✓ 14. ✓ 15. ✓ 16. ✓ 17. ✓ 18. ✓ 19. ✓ 20. ✓ 21. ✓ 22. × 23. ✓ 24. ✓ 25. ✓ 26. ✓ 27. ✓ 28. ✓ 29. × 30. × 31. ✓ 32. ✓

三、名词解释

1. 声压：大气压力的变化量。

2. 声强：单位时间内通过垂直于声传播方向上单位面积内的声能量流。

3. 声功率：单位时间内，声源辐射出来的总能量。

四、简答题

答：（1）声强与位置有关，不同位置处声强的大小可能不同；用于描述声场中某点的声能量的大小。（2）声功率与位置无关，对于给定的声源，其大小是恒定的；用于描述声源声能量的大小。

五、计算题

1. 解：由于人耳只有听到同一声音的时间间隔为 0.05 s 以上时才能听到自己讲话的回声，故设人离高墙的距离为 x 才能听到自己的回声，取声音的传播速度 $c_0=344$ m/s，则

$$\frac{2x}{344}=\frac{1}{20}$$

$$x=8.6\ \text{m/s}$$

2. 解：

（1）由管长 $l=vt_{管}=c_0t_{空}$ 得

$$\Delta t=t_{空}-t_{管}=\frac{l}{c_0}-\frac{l}{v}=\frac{l}{c_0v}(v-c_0)$$

（2）取 $v=6000$ m/s，$c_0=344$ m/s，当 $\Delta t=1.0$ s 时，则管长 l 为

$$l=\frac{c_0v\Delta t}{v-c_0}=\frac{344\times6000\times1}{6000-344}=364.92\ \text{m}$$

3. 解：由于点声源的波阵面为球面，根据声强的计算式 $I=\frac{\overline{W}}{S}$，得

$$I=\frac{\overline{W}}{4\pi r^2}=\frac{1}{4\times3.14\times1^2}=0.079\ \text{W/m}^2$$

4. 解：根据平均声能密度的计算式 $\varepsilon=\frac{p_e^2}{\rho_0c_0^2}$，得

$$\varepsilon=\frac{p_e^2}{\rho_0c_0^2}=\frac{p_e^2}{\rho_0c_0\cdot c_0}=\frac{0.1^2}{408\times344}=7.12\times10^{-8}\ \text{J/m}^3$$

5. 解：当声压单位为 Pa 时，根据声强的计算式 $I=\frac{p_e^2}{\rho_0c_0}$，得

$$p_e=\sqrt{10^{-12}\times10^4\times408}=0.002\ \text{Pa}$$

6. 解：根据运动方程 $p=\rho_0c_0u$，则声压可表示为

$$p=\rho_0c_0u=\rho_0c_0v_0\sin\omega t$$

令声压幅值为 p_A，则

$$p_A=\rho_0c_0v_0=1.21\times344\times1.5\times10^{-4}=0.062\ \text{N/m}^2$$

7. 解：$p_e=0.5\ \text{Pa}=0.5\ \text{N/m}^2$。

（1）声强为

$$I=\frac{p_e^2}{100\rho_0c_0}=\frac{5^2}{100}\times408=6.12\times10^{-4}\ \text{W/m}^2$$

（2）质点的振速为

$$v=\frac{P}{\rho_0c_0}=\frac{0.5}{408}=1.23\times10^{-3}\ \text{m/s}$$

（3）声能密度为

$$\overline{\varepsilon}=\frac{p^2}{\rho_0c_0^2}=\frac{0.5^2}{408\times344}=1.78\times10^{-6}\ \text{J/m}^3$$

六、思考论述题

答：本题论述要点为，基础科学、基础研究可推动技术创新、培养创新人才，促进经济可持续发展，提升国家竞争力，保障国家安全。

第3章　噪声的量度、危害及标准

一、单选题

1. B　2. D　3. A　4. A　5. A　6. A　7. B　8. A　9. A　10. D　11. B　12. B　13. B　14. A　15. C　16. D　17. B　18. A　19. A　20. D　21. C　22. C　23. A　24. B　25. C　26. D　27. A　28. B　29. C　30. C　31. B　32. B　33. D　34. A　35. A　36. A　37. B　38. C　39. D　40. A　41. A　42. B　43. C　44. D　45. B　46. A　47. B　48. C　49. C　50. C

二、判断题

1. ×　2. ✓　3. ✓　4. ✓　5. ✓　6. ×　7. ✓　8. ×　9. ✓　10. ✓　11. ×　12. ✓　13. ×　14. ✓　15. ×　16. ×　17. ×　18. ✓　19. ✓　20. ✓　21. ✓　22. ✓　23. ×　24. ✓　25. ✓　26. ✓　27. ×　28. ×　29. ✓　30. ✓　31. ✓　32. ✓

三、多选题

1. ABCD　2. ABCD　3. BCD

四、名词解释

1. 本底噪声：本底噪声也可称为背景噪声，由环境噪声和其他干扰噪声组成。

2. 倍频程：倍频程是频率作相对比较的单位，若频率轴某个频段上、下限频率比值为 $2n:1$，则该频率轴是按照 n 倍频程进行划分的。

3. 纯音：单频率的声音。

4. A 声级：采用 A 计权电路网络的声级计测量出来的数值。

五、简答题

1. 答：任意 4 个即可：

① 影响人的听力；

② 影响人的消化系统；

③ 容易导致心血管疾病；

④ 影响人的睡眠；

⑤ 影响儿童智力发育；

⑥ 影响人的心理。

2. 答：A 声级、等效连续声级、N 曲线。

六、计算题

1. 根据点声源发出球面波时的声压级与声功率级的关系式 $L_W = L_p + 20\lg r + 10.9$ 可知：

(1) $L_W = L_p + 20\lg r + 10.9 = 85 + 20\lg 5 + 10.9 \approx 110$ dB

根据声功率级的定义式可知

$$W = 10^{\frac{L_W}{10}} W_0 = 10^{\frac{110}{10}} \times 10^{-12} = 0.1\ \text{W}$$

（2）$L_p = L_W - 20\lg r - 10.9 = 110 - 20\lg 20 - 10.9 = 73\ \text{dB}$

2. 证明：根据声强与声压的关系式可知

$$I = \frac{p^2}{\rho_0 c_0},\ I_0 = \frac{p_0^2}{\rho_0 c_0}$$

故

$$\frac{I}{I_0} = \frac{\dfrac{p^2}{\rho_0 c_0}}{\dfrac{p_0^2}{\rho_0 c_0}} = \frac{p^2}{p_0^2}$$

根据声强级、声压级的定义式可得

$$L_I = 10\lg \frac{I}{I_0} = 10\lg \frac{p^2}{p_0^2} = 20\lg \frac{p}{p_0} = L_p$$

3.（1）由于声强级与声压级数值相等，依式 $L_W = L_p + 20\lg r + 11$ 可知

$$L_{p_5} + 20\lg 5 + 11 = L_{p_{10}} + 20\lg 10 + 11$$

由 $L_{p_{10}} = 80$ 知

$$L_{p_5} = L_{p_{10}} + 20\lg 10 - 20\lg 5 = 86\ \text{dB}$$

（2）根据闻阈声压级 $L_p = 0\ \text{dB}$，设距声源 x 处听不到声音，则

$$0 + 20\lg x + 11 = L_{p_{10}} + 20\lg 10 + 11$$

$$x = 10^5\ \text{m}$$

即在距离声源 10^5 m 远处听不到声音。

4. 根据分贝减法运算，被测机器的噪声级为

$$L_{ps} = 10\lg\left(10^{\frac{L_p}{10}} - 10^{\frac{L_{pB}}{10}}\right) = 10\lg\left(10^{\frac{100}{10}} - 10^{\frac{93}{10}}\right) = 99\ \text{dB}$$

5. 根据题意，可用日夜连续等效声级评价该地区的噪声影响。

由 $L_{dn} = 10\lg\left(\dfrac{15}{24}\times 10^{\frac{L_d}{10}} + \dfrac{9}{24}\times 10^{\frac{L_n+10)}{10}}\right)$ 知

$$L_{dn,1} = 10\lg\left(\frac{15}{24}\times 10^{\frac{75}{10}} + \frac{9}{24}\times 10^{\frac{46+10}{10}}\right) = 73$$

$$L_{dn,2} = 10\lg\left(\frac{15}{24}\times 10^{\frac{71}{10}} + \frac{9}{24}\times 10^{\frac{51+10}{10}}\right) = 69$$

可见 $L_{dn,1} > L_{dn,2}$。

6. 解：根据《工业企业噪声卫生标准》（试行草案），对于现有企业，A 声级为 99 dB 时为 1 h，声级每升高 3 dB，工作时间缩短一半，则 $111 - 99 = 12\ \text{dB}$，$\dfrac{12}{3} = 4$，即工作时间为$\dfrac{1}{2^4} = \dfrac{1}{16}\ \text{h} \approx 4\ \text{min}$。

7. 解：根据声压级的定义式 $L_p = 20\lg \dfrac{p}{p_0}$，有

$$L_{p_a} = 20\lg \frac{0.15}{2\times 10^{-5}} = 77.5\ \text{dB}$$

同理

$$L_{p_b}=103.6\ \text{dB},\ L_{p_c}=69.5\ \text{dB},\ L_{p_d}=52\ \text{dB}$$

七、思考论述题

1. 答：本题论述要点为，社会主义核心价值观包括富强、民主、文明、和谐、自由、平等、公正、法治、爱国、敬业、诚信、友善；减少生产生活噪声排放，自觉遵守公共秩序，尊重他人权益，既利于环境保护和公共健康，也是弘扬社会主义核心价值观的表现。

2. 答：本题论述要点为，联系社区管理部门或物业管理公司，按照环境噪声排放标准等法律法规的相关要求，依法维护个人合法权益。

第4章　声波在大气与管道中的传播

一、单选题

1. A　2. B　3. C　4. A　5. A　6. B

二、判断题

1. ×　2. ✓　3. ✓　4. ✓　5. ✓　6. ×　7. ✓　8. ✓　9. ×　10. ✓　11. ✓　12. ✓　13. ×　14. ×

三、简答题

1. 答：存在扩散衰减、吸声衰减和散射衰减。

2. 答：由于声波在钢材中传播的速度较大，故比空气传播得快；由于声波在钢材中的声压衰减系数较小，故比空气中传播得远。

3. 答：声波在管道中传播时由于管壁的束缚作用，较少部分的声能量通过管壁传播出去，故在管道中传播时比在大气中传播得远。

四、计算题

1. 答：根据题意，声压衰减系数 $a=1.26\times10^{-3}$ dB/m。

（1）吸收衰减量：

$$\Delta L_{p_1}=8.7ax=8.7\times1.26\times10^{-3}(r-r_0)=0.011(r-r_0)$$

（2）扩散衰减量：

$$\Delta L_{p_2}=20\lg\frac{r}{r_0}$$

（3）总衰减量：

$$\Delta L_p=\Delta L_{p_1}+\Delta L_{p_2}$$

（4）r 处的声压级：

$$\Delta L_p=\Delta L_{p0}-\Delta L_p$$

计算结果见下表：

r/m	ΔL_{p_1}	ΔL_{p_2}	ΔL_p	L_p
50	0.5	20	20.5	99.5
100	1	26	27	93
500	5.4	40	45.4	74.6

2. 点声源的声压级扩散衰减量的计算式为 $\Delta L_p=20\lg\frac{r}{r_0}$。

由题意可知，$\Delta L_p=90-50=40$ dB，代入上述计算式可知 $r=500$ m。

3. 解：

（1）根据直线管道声压级衰减量的计算式 $\Delta L_p=1.1\frac{\alpha}{R_n}l$ 可知，声波通过石棉瓦管的衰减量为

$$L_a=1.1\times\frac{0.07}{\frac{\pi r^2}{2\pi r}}l=1.1\times\frac{2\alpha}{r}l=1.1\times\frac{2\times0.07}{0.15}\times95=97.5\ \text{dB}$$

（2）同理，当采用钢板制作时，声压衰减系数为0.027 dB/m，那么声波通过钢板管道的衰减量为

$$L_a=1.1\times\frac{\alpha}{\frac{\pi r^2}{2\pi r}}l=1.1\times\frac{2\alpha}{r}l=1.1\times\frac{2\times0.027}{0.15}\times95=37.6\ \text{dB}$$

4. 由于声压衰减系数为0.004 dB/m，根据空气吸收衰减量的计算式可知

吸收衰减量：

$$\Delta L_{p_1}=8.7a(x_2-x_1)=0.0348(x_2-x_1)$$

扩散衰减量：

$$\Delta L_{p_2}=20\lg\frac{x_2}{x_1}$$

总衰减量：

$$\Delta L_p=0.0348(x_2-x_1)+20\lg\frac{x_2}{x_1}$$

由于宿舍周围噪声标准为50 dB，为了达标，总衰减量应为

$$\Delta L_p=\Delta L_{p_1}-L_p\geqslant 92-50=42\ \text{dB}$$

由此，可得 $x_2\geqslant330$ m。

五、思考论述题

答：根据声波在管道内传播的影响因素展开论述，具体包括管道壁面的吸声系数、壁面对声波的反射等。相对于大气开敞空间，由于管道内声波的反射作用，声波的能量大部分被约束在管道内，不会沿着管道形成快速的能量衰减；同时，竹管内壁光滑、吸声系数小，对管内声波的吸声能力有限。故声波可以在竹管内传播得很远。

第5章　室内声学原理

一、单选题

1. C　2. D　3. A　4. A　5. C　6. C　7. D　8. A　9. A

二、判断题

1. ✓　2. ✓　3. ×　4. ×　5. ✓　6. ✓　7. ✓　8. ✓　9. ✓　10. ✓　11. ✓

12. × 13. × 14. ✓ 15. × 16. ✓ 17. ✓

三、名词解释

1. 直达声场：由声源直接发出的声线组成的声场。

2. 混响声场：由直达声的声线经一次或多次反射后的声线组成的声场。

3. 平均自由程：两次反射之间的平均距离或反射声线每与壁面发生一次反射应走的路程。

4. 混响时间：声压级降低 60 dB 所需要的时间。

四、简答题

1. 答：① 自由声场内没有反射声线，室内声场存在反射声线；

② 自由声场内的声压级随距离声源的远近衰减得快，而室内声场相对较慢；

③ 距离同一声功率声源同样远时，自由声场的声压级低于混响声场的声压级；

④ 自由声场只存在直达声场，室内声场则包括直达和混响两个声场。

2. 答：影响因素有声源的声功率、距离声源的距离、房间的总表面积、房间壁面的平均吸声系数、声源的指向性。

3. 答：可以根据临界距离 $r_0=\frac{1}{4}\sqrt{\frac{R}{\pi}}$ 进行判断。当距离小于临界距离时，以直达声为主；反之，以混响声为主。

4. 答：根据混响时间计算式 $T_{60}=0.161\frac{V}{S\,\overline{\alpha}}$，可改变的房间参数包括：房间的体积（可通过吊顶调整）、房间壁面的平均系数、房间壁面的总面积。

5. 答：足够的响度，形成扩散的声场，有最佳的混响时间，消除音质缺陷。

五、计算题

1. 解：各壁面的表面积分别为

地板：

$$S_1=12.19\times21.33=260\ \text{m}^2,\ \alpha_2=0.1$$

墙：

$$S_2=(12.19\times2+21.33\times2)\times3.656=245.1\ \text{m}^2,\ \alpha_2=0.2$$

天花板：

$$S_3=S_1=260\ \text{m}^2,\ \alpha_2=0.7$$

故

$$\overline{\alpha}=\sum\frac{S_i\alpha_i}{S}=\frac{260\times0.1+245.1\times0.2+260\times0.7}{260+245.2+260}=0.34$$

2. 解：本题根据公式 $T_{60}=0.161\frac{V}{S\,\overline{\alpha}}$ 计算。根据已知条件，可求得

$$V=6.096\times4.57\times3.66=101.96\ \text{m}^3$$

$$S=(6.096\times4.57\times2)+(6.096\times3.66\times2)+(4.57\times3.66\times2)=133.8\ \text{m}^2$$

$$S\,\overline{\alpha}=133.8\times0.2=26.76\ \text{m}^2$$

代入公式，可解得

$$T_{60}=0.161\times\frac{101.96}{26.76}=0.61\ \text{s}$$

3. 解：壁面吸声系数 $\bar{\alpha}=0.01$，故

$$T_{60}=0.161\frac{V}{S\bar{\alpha}}=0.161\times\frac{94.5}{127.5\times0.01}=12\ \text{s}$$

4. 解：房间各表面的面积分别为

地板：

$$S_1=5.2\times6.1=31.72\ \text{m}^2,\ \alpha_1=0.2$$

墙：

$$S_2=(5.2\times2+6.1\times2)\times3.7=83.62\ \text{m}^2,\ \alpha_2=0.45$$

天花板：

$$S_3=S_1=31.72\ \text{m}^2,\ \alpha_3=0.6$$

平均吸声系数：

$$\bar{\alpha}=\frac{31.7\times0.2+83.62\times0.45+31.72\times0.6}{31.72+83.62+31.72}=0.43$$

5. 解：房间内侧面积为

$$S=6.1\times5.1\times2+6.1\times3.7\times2+5.1\times3.7\times2=145.1\ \text{m}^2$$

房间体积为

$$V=6.1\times5.1\times3.7=115.107\ \text{m}^3,\ \bar{\alpha}=0.3$$

根据声压级的衰减量与时间的关系式 $10\lg(1-\alpha)^{\frac{c_0S}{4V}T_{40}}=-40$，可知

$$T_{40}=-\frac{16V}{c_0S\lg(1-\alpha)}=-\frac{16\times115.07}{344\times145.1\times\lg(1-0.3)}$$

解得 $T_{40}=0.24$ s。

6. 解：稳态声场的声能密度公式为

$$\bar{\varepsilon}=\overline{\varepsilon_D}+\overline{\varepsilon_R}=\frac{W}{4\pi r^2c}+\frac{4W}{cR_V}$$

房间总表面积

$$S=(7.62\times6.096\times2)+(7.62\times3.66\times2)+(6.096\times3.66\times2)=193.3\ \text{m}^2$$

房间常数

$$R=\frac{\bar{\alpha}S}{1-\bar{\alpha}}=\frac{0.2\times193.3}{1-0.2}=48.3\ \text{m}^2$$

已知 $r=4.57$，$W=2$，则根据公式可求得

$$\bar{\varepsilon}=\frac{2}{4\pi\times4.57^2\times344}+\frac{4\times2}{344\times48.3}=5.0\times10^{-4}\ \text{J/m}^3$$

7. 解：（1）由式 $L_W=10\lg\frac{W}{W_0}=120$ dB，可得声源的声功率为

$$W=10^{12}W_0=10^{12}\times10^{-12}=1\ \text{W}$$

由于在自由声场中仅存在直达声场，故 $\bar{\varepsilon}=\frac{QW}{4\pi r^2c_0}$。已知 $Q=4$，$W=1$，$r=25$，则

$$\overline{\varepsilon}=\frac{4\times1}{4\times3.14\times25^2\times344}=1.48\times10^{-6}\ \mathrm{J/m^3}$$

（2）将声源移至另一车间后，车间内侧面积为

$$S=30\times8\times2+(30+8)\times2\times3.66=758.16\ \mathrm{m^2}$$

体积为

$$V=30\times8\times3.66=878.4\ \mathrm{m^3}$$

已知平均吸声系数为 $\overline{\alpha}=0.2$，则可求得房间常数为

$$R=\frac{S\overline{\alpha}}{1-\overline{\alpha}}=\frac{758.16\times0.2}{1-0.2}=189.54\ \mathrm{m^2}$$

房间声能密度公式为 $\overline{\varepsilon}=\overline{\varepsilon_D}+\overline{\varepsilon_R}=\frac{W}{c_0}\left(\frac{4}{R}+\frac{Q}{4\pi r^2}\right)$，因此可得

$$\overline{\varepsilon}=\frac{1}{344}\times\left(\frac{4}{189.54}+\frac{4}{4\times3.14\times25^2}\right)=6.3\times10^{-5}\ \mathrm{J/m^3}$$

8. 解：房间常数 $R=\frac{S\overline{\alpha}}{1-\overline{\alpha}}=(2\times20\times15+2\times20\times7+2\times15\times7)\times\frac{0.35}{1-0.35}=603.7\ \mathrm{m^2}$

由公式 $\overline{\varepsilon_R}=\frac{4W}{Rc_0}$ 和 $\varepsilon_R=\frac{p^2}{\rho_2c_0^2}$ 可知，$\frac{4W}{R}=\frac{p^2}{\rho_0c_0}$，则可求得

$$W=\frac{R}{4}\cdot\frac{p^2}{\rho_0c_0}=\frac{603.7}{4}\times\frac{1.5^2}{408}=0.83\ \mathrm{W}$$

9. 解：房间内侧面积为

$$S=22.9\times15.2\times2+22.9\times6.1\times2+15.2\times6.1\times2=1161\ \mathrm{m^2}$$

房间体积为

$$V=22.9\times15.2\times6.1=2123.3\ \mathrm{m^3}$$

由公式 $T_{60}=0.161\frac{V}{S\alpha}$ 得吸声系数 $\alpha=\frac{0.161V}{T_{60}S}=\frac{0.161\times2123.3}{2\times1161}=0.147$。

由声压级降低量的关系式 $-\Delta L_p=10\lg(1-\alpha)^{\frac{c_0S}{4V}T}$ 知，当关闭声源 1 s 时，声压级的降低量为

$$10\lg(1-0.147)^{\frac{344\times1161}{4\times2123.3}\times1}=-32\ \mathrm{dB}$$

声源的声功率级为

$$L_W=10\lg\frac{W}{W_0}=10\lg\frac{1}{10^{-12}}=120$$

可求得房间常数为

$$R=\frac{S\alpha}{1-\alpha}=\frac{1161\times0.147}{1-0.147}=200$$

声源关闭前，室内混响声压级为

$$L_{p_R}=L_W+10\lg\frac{4}{R}=120+10\lg\frac{4}{200}=120-17=103\ \mathrm{dB}$$

关闭声源 1 s 后室内混响声压级为

$$L_p=103-32=71\ \mathrm{dB}$$

10. 解：（1）平均自由程：

$$\bar{L}=\frac{4V}{S}=\frac{4\times50\times40\times10}{2\times(50\times40+50\times10+40\times10)}=13.80\ \text{m}$$

（2）房间常数：

$$\bar{\alpha}=\frac{\sum_{i=1}\alpha_i S_i}{S}=\frac{50\times40\times0.2+2\times(50+40)\times10\times0.4+50\times40\times0.3}{2(50\times40+50\times10+40\times10)}=0.3$$

$$R=\frac{S\bar{\alpha}}{1-\bar{\alpha}}=\frac{0.3}{1-0.3}\times2\times(50\times40+50\times10+40\times10)=2485.7\ \text{m}^2$$

（3）混响时间：

$$T_{60}=0.161\frac{V}{\bar{\alpha}S}=0.161\times\frac{50\times40\times10}{5800\times0.3}=0.161\times\frac{50\times40\times10}{5800\times0.3}=1.85\ \text{s}$$

（4）直达声能密度、混响声能密度：

$$\varepsilon_D=\frac{W}{4\pi r^2 c_0}=\frac{1}{4\pi\times5^2\times344}=9.25\times10^{-6}\ \text{J/m}^3$$

$$\varepsilon_R=\frac{4W}{Rc_0}=\frac{4}{2485.7\times344}=4.67\times10^{-6}\ \text{J/m}^3$$

（5）混响半径：

$$r_c=\frac{1}{4}\sqrt{\frac{R}{\pi}}=\frac{1}{4}\sqrt{\frac{2485.7}{\pi}}=7.03\ \text{m}$$

11. 解：（1）房间的总表面积：

$$S=20\times8\times2+20\times4\times2+8\times4\times2=320+160+64=544\ \text{m}^2$$

房间体积：

$$V=20\times8\times4=640\ \text{m}^3$$

根据混响时间的计算式，得房间壁面的平均吸声系数为

$$\bar{\alpha}=0.161\frac{V}{ST_{60}}=0.161\times\frac{640}{544\times2}=0.095$$

故房间常数为

$$R=\frac{\bar{\alpha}S}{1-\bar{\alpha}}=\frac{0.095\times544}{1-0.095}=\frac{51.68}{0.905}=57.1\ \text{m}^2$$

根据混响声压级的计算式 $L_{p_R}=L_W+10\lg\frac{4}{R}$，得

$$L_{p_R}=L_W+10\lg\frac{4}{R}=120+10\lg\frac{4}{57.1}=120-12=108\ \text{dB}$$

（2）设稳态声压级为 L_p，根据题意 $L_p'=108+1=109$ dB，悬挂在房间中央 $Q=1$，则由式

$$L_p'=L_W+10\lg\left(\frac{Q}{4\pi r^2}+\frac{4}{R}\right)$$

可求得

$$r=\left[\frac{Q}{4\pi\left(10^{\frac{L_p-L_W}{10}}-\frac{4}{R}\right)}\right]^{\frac{1}{2}}=2.9\ \text{m}$$

12. 解：（1）首先求解房间的平均吸声系数。

墙面积：

$$S_1=(9.1+5.24)\times2\times4.6=131.928\ \text{m}^2$$

地面、天花板面积：

$$S_2=S_3=9.1\times5.24=47.68\ \text{m}^2$$

房间壁面的平均系数为

$$\bar{\alpha}=\frac{\sum_{i=1}\alpha_iS_i}{S}=\frac{131.928\times0.1+47.68\times0.8+47.68\times0.01}{131.928+47.68\times2}=0.187$$

（2）房间常数：

$$R=\frac{S\bar{\alpha}}{1-\bar{\alpha}}=\frac{227.3\times0.187}{1-0.187}=52.3\ \text{m}^2$$

（3）根据声功率级的定义，声源 1，2 在 A 点造成的声功率级分别为

$$L_{W_1}=10\lg\frac{1}{10^{-12}}=120\ \text{dB}$$

$$L_{W_2}=10\lg\frac{0.5}{10^{-12}}=116.99\ \text{dB}$$

（4）声源 1，2 在 A 点造成的声压级分别为

$$L_{p_1}=L_{W_1}+10\lg\left(\frac{1}{4\pi r_1^2}+\frac{4}{R}\right)=120+10\lg\left(\frac{1}{4\pi\times6.1^2}+\frac{4}{52.3}\right)=109\ \text{dB}$$

$$L_{p_2}=L_{W_2}+10\lg\left(\frac{1}{4\pi r_1^2}+\frac{4}{R}\right)=116.99+10\lg\left(\frac{1}{4\pi\times4.6^2}+\frac{4}{52.3}\right)=106\ \text{dB}$$

（5）两个声源在 A 点造成的总声压级为

$$L_p=10\lg(10^{10.9}+10^{10.6})=110\ \text{dB}$$

13. 解：房间总表面积为

$$S=(16.1\times9.14\times2)+(16.1\times4.57\times2)+(4.57\times9.14\times2)=525\ \text{m}^2$$

房间壁面的平均吸声系数为

$$\bar{\alpha}=0.161\frac{V}{ST_{60}}=0.161\times\frac{672.5}{525\times0.7}=0.2946$$

房间常数为

$$R=\frac{S\bar{\alpha}}{1-\bar{\alpha}}=\frac{525\times0.2946}{1-0.2946}=219.3\ \text{m}^2$$

则距声源 5.2 m 处的声压级为

$$L_p=L_W+10\lg\left(\frac{1}{4\pi r^2}+\frac{4}{R}\right)=120+10\lg\left(\frac{1}{4\times3.14\times5.2^2}+\frac{4}{219.3}\right)=103\ \text{dB}$$

14. 解：声源在房间 1 造成的声压级为

$$L_{p_1}=L_W+10\lg\frac{4}{R}=123+10\lg\frac{4}{186}=106.3\ \text{dB}$$

房间 2 靠近墙处的声压级为

$$L_{p_2}=L_{p_1}-TL+10\lg\left(\frac{1}{4}+\frac{S_w}{R_2}\right)$$

已知 $TL=28$，$S_w=6.1\times3.7=22.57\ \text{m}^2$，$R_2=227$，$L_{p_1}=106.3$ dB，可求得

$$L_{p_2}=73.7\ \text{dB}$$

15. 解：声源在房间 1 造成的声压级为(忽略直达声)

$$L_{p_1}=L_W+10\lg\frac{4}{R_1}=120+10\lg\frac{4}{9.29}=116.34\ \text{dB}$$

已知 $L_{p_2}=75$，$S_w=7.62\times4.57=34.82\ \text{m}^2$，$R_2=139.35$ dB，根据隔墙隔声量的计算式 $TL=L_{p_1}-L_{p_2}+10\lg\left(\frac{1}{4}+\frac{S_w}{R_2}\right)$，可求得

$$TL=38.3\ \text{dB}$$

16. 解：房间的总表面积 $S=2\times15\times20+2\times20\times3+2\times15\times3=810\ \text{m}^2$

房间的体积为

$$V=15\times20\times3=900\ \text{m}^3$$

根据混响时间 $T_{60}=0.161\frac{V}{S\bar{\alpha}}$的计算式，得$\bar{\alpha}=0.089$。

由房间常数 $R=\frac{\bar{\alpha}S}{1-\bar{\alpha}}$，得房间常数 $R=79\ \text{m}^2$。

17. 解：由题意可知，$Q=2.5$，$r=7.62$ m，$R=95.22\ \text{m}^2$，$L_p=110$ dB。

根据稳态声场声压级的计算式 $L_p=L_W+10\lg\left(\frac{Q}{4\pi r^2}+\frac{4}{R}\right)$，得

$$L_W=L_p-10\lg\left(\frac{Q}{4\pi r^2}+\frac{4}{R}\right)=110-10\lg\left(\frac{2.5}{4\pi\times7.62^2+\frac{4}{95.22}}\right)$$

$$=123.4\approx123\ \text{dB}$$

18. 解：已知隔墙面积 $S_w=7.62\times4.57=34.82\ \text{m}^2$，$TL=30$ dB，$R_2=139.85\ \text{m}^2$，$L_{p_1}=108$ dB。将各量代入 $L_{p_2}=L_{p_1}-TL+10\lg\left(\frac{1}{4}+\frac{S_w}{R_2}\right)$，可得

$$L_{p_2}=108-30+10\lg\left(0.25+\frac{34.82}{139.35}\right)=75\ \text{dB}$$

六、思考论述题

答：本题论述要点为，永攀科学高峰、提高科技创新能力不仅有助于认识世界，而且可以改变世界，进而影响人们的生产生活。

第6章 吸 声

一、单选题

1. C 2. C 3. B 4. D 5. D 6. A 7. A 8. C 9. A 10. B 11. C 12. B

二、判断题

1. ✓ 2. × 3. ✓ 4. × 5. × 6. ✓ 7. ✓ 8. × 9. ✓ 10. ✓ 11. ✓ 12. ✓ 13. × 14. ✓ 15. ✓ 16. ✓ 17. ✓ 18. ✓ 19. ✓ 20. ✓ 21. ✓ 22. ✓ 23. ✓ 24. ✓ 25. ✓ 26. ✓ 27. × 28. ✓ 29. × 30. ✓ 31. × 32. ✓ 33. × 34. ✓ 35. × 36. ✓ 37. ✓ 38. × 39. ✓ 40. ✓

三、简答题

1. 答：① 表面多孔，且口朝外敞开。

② 孔隙率高。

③ 孔和孔相互连通。

2. 答：① 声波入射到材料上引起孔洞中的空气振动，骨架不动，骨架对空气运动有阻力，声能转换成热能消耗掉。

② 声波入射到材料上，空气绝热压缩，温度升高，空气膨胀，温度降低。空气与骨架之间发生热交换。声能→热能→消耗掉。

3. 答：① 贴在墙面和天花板上吸收混响声。

② 贴在隔声罩内表面，提高隔声量 TL。

③ 作消声器内衬。

④ 堵塞孔洞，防止噪声传递。

⑤ 改变房间的混响时间。

4. 答：材料本身的性质、材料背面的条件、材料的施工条件、声波入射角度及入射声音的频率。(任选 3 个)

5. 答：① 膜共振吸声结构；② 板共振吸声结构；③ 微穿孔板吸声结构；④ 穿孔板；⑤ 共振腔吸声结构。

6. 答：驻波管法和混响时间法。

四、名词解释

1. 消声室：在室内六面都铺设吸声材料或吸声结构，使室内达到自由声场条件的房间。

2. 吸声系数：吸声材料吸收的声能与入射声能的比值。

五、计算题

1. 解：(1) 墙面的面积：

$$S_{墙}=(24.4+12)\times2\times5=364\ \mathrm{m}^2$$

天花板、地板的面积：

$$S_{天花板}=S_{地板}=24.4\times12=292.8\ \mathrm{m}^2$$

房间壁面的平均吸声系数：

$$\overline{\alpha}=\frac{364\times0.25+292.8\times(0.05+0.15)}{364+292.8\times2}=0.16$$

根据混响时间的定义式，得

$$T_{60}=\frac{0.161V}{S\overline{\alpha}}=\frac{0.161\times1464}{949.6\times0.16}=1.6\ \text{s}$$

（2）房间各壁面的吸声量：

$$A_{墙}=364\times0.8\times0.68+364\times0.2\times0.25=216.2\ \text{m}^2$$

$$A_{天}+A_{地}=292.8\times(0.05+0.15)=58.56\ \text{m}^2$$

$$A=216.2+58.56=274.76\ \text{m}^2$$

此时，房间的混响时间为

$$T_{60}=\frac{0.161V}{A}=\frac{0.161\times1464}{274.76}=0.86\ \text{s}$$

2. 解：根据吸声处理减噪量的计算式 $\Delta L_p=10\lg\frac{\overline{\alpha_2}}{\overline{\alpha_1}}$，可知 $90-85=10\lg\frac{\overline{\alpha_2}}{0.1}$，即 $\overline{\alpha_2}=0.32$。

六、思考论述题

答：本题论述要点为，吸声减噪材料既包括频带宽、高频吸声能力强的多孔吸声材料，也包括频带窄、低频吸声能力强的吸声结构。根据实地调查，在确定噪声频谱特性的基础上，才能选出科学合理的吸声减噪材料，实现噪声控制措施的科学性和经济性。

第7章 隔 声

一、单选题

1. B 2. A 3. A 4. D 5. D 6. A 7. B 8. D 9. B 10. B 11. C 12. A 13. A

二、判断题

1. ✓ 2. ✓ 3. × 4. ✓ 5. ✓ 6. ✓ 7. ✓ 8. ✓ 9. ✓ 10. ✓ 11. ✓ 12. ✓ 13. ✓ 14. ✓ 15. ✓ 16. ✓ 17. ✓ 18. ✓ 19. ✓ 20. ✓ 21. ✓ 22. ✓ 23. ✓ 24. ✓ 25. ✓ 26. × 27. ✓ 28. ✓ 29. ✓ 30. ✓ 31. ✓ 32. ✓ 33. × 34. ✓ 35. ✓

三、简答题

1. 答：当平面声波以一定入射角射向构件时，将激起构件进行弯曲振动，它在构件内以弯曲波的形式向前行进。当入射波频率达到某一频率时，构件中弯曲波的波长正好等于空气中入射波波长在构件上的投影，便发生了波的吻合。此时，透射声波几乎以原来不变的声强向前传播，故隔声量显著下降，不再遵守质量作用定律，这种现象称为“吻合效应”。

2. 答：多层复合墙是利用声波在不同介质界面上发生反射的原理进行隔声的。

3. 答：① 隔声墙；② 隔声值班室；③ 隔声罩；④ 隔声屏。

4. 答：单层墙、双层墙、多层复合墙、隔声窗、隔声门。

5. 答：入射声波的频率、隔声构件的面密度、孔洞或缝隙、构件上的吸声材料或阻尼层。

6. 答：共包含三步：① 根据隔墙上各构件的隔声量计算各自的透射系数；② 根据①中的透射系数和各构件的面积，计算综合透射系数；③ 根据②中综合透射系数计算综合隔声量。

7. 答：① 增加罩壁材料单位面积的质量；② 罩内部增加阻尼层；③ 罩内敷设吸声能力大的材料；④ 避免孔洞缝隙。(任选 3 个)

8. 答：隔声量是指罩内外两侧附近两个点处声压级的差值，即噪声的降低量。对于一定的隔声罩而言，其值是恒定的，因此当罩内声压级的值较高时，罩外的声压级的数值也会升高，是罩内外两个点的声压差。

隔声罩的插入损失是指罩外某一点处(在感兴趣的区域)，在隔声罩放置前后该点声压级的差值，因此仅和罩外某点的声压级有关，与罩内无关，是一个点的声压差。

9. 答：① 自然通风冷却；② 外加风机冷却法；③ 罩内负压吸风；④ 罩内空气循环通风冷却法。

10. 答：① 玻璃与窗扇、窗扇与窗框、窗框与墙之间有良好的密封；

② 在隔声要求较高的地方尽可能采用固定窗；

③ 玻璃之间的距离最好不小于 50~70 mm；

④ 两层玻璃不要平行，以防共振；

⑤ 两层玻璃的厚度要有较大的差别，以弥补两层玻璃的吻合效应，如 5 mm 和10 mm 及 3 mm 和 6 mm。(任选 4 个)

四、计算题

1. 解：混凝土墙单位面积的质量为

$$M_2 = 2.4\times1000\times0.15 = 360\ \mathrm{kg/m^2}$$

根据质量作用定律可知

$$TL_{500} = 18\lg360+12\lg500-25 = 53\ \mathrm{dB}$$

同理有

$$TL_{1000} = 57\ \mathrm{dB}$$

2. 解：(1) 根据墙体及窗的隔声量，可知综合透射系数为

$$\tau_{综} = \frac{(10-2)\times10^{-\frac{20}{10}}+2\times10^{-\frac{10}{10}}}{10} = 2.8\times10^{-2}$$

综合隔声量为

$$TL_{综} = 10\lg\frac{1}{2.8\times10^{-2}} = 15.5\ \mathrm{dB}$$

(2) 同理，若 $TL_{墙} = 50$ dB，则 $TL_{综} = 17$ dB。

(3) 若 $TL_{墙} = 20$ dB 不变，$TL_{窗}$ 提高到 15 dB，采用同样计算方法，得 $TL_{综} = 18.4$ dB。

3. 解：根据题意，钢板的面密度为 $M = 7800\times0.003 = 23.4\ \mathrm{kg/m^2}$。

(1) 根据质量定律式(7.6)，罩的隔声量为 $TL = 18\lg23.4+12\lg1000-25 = 35.65$ dB。

(2) 根据罩实际隔声量的计算式，$34 = 35.65+10\lg\bar{\alpha}$，得 $\alpha = 0.6839$。

4. 答：(1) 隔声罩罩壁的隔声量为 $TL_{罩} = 10\lg\dfrac{1}{\tau} = 10\lg\dfrac{1}{2\times10^{-4}} = 37$ dB。

由 $TL_{实}=TL_{罩}+10\lg\alpha$，得 $30=37+10\lg\overline{\alpha}$，即 $\overline{\alpha}=0.2$。

（2）在罩上开了占罩面积1%的孔后，设墙的总面积为 S，则开孔后墙的综合透射系数为

$$\tau_{综}=\frac{0.99S\tau_{壁}+0.01S\tau_{孔}}{S}$$

由于 $\tau_{孔}=1$，$\tau_{壁}=2\times10^{-4}$，因此

$$\tau_{综}=\frac{0.99S\times2\times10^{-4}+0.01S\times1}{S}=\frac{1.98\times10^{-4}+10^{-2}}{1}=1.02\times10^{-2}$$

根据隔声量的定义式，得

$$TL_{综}=10\lg\frac{1}{1.02\times10^{-2}}=20\ \text{dB}$$

根据隔声罩实际隔声量的计算式，得

$$TL_{实}=20+10\lg0.2=13\ \text{dB}$$

原罩的实际隔声量为30 dB，故开孔后罩的隔声量降了30-13=17 dB。

为改善其隔声效果，应在其出入风口处装消声量与原罩壁隔声量相等且消声量最小为30 dB 的消声器。

五、思考论述题

答：本题论述要点为，工程伦理教育有助于提高噪声工程设计人员的职业操守、项目管理能力和社会责任意识，进而对个人及企业产生积极影响。

第8章　消声器

一、简答题

1. 答：消声器是用于通风管道中，借助消声技术，在保证气流通过的同时能使噪声降低的一种装置。凡是以气流噪声为主的噪声控制问题，均可通过在进、排气口安装消声器来降低噪声。消声器广泛应用在通风机、鼓风机、压缩机、内燃机和各种高速气流排放的噪声控制中，它可使这些机器进出口噪声降低20~50 dB。

2. 答：评价消声器的性能，应综合考虑声学、空气动力学和结构性能等要求，归纳起来有三项：足够的消声量；较低的通风阻力；结构简单，性能稳定。另外，消声器应具有较好的结构刚性，不得受激振而辐射再生噪声。

3. 答：消声器可分为阻性、抗性和阻抗复合式消声器。阻性消声器对高频声消声效果好，消声量大，消声频带宽，制作简单，性能稳定。阻性消声器的缺点是对低频声消声效果差，不适宜在高温、油污、粉尘等环境下使用。抗性消声器构造简单、耐高温、耐气体侵蚀和冲击。在噪声控制工程中，阻抗复合消声器应用很广，对于高声强的宽频带的噪声，一般都是用抗性复合式消声器进行控制的。

4. 答：阻性消声器是利用声阻进行消声的，所以在推导消声值的计算公式时，仅仅考虑到声阻的作用，而忽略声抗的影响。当声波通过衬贴有多孔吸声材料的管道时，声波将激发多孔材料中无数小孔内空气分子的振动，其中一部分声能用于克服摩擦阻力和黏滞力，从而变为热能。一般来说，阻性消声器吸声频带较宽，有良好的中高频消声性能，特

别是对刺耳的高频噪声有突出的消声作用；它对低频噪声消声性能差，但只要适当地增加吸声材料的厚度和密度，低中频消声性能也会大大改善。

5. 答：(1)管式消声器。它的优点是结构简单，气流阻力小，对中高频噪声有一定的消声量。为了保证一定的消声量，直管式消声器的直径 D 一般不大于 300 mm，若来气管道直径大于 300 mm 而小于 500 mm，则可选用双圆筒式消声器。

(2)片式消声器。当气流流量较大需要较大断面的消声器时，为使气流通道断面周长与断面之比增加，可在直管内插入板状吸声片，将大断面分隔成几个小断面。

(3)折板式消声器。它是片式消声器的变型。这种消声器可以增加声波在消声器中传播的路程，使声波更多地接触吸声材料，增加消声性能。特别是对中高频声波，它能增加传播途径中的反射次数，这就大大提高了对中高频噪声的消声效果。隔板的弯折，使消声量有所提高，相应的风阻力也有所增加，因此，为了不过大地增加阻力损失，曲折度以不透光为佳。

(4)正弦波形消声器。它是为了减少通风阻力，通过折板式消声器改造而成的。由于消声片的厚度有较大变化，不仅使它具有折板式消声器的优点，而且能增加对低频噪声的吸收，同时由于消声片弯折平滑而大大降低通风阻力。

(5)室式消声器。在室内壁面上衬贴吸声材料就形成了室式消声器。室内消声器消声量大，消声频带宽；缺点是通风阻力较大，消声器体积大，适于低速进排风消声。

片式、圆筒式、菱形、正弦波形四种消声器。它们的空气动力性能好、阻损小，适用于低中压空调通风机、高压通风机、鼓风机和压缩机等气动设备。折板式、蜂窝式消声器，它们在相同速度和体积的情况下，具有较高的消声值，但阻损较大，用于高压通风机、鼓风机、压缩机等气动设备，或排气放空装置等。

室式消声器对低中频噪声有较高的消声值，仅用于气流速度特别低的情况，当吸声材料选用吸声砖时，常采用此种形式的消声器。

6. 答：抗性消声器按照其消声原理可分为三种：一是扩张室消声器；二是共鸣型消声器；三是干涉消声器。

(1)扩张室消声器的消声原理有两条：一是利用管道的截面突变(即声抗的变化)使沿管道传播的声波向声源方向反射回去；二是利用扩张室和内插管的长度，使向前传播的波和遇到管子不同界面反射的声波差一个 180°的相位，使二者振幅相等、位相相反、相互干涉，从而达到理想的效果。扩张室消声器是管和室的组合，当选择较大扩张比和经多段扩张时，其消声量可增大到 30 dB 以上。中低频时，其有效频带较宽、消声效果好，但对高频消声效果差。由于该消声器截面突变较多，其阻力损失比共振型消声器大，因此，该消声器多用于汽车、拖拉机的发动机的排气系统和管径小的进排气系统。

(2)共鸣型消声器的消声频带较窄，它适用于降低有突出峰值的低频(350 Hz 以下)噪声。在噪声控制技术中，它常与阻性消声器组成复合式消声器。为了扩大共鸣型消声器的消声频率范围，既可以把具有不同共振频率的共振腔串联组合起来，也可以在共振腔内部增加一些声阻较大的多孔材料。

(3)干涉消声器是利用声波干涉原理设计的。在长为 L 的主管上，接多条长度为 1/2 波长或 1/2 波长奇数倍的旁接管，声波在主管和旁接管的终点汇合处，由于相位相反，声能相互抵消，因此能达到消声的目的。这种消声器频率范围很窄，只在噪声音调显著并且音调稳定不变时应用，消声效果较好。

7. 答：微穿孔板消声器的消声原理可从以下三方面解释。

(1)微孔能提高吸声系数。声波在传播过程中，其能量损失主要依赖于空气在微孔中的摩擦损失。吸声结构的声阻越大，摩擦损失越大。声阻又与孔径的平方成反比，微穿孔板的孔径已减小到1 mm以下，因此与一般穿孔板相比，声阻大大增加，从而提高了吸声系数。

(2)低的穿孔率能增加吸声频带宽度。与一般的穿孔板(穿孔率为20%~25%)相比，微穿孔板的穿孔率(1%~2%)大大减小，穿孔率变小，使声阻与声质量的比值增大，吸声频带增宽。

(3)板后空腔深度能控制吸声峰的位置。吸声结构有一个或几个共振频率，共振频率的高低，就是最大吸收峰的位置，板后空腔深度越大共振频率越低。因此，控制空腔的深度，就可控制吸声峰的位置。

8. 答：在厚度小于1 mm的金属板上，穿上大量直径小于1 mm的微孔，孔心距为孔径的5~8倍，把这种薄板固定在消声器内，与器壁留有一定距离，形成空腔，空腔厚10~24 mm，即构成了微穿孔板吸声结构。微穿孔板结构是一种具有阻和抗的元件，因此它也具有阻抗复合式消声器的特点，从而有较宽的消声频带，也属于阻抗复合式消声器的一种。

9. 答：微孔消声器设计严格，构造简单，吸收频带宽，阻损小，耐高温，不怕水蒸气和油雾的侵蚀。但由于加工复杂，成本较高，一般在医疗卫生、空调系统、高速高温气流或有水或水蒸气的介质等特殊条件下应用。

10. 答：在排气管上安装消声器是控制放空噪声的常用方法。根据消声原理，放空排气消声器可以分为以下几类。

扩容降速型消声器：利用较大的体积容腔扩容降压，降低排口流速，从而降低噪声。喷流噪声的强度与流速的八次方成正比，因此在流量恒定的情况下，通过扩大容腔和增大排口截面可以降低喷流速度，有效减少噪声。

节流降压型消声器：在阻塞情况下，排气噪声的强度随着压力的增加而加大。节流降压型消声器通过分散大压降到多个局部结构上，变成许多小的压降，从而降低噪声。

小孔喷注消声器：通过使排口辐射的噪声能量从低频移动到高频，低频噪声被降低，高频噪声增高。如果孔径小到一定程度(如毫米级)，喷流噪声的能量将移到人耳不敏感的高频范围，从而降低噪声。

多孔材料扩散消声器：利用烧结金属、烧结塑料、多孔陶瓷等材料的透气性，使排气流被分散成无数个小气流，降低气流的压力和速度，减弱辐射的噪声强度。

11. 答：风机消声多采用阻性消声器，现以风机用阻性消声器为例，说明其设计方法及步骤。

(1)根据风机A声级、《工业企业噪声卫生标准》(试行草案)、环境噪声标准和实际条件，合理地确定消声量ΔL_p；还要由风机的倍频程声压级和A声级消声量推算出各倍频程的消声量。

(2)选定消声器的上、下限截止频率。根据计算的8个中心频率消声量的大小，合理地选定消声器的上、下限截止频率。选取原则：在上、下限截止频率之间，各频带要有足够的消声量。

(3)根据下限截止频率，选定吸声材料的厚度和密度；由上限截止频率，选定气流通道的宽度。

(4)选定消声器允许的气流速度。对于工业用的通风机配套消声器的气流速度，一般取 15~25 m/s；建筑用的风机配套消声器的气流速度，一般取 5~15 m/s。

(5)选定消声器形状和气流通道个数，计算消声器尺寸。消声器形式的选择主要根据气流通道截面尺寸确定：如果进排气管道直径小于 300 mm，一般经验认为可选用单通道直管式；如果管径大于 300 mm，可在圆管中间加设一片吸声层；如果管径大于 500 mm，就要考虑设计片式或蜂窝式，对于片式，片间距离不要大于 250 mm，对于蜂窝式，每个蜂窝尺寸不要大于 300 mm×300 mm。

(6)合理选择吸声材料及其护面。所选吸声材料的吸声系数要满足风机各倍频程的消声量的需要，要经济耐用。在特殊条件(如高温、高湿、腐蚀性气体和气流中含尘条件)下，要考虑耐热、防潮、防腐蚀和吸声材料不被堵塞等方面的问题。为了防止吸声材料不被气流吹跑，还要合理地选用吸声材料的护面，如玻璃布、穿孔板或铁丝网等均可用作护面。

(7)根据上述各参数及选用的筒壁材料绘出施工图。

二、计算题

1. 答：根据 $\Delta L_p = 1.3\alpha \dfrac{P}{A}L$，可知

$$L = \frac{\Delta L_p A}{1.3\alpha P} = 4860.34\ \text{m}$$

$$A = \frac{\pi}{4}[(0.45 - 0.1)^2 - 0.1^2] = 0.088\ \text{m}^2$$

$$P = (0.45 - 0.1)\pi = 1.099\ \text{m}$$

$$L = \frac{30 \times 0.088}{1.3 \times 0.6 \times 1.099} = 3.1\ \text{m}$$

$$f_{上限} = 1.85\frac{c}{d} = 1.41\ \text{Hz}$$

$$f_{下限} = 12\frac{D}{c} = 1.74\ \text{Hz}$$

2. 因为风机入口直径为 D=300 mm，故选用直管式单通道阻性消声器，其设计程序见下表：

项目名称	f/dB						
	125 Hz	250 Hz	500 Hz	1000 Hz	2000 Hz	4000 Hz	8000 Hz
风机频谱/dB	93	96	108	103	101	93	80
N_{80}曲线	91.6	86	82	80	77	76	74
需要降低的噪声/dB	1.4	10	26	23	24	17	6
吸声材料吸声系数（α）	—	0.85	0.88	0.83	0.93	0.97	—

续表

项目名称	f/dB						
	125 Hz	250 Hz	500 Hz	1000 Hz	2000 Hz	4000 Hz	8000 Hz
消声器长度	—	0.31	0.79	0.75	0.69	0.47	—

消声器长度选用 1.7 m。

3.(1)消声器长度 L：

$$L = \frac{\lambda}{4} = \frac{c}{4f} = \frac{344}{4 \times 150} = 0.57 \text{ m}$$

(2)由 $kL = \frac{2\pi f}{c}L = 1.57$，查图 8.12 得 $\Delta L_p = 20$ dB，$m = 20$。

由 $m = \frac{D^2}{d^2} = 20$，得

$$D = d\sqrt{m} = 894 \text{ mm}$$

所以，消声器长 0.57 m，直径为 0.894 m。

三、思考论述题

答：本题论述要点为，消声器原理虽为简单的吸声原理，但将基本原理转化为实用的消声产品后，却大大促进了生产生活水平。